中国科协学科发展研究系列报告

中国科学技术协会 / 主编

纳米生物学学科发展报告

—— REPORT ON ADVANCES IN ——
NANOBIOLOGY

中国生物物理学会 / 编著

中国科学技术出版社
·北　京·

图书在版编目（CIP）数据

2018—2019 纳米生物学学科发展报告 / 中国科学技术协会主编；中国生物物理学会编著 . —北京：中国科学技术出版社，2020.9

（中国科协学科发展研究系列报告）

ISBN 978-7-5046-8543-8

Ⅰ. ① 2… Ⅱ. ①中… ②中… Ⅲ. ①纳米材料—生物工程—学科发展—研究报告—中国—2018—2019 Ⅳ. ① Q81-12

中国版本图书馆 CIP 数据核字（2020）第 037013 号

策划编辑	秦德继　许　慧
责任编辑	余　君
装帧设计	中文天地
责任校对	吕传新
责任印制	李晓霖

出　　版	中国科学技术出版社
发　　行	中国科学技术出版社有限公司发行部
地　　址	北京市海淀区中关村南大街16号
邮　　编	100081
发行电话	010-62173865
传　　真	010-62179148
网　　址	http：//www.cspbooks.com.cn

开　　本	787mm × 1092mm　1/16
字　　数	340千字
印　　张	15
版　　次	2020年9月第1版
印　　次	2020年9月第1次印刷
印　　刷	河北鑫兆源印刷有限公司
书　　号	ISBN 978-7-5046-8543-8 / Q · 223
定　　价	75.00元

2018—2019
纳米生物学学科发展报告

首席科学家 梁兴杰

项目负责人 梁兴杰

专家组成员 （按姓氏笔画排序）

王 均 王 浩 王强斌 孔德领 许海燕
杜 鹏 陈春英 徐福建 崔大祥 阎锡蕴

编写组负责人及成员 （按姓氏笔画排序）

王宇斐 王琎琎 卢仕兆 曲晓刚 朱明盛
刘 颖 刘奇奇 刘俊秋 李莉莉 沈 松
张 然 张宇轩 张祥云 陈贝贝 陈光村
孟 洁 赵娜娜 赵晓艺 柳智文 高 远
高利增 郭培宣 黄兴禄 崔雪晶 焦 健
温 涛 魏 辉

学术秘书 （按姓氏笔画排序）

陈士柱 郑 响

当今世界正经历百年未有之大变局。受新冠肺炎疫情严重影响，世界经济明显衰退，经济全球化遭遇逆流，地缘政治风险上升，国际环境日益复杂。全球科技创新正以前所未有的力量驱动经济社会的发展，促进产业的变革与新生。

2020 年 5 月，习近平总书记在给科技工作者代表的回信中指出，“创新是引领发展的第一动力，科技是战胜困难的有力武器，希望全国科技工作者弘扬优良传统，坚定创新自信，着力攻克关键核心技术，促进产学研深度融合，勇于攀登科技高峰，为把我国建设成为世界科技强国作出新的更大的贡献”。习近平总书记的指示寄托了对科技工作者的厚望，指明了科技创新的前进方向。

中国科协作为科学共同体的主要力量，密切联系广大科技工作者，以推动科技创新为己任，瞄准世界科技前沿和共同关切，着力打造重大科学问题难题研判、科学技术服务可持续发展研判和学科发展研判三大品牌，形成高质量建议与可持续有效机制，全面提升学术引领能力。2006 年，中国科协以推进学术建设和科技创新为目的，创立了学科发展研究项目，组织所属全国学会发挥各自优势，聚集全国高质量学术资源，凝聚专家学者的智慧，依托科研教学单位支持，持续开展学科发展研究，形成了具有重要学术价值和影响力的学科发展研究系列成果，不仅受到国内外科技界的广泛关注，而且得到国家有关决策部门的高度重视，为国家制定科技发展规划、谋划科技创新战略布局、制定学科发展路线图、设置科研机构、培养科技人才等提供了重要参考。

2018 年，中国科协组织中国力学学会、中国化学会、中国心理学会、中国指挥与控制学会、中国农学会等 31 个全国学会，分别就力学、化学、心理学、指挥与控制、农学等 31 个学科或领域的学科态势、基础理论探索、重要技术创新成果、学术影响、国际合作、人才队伍建设等进行了深入研究分析，参与项目研究和报告编写的专家学者不辞辛劳，深入调研，潜心研究，广集资料，提炼精华，编写了 31 卷学科发展报告以及 1 卷综合报告。综观这些学科发展报告，既有关于学科发展前沿与趋势的概观介绍，也有关于学科近期热点的分析论述，兼顾了科研工作者和决策制定者的需要；细观这些学科发展报告，从中可以窥见：基础理论研究得到空前重视，科技热点研究成果中更多地显示了中国力量，诸多科研课题密切结合国家经济发展需求和民生需求，创新技术应用领域日渐丰富，以青年科技骨干领衔的研究团队成果更为凸显，旧的科研体制机制的藩篱开始打破，科学道德建设受到普遍重视，研究机构布局趋于平衡合理，学科建设与科研人员队伍建设同步发展等。

在《中国科协学科发展研究系列报告（2018—2019）》付梓之际，衷心地感谢参与本期研究项目的中国科协所属全国学会以及有关科研、教学单位，感谢所有参与项目研究与编写出版的同志们。同时，也真诚地希望有更多的科技工作者关注学科发展研究，为本项目持续开展、不断提升质量和充分利用成果建言献策。

中国科学技术协会

2020 年 7 月于北京

前言
PREFACE

随着纳米科学的蓬勃发展，纳米技术、纳米材料逐渐渗透到生命科学的各个分支领域，并逐渐延伸出一个新兴的学科——纳米生物学。纳米生物学是在纳米尺度上研究生物体生命活动现象，揭示纳米结构与生物体相互作用规律的交叉学科。纳米生物学是纳米技术的重要组成部分，是在纳米尺度考察构成生物机体的分子间作用特征，阐明生物分子的结构与功能关系，以及研究纳米材料与生物机体的相互作用机理，以此来指导全新的疾病诊疗策略的设计构建。不同于宏观生物学，纳米生物学是从微观的角度来观察生命现象并以对分子的操纵和改性为目标的。

目前，纳米生物学的主要应用领域是纳米材料作为药物递送载体的纳米药物递送系统、基于纳米技术构建的诊疗平台用于精准医疗、基于纳米酶的生物催化技术、纳米技术在组织工程中的应用、纳米仿生等。纳米生物学已经成为国际性科技竞争的焦点，产业化竞争热潮也逐渐显现，掌握了其中的关键技术就获得了生命医学前沿技术的制高点。

纳米生物学的研究方兴未艾，纳米生物学的发展和应用具有极大的战略意义。在未来无论是基础研究还是产业转化，都需要与国家战略需求相结合。分析目前我国在纳米生物学研究上的进展，不难发现：我们需要在转化等薄弱方向迎头赶上；需要积极规划未来，在前沿的基础研究中抢占先机；突出临床转化及应用导向，突出科学前沿的研究及专利、标准导向；形成并保持一批强有力的研发团队；引进企业，参与国际竞争。

本报告将全面介绍我国纳米生物学学科的研究情况，比较国内外研究进展，并展望纳米生物学学科的未来。

中国生物物理学会

2020 年 1 月

综合报告

专题报告

ABSTRACTS

Comprehensive Report

Reports on Special Topics

综合报告

纳米生物学研究现状与展望

一、引言

国际物理大师费曼在 1959 年的演讲中说过，“倘若我们能按意愿操纵一个个原子，将会出现不可预测的奇迹”，这个愿景点燃了纳米之火。此后几十年，纳米科技得到了质的突破和量的发展。二十世纪八九十年代，纳米技术作为重要的研究工具开始应用于科学研究领域的多个方面，极大地促进了科学与技术的进步与发展，并逐渐上升到大研究层面、国家战略层面。纳米科学是在纳米尺度（从单个原子、分子到亚微米尺度）上研究物质的相互作用、制造方法、组成与特性的科学。纳米科学的研究成果多次获得诺贝尔奖。1986 年诺贝尔物理学奖颁给了从事扫描隧道显微技术的科学家，表彰他们在显微技术的根本性飞跃——获得原子级分辨率图像；纳米科学领域明星材料——石墨烯和富勒烯的重大突破也获得了诺贝尔物理学奖和化学奖的垂青。纳米科学领域受到了广泛关注。

随着纳米科学的蓬勃发展，纳米技术、纳米材料逐渐渗透到生命科学的各个分支领域，并逐渐延伸出一个新兴的学科——纳米生物学。纳米生物学并不是一个全新领域，纳米生物学的发展有着悠久的历史。早期，欧洲的化学家用纳米材料如纳米金和纳米银杀菌，进行相关疾病的治疗。然而，纳米材料的早期生物学应用仅仅停留在经验医学的范畴，纳米生物学的概念还未形成。随着物理、化学、材料学、医学等学科的不断发展和交叉融合，纳米生物学的概念逐渐清晰。

纳米生物学是在纳米尺度上研究生物体生命活动现象，揭示纳米结构与生物体相互作用规律的一门交叉学科。纳米生物学是纳米技术的重要组成部分，是在纳米尺度考察构成生物机体的分子间作用特征，阐明生物分子的结构与功能关系，以及研究纳米材料与生物机体的相互作用机理，以此来指导全新的疾病诊疗策略的设计构建。

不同于宏观生物学，纳米生物学是从微观的角度来观察生命现象并以对分子的操纵和改性为目标的。纳米生物学的主要应用领域是纳米材料作为药物递送载体的纳米药物递送系统、基于纳米技术构建的诊疗平台用于精准医疗、基于纳米酶的生物催化技术、纳米技术在组织工程中的应用、纳米仿生等。纳米药物是指利用纳米技术研究开发的一类新的尺寸达到纳米级别的药物制剂，与传统的小分子药物相比，纳米药物可通过改变难溶性药物的理化性质（水溶性、脂溶性、酸碱性、稳定性等）改善其药代动力学性质，并跨越生理和病理屏障，从而提高生物利用度。另外，纳米药物的特殊靶向性能够提高药物的治疗效果，并且降低了毒副作用。结合纳米药物递送系统独特的优势，诊疗一体化的新型纳米药物递送系统的出现给疾病诊治提供新的契机。基于纳米技术的诊疗平台主要是应用在肿瘤诊断和治疗领域。传统对于疾病的治疗是先对疾病进行诊断，再根据诊断结果采用某种已知的治疗方法进行治疗。由于肿瘤的异质性，肿瘤治疗需要更加个体化的量身订制的治疗方案。患者肿瘤细胞的不同，导致患者对目前可用药物的反应率差别很大。纳米诊疗正是应精准医疗的需求而出现，是为了使医生能够同时监测药物的体内分布和释放，并对治疗效果进行无损和实时的评估，从而进一步根据每个患者的个人反应和需求，制订个体化治疗计划，提高治疗效果并降低毒副作用。纳米诊疗平台能够根据 PET/CT/SPET/MRI 成像结果预测疗效，筛选出可能受益于纳米药物的患者。筛选出的患者接受纳米药物的治疗，同时对治疗反应进行监测，并在必要时调整治疗方案，以获得最佳的治疗结果。纳米药物递送系统的独特优势往往基于纳米材料作为药物递送载体解决临床治疗问题，而纳米材料自身的酶学特性研究及其应用也是纳米生物学领域的重要研究内容。酶分子从尺度上讲属于纳米尺度，酶分子在细胞或细菌内发挥作用的同样是纳米尺度空间，酶分子所处的微环境包含有多种纳米尺度的分子如信号蛋白、DNA、RNA 等，酶分子之间或与其他蛋白质协同组装成分子机器，协同完成多种生化反应。阎锡蕴院士研究组报道了首例无机纳米材料本身具有类酶催化的活性。自此以来，纳米酶研究在全球范围内引起了极大兴趣和广泛关注。很多疾病的发生都与体内酶活性或功能异常相关，但是没法直接使用天然酶来治疗疾病，因为天然酶易失活和降解，成本高，而其他模拟酶活性低不适合体内应用。纳米生物催化尤其是纳米酶，其酶活性和纳米递送系统的优势能够靶向调节疾病微环境，进行疾病监测，以及肿瘤、心血管疾病、神经退行和衰老、耐药细菌感染。在纳米生物催化在许多重要领域如生物、医学、农业、环境治理、国防安全都展示出了巨大的应用潜力和前景等诸多领域的应用。另外，纳米生物医学纳米材料在组织工程领域具有极大的应用潜力，纳米尺度的纤维使得构建与机体组织具有相似精细结构和性能的人工组织成为可能。组织工程就是将合成成分与活性成分有效结合起来，实现修复或替换部分或全部组织的目的。纳米技术在合成具有与天然组织支架相似结构和性能的纳米支架，对细胞分化、细胞增殖、细胞间相互作用等至关重要。纳米生物学涉及生物学、物理、化学、医学各个交叉领域，虽然起步晚，但是发展迅猛，作为一个年轻有活力的学科，纳米生物学发展方兴未艾。

二、纳米生物主题国际态势分析

（一）文献分析

为检索出与“纳米生物”相关的研究与综述论文，根据用户提供的检索词构建检索策略[①]，在 Science Citation Index Expanded 数据库中，在 2015—2019 年的五年时间跨度内共检索到 74858 篇论文（检索时间 2019 年 10 月）。其中，期刊论文（article）65643 篇、综述性论文（review）9215 篇。并对检索出的数据采用 TDA 和 Excel、Vosview 等工具进行分析，结果如下。

1. 研究产出分析

（1）年代分布

从图 1 中可以看出，近五年纳米生物领域文献产出增长明显，发文量增长趋势较为明显，2015 年发文为 13168 篇，2018 年发文量达 16975 篇。

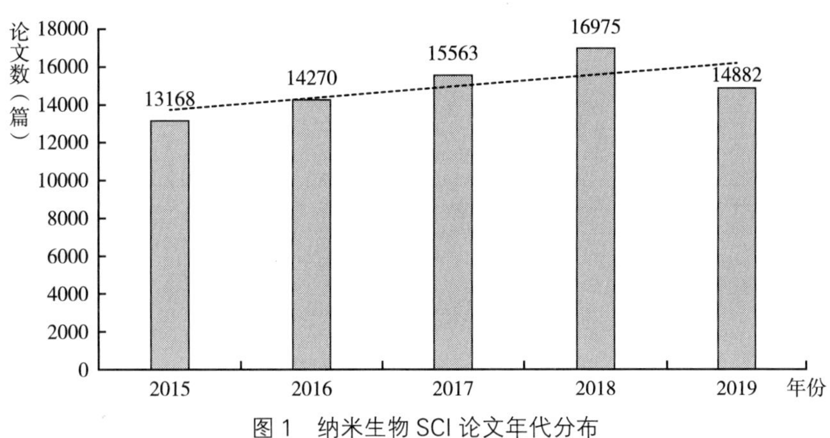

图 1　纳米生物 SCI 论文年代分布

（2）国家（地区）分布

全球共有一百六十多个国家开展了纳米生物的研究，排名前二十位的国家见图 2。发文量前十位的国家分别是中国、美国、印度、伊朗、德国、韩国、意大利、英国、法国、日本，上述十个国家在纳米生物主题中的发文量占总量的 65.85%。

① 检索策略：ts=nano* and WC=(“Biophysics” or “Biology” or “Biochemistry & Molecular Biology” or “Cell Biology” or “Microbiology” or “Biotechnology & Applied Microbiology” “Materials Science，Biomaterials” or “Materials Science，Characterization & Testing” or “ Chemistry，Medicinal” or “ Radiology，Nuclear Medicine & Medical Imaging” or “Oncology” or “Immunology” or “Transplantation” or “Toxicology” or “Physiology Cell & Tissue Engineering” or “Engineering，Biomedical” or “ Pharmacology & Pharmacy”）。

从国家角度看，中国和美国是纳米生物领域的主要研究国家，在发文量上远远领先其他国家，处于第一研究梯队。中国在该主题的研究中占有绝对优势，其发文量占全部论文的 20.01%；美国位居第二位，其发文量占全部论文的 15.03%。第二梯队国家主要是印度、伊朗、韩国、日本，以及欧洲各国如英国、法国、意大利和德国等，其中印度的发文量在第二梯队占据领先优势。其他排名在前的国家还有西班牙、巴西、澳大利亚、加拿大、埃及、沙特阿拉伯、土耳其、波兰、荷兰、葡萄牙等。在亚洲各国中，中国的发文量最多。印度次之，处于全球第三的排名，伊朗、韩国、日本分居第四、第六和第十位。亚洲整体在纳米生物领域方面表现良好。欧洲国家中，德国发文量最多，但是德国、意大利、英国、法国之间在发文量上并没有显著差异，其他欧洲国家在发文量上略微逊色。

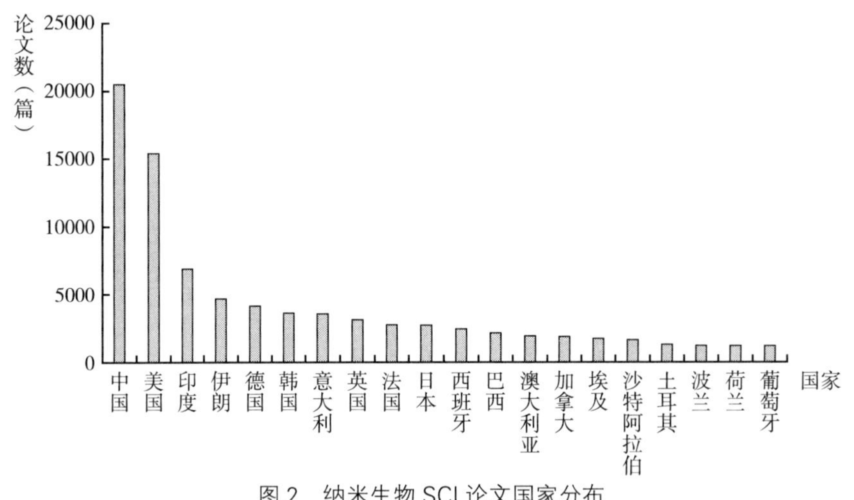

图 2 纳米生物 SCI 论文国家分布

（3）机构分布

表 1 列出了全球发表的关于纳米生物的前二十位发文机构。其中，中国五家，美国三家，法国、印度和伊朗各两家，有一家机构的国家分别是德国、英国、俄罗斯、沙特阿拉伯、意大利、西班牙。发文量排名前五位的机构依次是中国科学院、法国国家科学研究中心、加利福尼亚大学、伊斯兰阿扎德大学、哈佛大学。排名区间在第一位至第三位的研究机构中，中国科学院占据领先地位，以 2061 篇的发文量占据排名第一位，远超第二名法国国家科学研究中心。排名区间在第四至二十位的研究机构，发文量未见有显著性差异，表明该梯队在纳米生物学领域竞争激烈。来自中国的发文量为前二十位的发文机构分别为中国科学院、上海交通大学、四川大学、浙江大学和复旦大学。来自美国的研究机构加利福尼亚大学、哈佛大学、得克萨斯大学同样表现突出。法国国家科学研究中心和法国国家健康与医药研究院在欧洲研究机构中表现亮眼，地位领先。

表 1 纳米生物 SCI 论文研究机构分布情况

排序	机构英文名称	机构中文名称	论文量	国家
1	Chinese Academy of Sciences	中国科学院	2061	中国
2	Centre National de la Recherche Scientifique（CNRS）	法国国家科学研究中心	1602	法国
3	University of California System	加利福尼亚大学	1195	美国
4	Islamic Azad University	伊斯兰阿扎德大学	844	伊朗
5	Harvard University	哈佛大学	795	美国
6	Council of Scientific & Industrial Research（CSIR）- India	印度科学与工业研究理事会	766	印度
7	Shanghai Jiao Tong University	上海交通大学	753	中国
8	Tehran University of Medical Sciences	德黑兰医科大学	747	伊朗
9	Indian Institute of Technology System（cnrs System）	印度理工学院	744	印度
10	University of Texas System	得克萨斯大学	743	美国
11	Consiglio Nazionale delle Ricerche（CNR）	意大利国家研究委员会	684	意大利
12	Institut National de la Sante et de la Recherche Medicale（INSERM）	法国国家健康与医学研究院	674	法国
13	University of London	伦敦大学	649	英国
14	Russian Academy of Sciences	俄罗斯科学院	645	俄罗斯
15	Helmholtz Association	亥姆霍兹联合会	641	德国
16	Sichuan University	四川大学	628	中国
17	King Saud University	沙特国王大学	618	沙特
18	Zhejiang University	浙江大学	573	中国
19	Fudan University	复旦大学	554	中国
20	Consejo Superior de Investigaciones CientifiCAS（CSIC）	西班牙高等科学研究理事会	523	西班牙

（4）期刊分布

纳米生物主题发表论文涉及期刊两千多种，发文量最多的前五种期刊分别是：*BIOSENSORS BIOELECTRONICS*（2018 年影响因子：9.518）、*INTERNATIONAL JOURNAL OF NANOMEDICINE*（2018 年影响因子：4.471）、*INTERNATIONAL JOURNAL OF BIOLOGICAL MACROMOLECULES*（2018 年影响因子：4.784）、*COLLOIDS AND SURFACES B BIOINTERFACES*（2018 年影响因子：3.973）*INTERNATIONAL JOURNAL OF PHARMACEUTICS*（2018 年影响因子：4.213）。纳米生物主题论文发表的期刊主要是发表在生物传感器、生物材料类，纳米医学和药学类相关期刊。纳米生物主题论文发

表期刊中，影响因子最高的是 *NATURE REVIEWS DRUG DISCOVERY*（2018 年影响因子：57.618）

表 2 纳米生物 SCI 论文发表期刊分布情况

排序	期刊名	论文数	期刊影响因子	分区
1	*BIOSENSORS BIOELECTRONICS*	3083	9.518	Q1
2	*INTERNATIONAL JOURNAL OF NANOMEDICINE*	2524	4.471	Q1
3	*INTERNATIONAL JOURNAL OF BIOLOGICAL MACROMOLECULES*	2506	4.784	Q1
4	*COLLOIDS AND SURFACES B BIOINTERFACES*	2421	3.973	Q1
5	*INTERNATIONAL JOURNAL OF PHARMACEUTICS*	1902	4.213	Q1
6	*BIOMATERIALS*	1586	10.273	Q1
7	*JOURNAL OF CONTROLLED RELEASE*	1468	7.901	Q1
8	*MOLECULES*	1196	3.06	Q1
9	*BIOMACROMOLECULES*	1157	5.667	Q1
10	*ACTA BIOMATERIALIA*	1092	6.638	Q1

2. 国家（地区）被引频次分析

对全球发表的关于纳米生物研究论文的被引频次进行分析，以国家进行累积加和，并计算其篇均被引频次（表 3）。总被引次数和篇均被引次数的高低说明研究的影响力大小，其中，总被引次数表示国家在该研究领域的影响力，篇均被引次数表示发表论文的被关注的程度。

从被引总频次来看，前十位依次是中国、美国、印度、德国、韩国、意大利、伊朗、英国、法国以及西班牙。篇均被引频次最高的国家分别是荷兰、美国以及澳大利亚。中国总被引频次达 173493，全球排名第一，但篇均被引频次为 8.49，排在全球第十三位。中国在纳米生物学领域占有绝对的影响力，但是篇均被引数量相对于其他国家仍有较大差距。

表 3 纳米生物 SCI 论文国家 / 地区被引情况

序号	国家（地区）	发文量	总被引		篇均被引	
			频次	排序	频次	排序
1	中国	20447	173493	1	8.48501	13
2	美国	15352	168597	2	10.98209	2
3	印度	6889	56241	3	8.163884	14
4	伊朗	4660	32901	7	7.0603	15

续表

序号	国家（地区）	发文量	总被引		篇均被引	
			频次	排序	频次	排序
5	德国	4138	36954	4	8.930401	11
6	韩国	3618	35003	5	9.674682	5
7	意大利	3560	33445	6	9.394663	8
8	英国	3124	30707	8	9.829385	4
9	法国	2752	24083	9	8.75109	12
10	日本	2732	18307	12	6.700952	17
11	西班牙	2442	22064	10	9.035217	10
12	巴西	2149	13353	16	6.213588	19
13	澳大利亚	1927	20086	11	10.42346	3
14	加拿大	1881	17258	13	9.174907	9
15	埃及	1742	11752	17	6.746269	16
16	沙特阿拉伯	1644	15774	14	9.594891	6
17	土耳其	1303	8720	19	6.692249	18
18	波兰	1222	7358	20	6.021277	20
19	荷兰	1212	13375	15	11.03548	1
20	葡萄牙	1201	11480	18	9.558701	7

以发文量前十位国家的国家名称、发文量及其篇均被引频次三个指标作气泡图，气泡大小表示篇均被引频次高低。由图可以直观看出，美国发文量位于第二位，篇均被引频次较高。中国发文量居世界第一位，但篇均被引频次并无明显优势。从发文量－篇均被引频次分析结果看，中国和美国各有优势，处于纳米生物学领域研究的第一梯队，第二梯队国家如印度、伊朗、韩国、日本、欧洲各国如德国、意大利、英国以及法国等，在发文量上未见明显区别，篇均被引频次有一定差别。

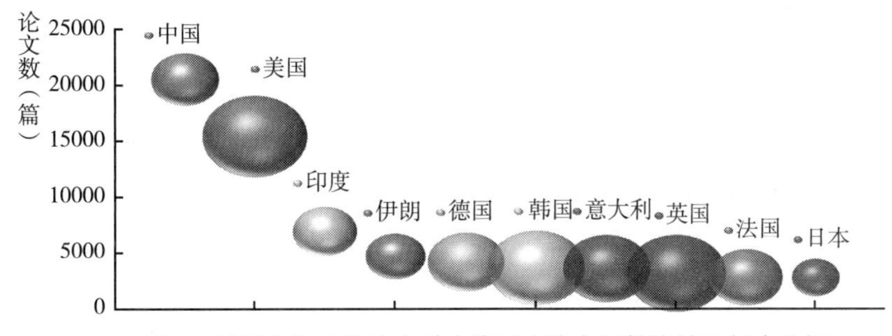

图 3　纳米生物 SCI 论文前十位国家发文量篇均被引频次分析

3. 重要研究工作代表性论文

对近五年 909 篇高被引文章进行分析，被引量最高的文章为 2015 年休斯敦卫理公会研究所 Blanco、Elvin 等在 *NATURE BIOTECHNOLOGY*（2018 年影响因子：31.864）发表的文章“Principles of nanoparticle design for overcoming biological barriers to drug delivery”，其被引频次高达 1542 次。

高被引文章来源国家分析如图，高被引排名前十位的国家分别为：美国、中国、印度、伊朗、英国、德国、韩国、英国、澳大利亚。其中排名第一的为美国，高被引文章 310 篇，占高被引总文章的 34.10%；排名第二为中国，高被引文章 236 篇，占总文章的 25.96%；排名第三为印度，高被引文章 101 篇，占总文章的 11.11%。在高被引文章来源国家分析的结果来看，美国、中国、印度分别占据前三位。在纳米生物学领域重要的研究工作代表性论文中，中美两国仍然存在一定差距，而印度与中美两国差距明显；其余排名为第四至第十名的国家未见明显差异。

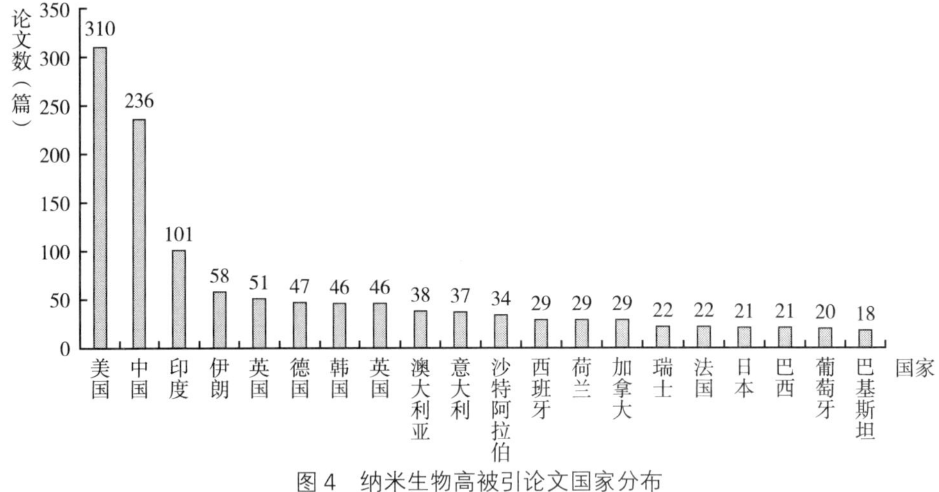

图 4 纳米生物高被引论文国家分布

纳米生物高被引论文主要分布在二百多种期刊上，发文量最多的前五种期刊分别是：*JOURNAL OF CONTROLLED RELEASE*（*7.901*）、*BIOSENSORS & BIOELECTRONICS*（*9.518*）、*ADVANCED DRUG DELIVERY REVIEWS*（*15.519*）、*BIOMATERIALS*（*10.273*）、*INTERNATIONAL JOURNAL OF NANOMEDICINE*（*4.471*）。纳米生物领域高被引论文主要发表在药学类、生物技术类，生物材料类相关期刊，发表前三的期刊主要是药学类知名期刊以及生物材料类相关知名期刊。

表 4　纳米生物高被引论文期刊分析

排序	期刊名	论文数	期刊影响因子	分区
1	*JOURNAL OF CONTROLLED RELEASE*	85	7.901	Q1
2	*BIOSENSORS & BIOELECTRONICS*	84	9.518	Q1
3	*ADVANCED DRUG DELIVERY REVIEWS*	70	15.519	Q1
4	*BIOMATERIALS*	35	10.273	Q1
5	*INTERNATIONAL JOURNAL OF NANOMEDICINE*	26	4.471	Q1
6	*INTERNATIONAL JOURNAL OF BIOLOGICAL MACROMOLECULES*	25	4.784	Q1
7	*INTERNATIONAL JOURNAL OF PHARMACEUTICS*	22	4.213	Q1
8	*NATURE BIOTECHNOLOGY*	16	31.864	Q1
9	*JOURNAL OF PHOTOCHEMISTRY AND PHOTOBIOLOGY B-BIOLOGY*	15	4.067	Q1
10	*BIORESOURCE TECHNOLOGY*	12	6.669	Q1
10	*BIOMACROMOLECULES*	12	5.667	Q1
10	*DRUG DISCOVERY TODAY*	12	6.88	Q1
13	*CELL*	10	36.216	Q1
13	*NATURE BIOMEDICAL ENGINEERING*	10	17.135	Q1
13	*EXPERT OPINION ON DRUG DELIVERY*	10	5.4	Q1

4. 该领域研究技术主题分析

根据检索出的文献，通过 vosview 分析工具对关键词进行分析，排除无效概念，得到纳米生物研究所涉及的高频关键词。根据专家意见，将纳米生物学领域关键词主要分为纳米载体用于药物递送，纳米生物检测和纳米生物工程等方面（图 5）。纳米生物学涉及的

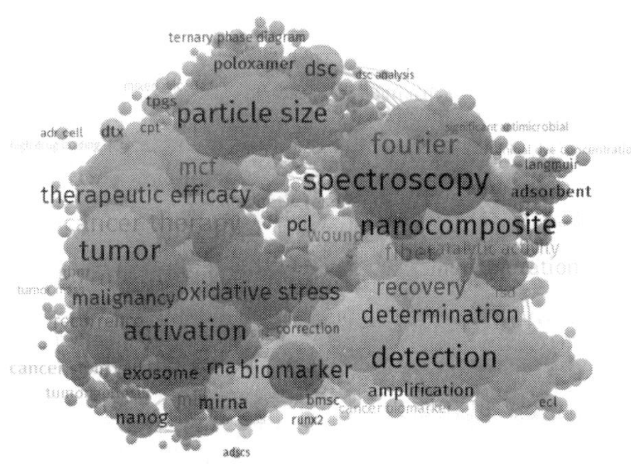

图 5　纳米生物 SCI 论文主题分布

主要针对肿瘤治疗方面，基于肿瘤部位特殊的物理化学生物特征如乏氧，相关生物标志物的表达等特性，利用常用的纳米生物材料，设计出的具有高载药量的智能化纳米载体递送抗癌药物进行肿瘤的治疗，提高肿瘤的治疗效率；纳米生物检测领域基于生物学，化学，物理，材料交叉学科的研究进展，应用于相关生物检测和疾病疗断。纳米生物工程领域主要是利用了纳米材料所特有的纳米尺度效应，采用了一系列检测技术对纳米材料的物理化学性质进行表征。

5. 小结

本部分对纳米生物学的国际基础性研究进行了文献分析，通过分析从整体上把握该领域国际发展态势，为科学决策提供支撑。全球对纳米生物的研究在近五年一直呈快速上升的发展态势。全球关于纳米生物的研究涉及一百六十多个国家，中国是文章产出最多的国家。从机构角度来看，排名前二十的机构中有五家来自中国，中国整体实力很强。中国科学院排在全球的第一位。从纳米生物研究所涉及的高频关键词可以看出主要研究内容涉及纳米载体与递送、纳米生物检测、纳米生物工程等方面，尤其在肿瘤、癌症治疗方面表现突出。

（二）专利分析

在 incopat 数据库中[①]，共检索到 21444 个专利族（检索时间 2019 年 11 月）。对检索出的数据采用 DI 和 Excel 等工具进行分析，结果如下。

1. 总体情况分析

（1）专利申请国家（地区）和时间分布

从全球的纳米生物技术专利申请来看（图 6），纳米生物在专利方面呈现上升态势[②]。其中，2017 年专利申请量达 5539 件。申请量最多的前四位国家分别是中国、美国、印度、韩国。中国的专利申请量近几年均位于全球首位，变化趋势与国际专利申请趋势大致相同。

（2）专利技术国家（地区）分布

从专利技术的国家（地区）来源来看，中国的专利技术最多，占总数的 61%；其次是世界知识产权组织，占总数的 11%；美国排名第三，占总数额 9%。从专利技术的市场分布来看，专利主要分布于中国、美国、世界知识产权组织、韩国等。

---

① 检索策略：((((((((TIAB=（NANO*）) AND (IPC=（A61*）)))) OR (((TIAB=（“NANOPORE” OR “RARE EARTH FLUORESCENT NANOPARTICLE PROBES” OR “ELECTROSPINNING” OR “UPCONVERSION FLUORESCENCE RESONANCE ENERGY TRANSFER” “QUANTUM DOTS” OROR “DNA” OR “QUANTUM DOT BIOPROBE” OR “AFM” OR “APTAMERS” OR “ASSEMB LY OF NANOPARTICLES” OR “ELECTROCHEMICAL SENSING” OR “ RAMAN SPECTROSCOPY”)) AND (IPC=（B82*）))))))) AND ((ADY=（"2016"）) OR (ADY=（"2017"）) OR (ADY=（"2015"）) OR (ADY=（"2018"）) OR (ADY=（"2019"）)))))) inpadoc 同族合并。

② 由于申请日期与公开日期间时间有所延误，故 2018 年、2019 年数据量与实际申请量有所差距。

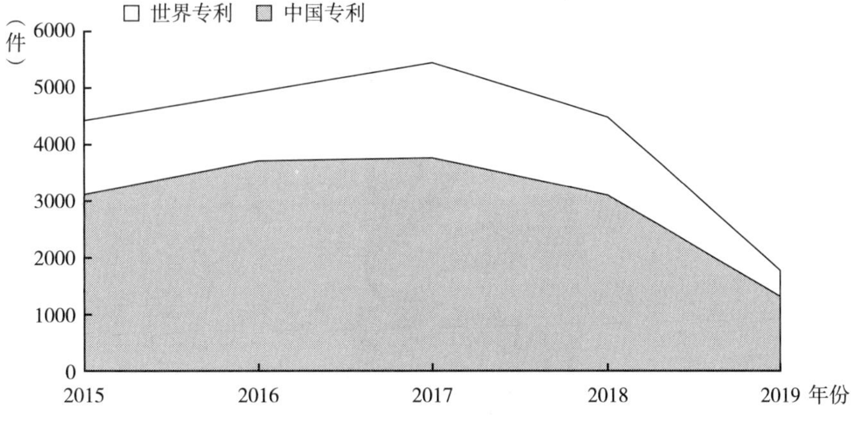

图 6　纳米生物技术国内外专利申请时间演化

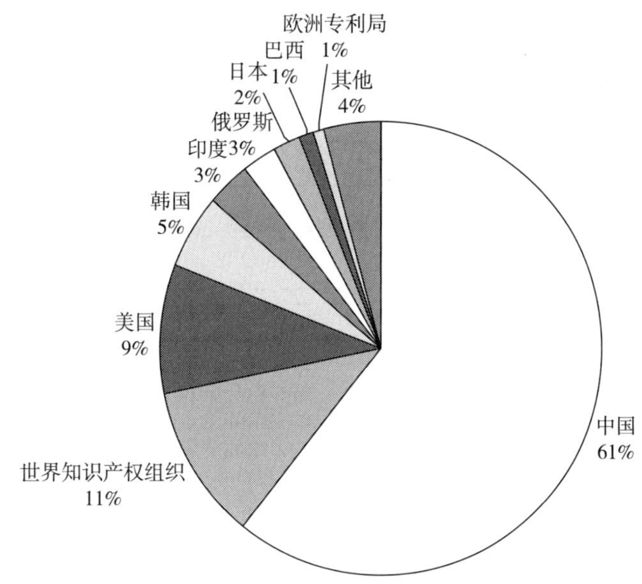

图 7　纳米生物专利技术来源国家（地区）分布

（3）主要申请人分析

从检索结果看，专利申请数量位居前十位的机构中 80% 来自高校（表 5），10% 来自科研机构、10% 来自个人。其中中国占八家，美国一家，俄罗斯一家。

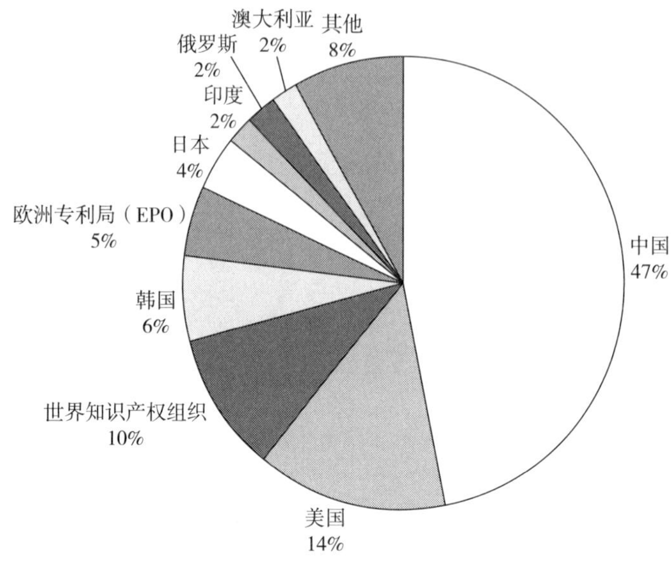

图 8　纳米生物专利技术市场国家（地区）分布

表 5　纳米生物主题的主要专利申请人

机　　构	机构性质	总计	国家
KROLEVETS ALEKSANDR ALEKSANDROVICH	私人	216	俄罗斯
东华大学	高校	166	中国
浙江大学	高校	162	中国
中国药科大学	高校	132	中国
华南理工大学	高校	132	中国
四川大学	高校	132	中国
THE REGENTS OF THE UNIVERSITY OF CALIFORNIA	高校	125	美国
苏州大学	高校	125	中国
中山大学	高校	114	中国
国家纳米科学中心	科研机构	110	中国

（4）中国专利权人情况分析

中国研发机构在纳米生物领域申请专利的全球排位非常靠前，其中进入前十位的有东华大学、浙江大学、四川大学、中国药科大学、华南理工大学、苏州大学、中山大学、国家纳米科学中心、黑龙江江恒医药科技有限公司、东华大学。

表 6 中国专利权人情况分析

机　构	总计	机构性质
东华大学	166	高校
浙江大学	163	高校
四川大学	132	高校
中国药科大学	132	高校
华南理工大学	132	高校
苏州大学	125	高校
中山大学	116	高校
国家纳米科学中心	112	科研机构
黑龙江江恒医药科技有限公司	109	企业
东南大学	108	高校

（5）纳米生物技术主题分析

基于专利题名和摘要关键词绘制纳米生物研发主题布局专利地图（图 9），由可以看出，纳米生物领域关注主题明显集中于纳米材料（尤其介孔二氧化硅 / 纳米复合材料）、纳米胶囊、纳米囊泡、水凝胶、纳米药物、纳米粒、纳米抗体等方向。其中高价值专利多集中于纳米复合材料、纳米纤维膜、纳米胶囊、纳米抗体等技术点。

在纳米生物领域，主要应用于药物控制释放、癌症治疗相关，在纳米生物学领域石墨烯和碳纳米管属于热点研究材料，这类关键研究领域和研究对象出现在 81% 的检索结果中，占比较高。

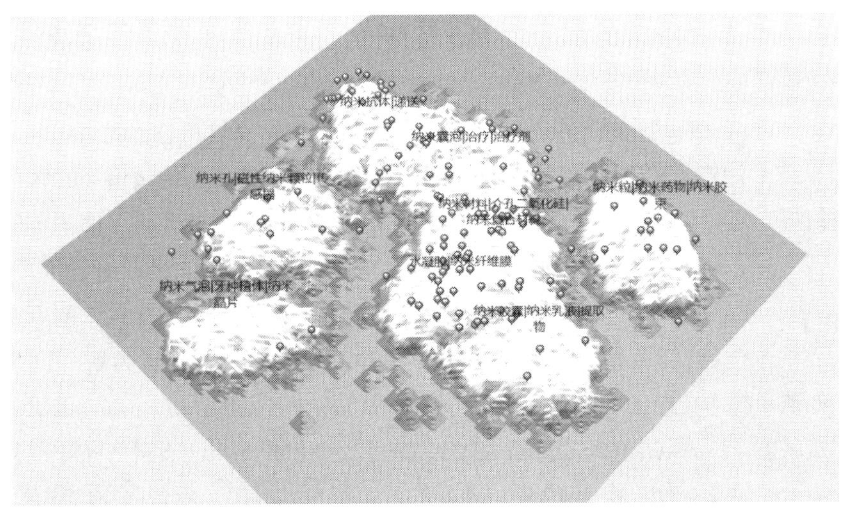

图 9　纳米生物领域专利申请布局

2. 小结

本部分对纳米生物学主题进行了专利文献分析。全球专利文献中关于纳米生物的研究在近五年专利申请量呈快速上升的发展态势。中国的专利申请量近几年均位于全球首位，变化趋势与国际专利申请趋势大致相同。全球关于纳米生物的研究涉及五十多个国家 / 地区，中国是这方面研究最多的国家，其次是美国。中国专利以本国申请为主，国际化程度相对不高。在全球开展纳米生物研究的机构中，前十位大多为高校等科研机构，企业或个人数量较少。其中中国的高校研究院所占比为 80%。纳米生物研究所涉及的技术主题主要包括纳米复合材料、纳米纤维膜、纳米胶囊、纳米抗体等。

三、纳米生物学学科战略规划

自二十世纪纳米技术迅猛发展以来，与纳米相关的诸多新兴学科也相继出现。其中，纳米生物学，作为纳米技术和生物、医学、药学、化学、材料学等不同学科广泛融合的交叉学科，受到了学界的广泛关注。美国、中国、日本、欧盟国家等都对纳米生物的发展予以极高的重视，制定了相关战略和政策以加速学科基础研究的发展和相关产品的商业化。以下我们将对几个重要国家和组织在纳米生物领域的重大战略规划做简要介绍，以进一步分析该学科发展中政府机构的战略布局的发展与异同。

美国是纳米科技大国，在对纳米生物的发展布局中，美国同样走在世界前列。在 2006 年，FDA 执行委员会就成立了纳米技术工作组。其主要任务是调整评估规则，让新颖、安全、有效的纳米技术产品不断发展。此外，纳米技术专组也要向 FDA 汇报监督部门在评估纳米产品安全性的认知和政策上的缺陷。2007 年 6 月，工作组发布了名为纳米技术的报告，其主要内容包括概述、纳米科学技术和 FDA 的相关性、学术议题、法规议题。FDA 认为专业上最重要的方面是对纳米材料和生物系统的相互作用、对纳米药物的安全性评价及质量控制的研究[1]。

此外，为大力支持纳米技术的发展，在二十一世纪初，克林顿总统就组织并发布了美国国家纳米技术计划（NNI），该计划由纳米技术基础研究和商业转化相关的联邦机构和内阁部门组成，每三年更新一次。在该计划不断发展实施的近二十年内，美国政府给予了强大的经费支持，使 NNI 成为美国继“阿波罗”登月项目之后最大的政府技术投资之一。2016 年 10 月，美国发布新一轮 NNI 发展战略，意味着美国政府对纳米技术的研究进入新的阶段，而纳米生物材料、纳米医药产品等纳米生物学相关领域也成为新一轮 NNI 发展的重点，如纳米技术在癌症中的翻译（translation of nanotechnology in cancer，TONIC）、纳米生物制造联盟（Nano-Bio Manufacturing Consortium，NBMC）等。此外，NNI 也积极推进国家间的纳米生物学合作。在 2012 年，他们与欧盟组成的美国 - 欧盟研究共同体（U.S.—EU Communities of Research，CORs）研究共同体中，将纳米与人类健康、纳米环境与安全列为重点关注的问题[2]。

除了政府层面的大力支持外，美国各大科研机构之间也积极合作、加强交流，以更进一步发展纳米生物技术。2005 年，八家科研院所率先组成了纳米健康联盟（Alliance for Nano Health，ANH），它们分别为贝勒医学院、得克萨斯大学 M. D. 安德森癌症中心、莱斯大学、休斯敦大学、得克萨斯大学休斯敦健康科学中心、得克萨斯 A & M 健康科学中心、得州大学加尔维斯顿医学分部以及卫理公会医院研究所。2009 年，FDA 正式宣布与 ANH 展开合作，以加速纳米医药产品的产业化步伐，意味着纳米技术指导的疾病诊治迈向了新的台阶[1]。

同样走在纳米科技前沿的欧盟也十分重视纳米药物发展。2004 年 12 月 5 日，欧盟发布了《欧洲纳米战略》，其中将纳米生物环境健康效应排在第三位。同年，纳米安全综合研究计划（Nanosafety Integrating Research Projects）启动，由欧盟各国的研究机构共同组成，旨在加强在纳米生物健康领域的合作与交流。此外，欧盟还颁布了纳米科学和纳米技术行动纲领（N&N），以促进纳米材料的基础科研和商品化转化之间的联系[3]。2006 年，EMA 成立了创新工作组，用以研究包括纳米技术在内的新技术。2009 年，非正式的纳米药物国际工作组正式成立。该工作组旨在促进纳米药物国际交流与合作。在其努力下，2010 年 10 月，EMA 举办了第一届纳米药物国际研讨会。来自欧盟和其他二十七个国家的约二百人参加了这次会议，讨论纳米技术给医药带来的机遇和挑战。在这次大会中，参会者分享目前已上市的和正在研究的纳米药物经验，讨论纳米药物的质量控制，非临床和临床的前景和风险控制，并探索用于未来制药的新兴技术等。

英国在二十一世纪初也制订了国家纳米技术计划（NION），以支持纳米技术及相关产品的发展与应用。此外，英国也鼓励各大高校和科研院所之间展开多学科纳米研究合作计划。其中由牛津大学、格拉斯哥大学、约克大学和国家医学研究院负责，剑桥大学、诺丁汉大学和南安普顿大学参与的生物纳米技术多学科合作计划中，分子马达、功能膜蛋白、纳米芯片和传感器等被列为研究重点[4]。

日本也同样是重视纳米生物学科发展与技术应用的国家之一。从 2002 年开始，日本厚生劳动省为日本纳米药物的专项研究发放了三次厚生劳动科学研究费补助金。2008 年，日本国立医药食品卫生研究所成立了专门的工作组，用以对纳米药物和高性能医疗产品的质量保证和评估的研究。此外，在不同期的日本科学技术基本计划中，纳米技术都占有重要地位：在第二期科学技术基本计划（2001—2005 年）中，纳米材料与技术是优先发展领域；在第三期科学技术基本计划（2006—2010 年）中，更是强调了在纳米生物技术和生物材料领域的发展，其中包括鉴定生物结构和功能的分子成像技术、体内分子操作技术、用于诊断治疗的药物递送系统和核心成像技术、应用食品的纳米生物技术、高性能高安全性的生物友好设备等；在接下来的第四期（2011—2015 年）和第五期（2016—2020 年）基本计划中，应用纳米技术解决医药健康领域的人类发展难题都被列入优先发展地位[5]。

在纳米技术蓬勃发展的时代浪潮中，我国也奋勇争先，努力发展具有国际竞争力的纳米技术体系。在 2001 年年初发布的国家纳米科技发展纲要中，纳米生物和医疗技术是发展重点。而在国家中长期科学和技术发展规划纲要（2006—2020 年）中，纳米技术被列入重点发展领域。2016 年的“十三五”科技创新规划中，将纳米生物医药作为中长期的发展项目。同样在 2016 年发布的国家重点研发计划中，纳米技术被作为首批重点专项，其中也特别强调了发展纳米生物健康领域的重要性[6]。此外，为了深化我国纳米技术的战略布局，我国政府始终坚持着强有力的资金项目支持。在自然科学领域，国家自然科学基金的资金支持一般占科研总投入的 70% 以上[7]。因此，国家自然科学基金的资助趋势可从一定程度上展示出我国的科技战略布局[8-12]。在国家自然科学基金收录系统中通过构建检索条件“项目名称 OR 主题词 = 纳米”，在“生命科学部”和“医学科学部”这两个与纳米生物学相关的科学部下进行检索可发现，在 2013—2019 年，国家自然科学基金在纳米生物学领域共资助各类项目 1881 项，累计项目总金额 8.35 亿元。据不完全统计，在这连续六年间国家自然基金在纳米生物学方向的获批项目数分别为：256、265、327、302、363、368 和 425，总体呈上升趋势，最近五年的获批项目量上升缓慢，这可能由于纳米医学的成果转化仍面临较大瓶颈，从而对基金委在纳米生物学领域的资助表现有一定制约力。从项目研究方向进行分析，“影像医学与生物医学工程”“生物力学与组织工程学”“肿瘤学”“药物学”“纳米生物检测”这五大重点研究方向所占比重遥遥领先[13]。此外，随着生物医学领域新技术的不断发展，近三年内有关“纳米疫苗”“肿瘤干细胞”“CRISPR/Cas9”“外泌体”“免疫治疗及联合治疗”等新兴方向的研究也呈上升趋势。另外，纳米生物学也与临床医学有着紧密的结合，除肿瘤研究始终保持着极高热度之外，“心脑血管疾病”“术后恢复与创伤愈合”“诊疗一体化”“疾病早期筛查”等临床研究方向在纳米生物学相关的基金申请中也有所涉及，这说明纳米生物学的发展也将更贴近解决医疗健康中的重大难题，纳米技术也有望为传统医药领域带来新的革命。从申请机构来看，中国科学院、中国医学科学院、清华大学、北京大学、复旦大学、浙江大学、四川大学、中山大学、武汉大学、上海交通大学、武汉大学、中国药科大学、苏州大学、南方科技大学等都获得了较大力度的资助。而在中国科学院系统的众多研究所中，国家纳米科学中心和中国科学院上海药物研究所获批的相关项目数居于领先地位，紧随其后的有中国科学院生物物理研究所、中国科学院高能物理研究所、中国科学院深圳先进技术研究院、中国科学院化学研究所、中国科学院理化技术研究所、中国科学院上海硅酸盐研究所、中国科学院上海应用物理研究所等。而从资助地域来看，上海、北京、江苏、广东和湖北的获资助比例最高，这与其密集的科研院所分布有直接关系。

除了政府层面的政策支持外，科研院所、高校、药企之间也加强联系、促进合作，以推动纳米医药相关产品的应用。我国纳米技术及应用国家工程研究中心在 2009 年 11 月 23 日宣布成立纳米生物与医药技术专业委员会，该委员会由来自十二所高校、六家科研院所、两家医药企业、六家医院和两家质检机构的三十九位纳米生物医药领域的资深学者和顶尖专家组成，旨在为纳米生物领域内的基础科研人员、临床研究者和药企之间提供开放活跃的交流平台，促进我国纳米生物与医药技术的进一步发展。2017 年，由 Springer Nature 集团、国家纳米科学中心、中国科学院文献情报中心共同编写完成了《国之大器，始于毫末——中国纳米科学与技术发展状况概览》(简称《中国纳米白皮书》)，其中，在“医疗健康”部分,《中国纳米白皮书》总结道“纳米技术能让药物突破化学、解剖和生理学阻碍，抵达病变组织，提高药物在病灶位置的聚集量，减小对健康组织的损害，较之传统药物具有显著优势”。在肯定纳米药物的独特优势的同时,《中国纳米白皮书》中也提道“因为尚不清楚（纳米药物）在人体内是否参与代谢以及如何代谢，所以也有可能带来意料之外的后果。而且。纳米药物的长期使用效果仍不明朗。”这也揭示出目前对纳米药物药物代谢动力学等研究较为薄弱，对其潜在毒性、长期毒性的全面、系统研究将成为研究人员下一步工作的重点。而在 2019 年第八届中国国际纳米科学技术会议上发布的《纳米科学与技术 2019》白皮书中，再次对纳米生物领域“政 – 商 – 产 – 学 – 研”密切合作作出回顾和展望。

通过对以上在纳米生物领域的战略规划分析，我们可以看出各国家及组织对纳米生物技术均予以一定政策支持，纳米生物学科发展也得到重视。但如本文前两部分对该领域论文与专利的检索分析所示，无论从国内还是国际来看，虽然相关基础研究正在如火如荼展开，但纳米生物领域真正进入产业化的、切实应用于生产生活的产品还十分有限。我国应在当下纳米生物迅猛发展的风向下抓紧机遇，多方面鼓励国内产学研协同发展和国内外积极合作。此外，加大相关项目和基金支持力度，吸引海外优秀人才回国发展。在优化资源配置的同时，不断加强从基础研究到应用转化的综合实力，鼓励国内外相关科研团队和企业建立合作，攻关突破纳米生物技术产业中的核心技术，不断提高我国在纳米生物领域的核心竞争力。对于纳米药物、疾病成像与诊断检测、生物传感器、生物催化、纳米生物效应等重点发展领域，可制订专项国家产业发展计划，从投资、税收上对相关企业提供优惠政策，以进一步促进纳米生物产品的产业化落地。

四、纳米生物学学科最新研究进展

（一）纳米生物材料

纳米生物材料的研究贯穿在纳米生物学领域发展的历程之中，是纳米生物学领域发展的重中之重。研究人员通过对纳米生物材料的多功能设计、制备，将其应用到不同生物层面（个体、组织、器官、细胞、细胞器等）、不同病生理状态的纳米生物学研究，主要表现在具有纳米尺度的材料由于其独特的光、磁、热力学特性应用在生物成像、疾病诊疗、生物检测、药物递送等领域，揭示纳米生物材料的结构、性质与功能的关系。我国目前纳米生物材料的发展在材料设计及创新理念等研究领域已达到国际领先水平。近年来，我国纳米生物材料发展迅猛，主要表现在纳米生物材料的种类多元化以及纳米生物材料的设计合成及功能化策略精巧化。

纳米生物材料具有种类多元化的特点。纳米生物材料的主要分类方式分为从材料来源以及从材料自身进行分类。从材料来源来看，可以分为天然生物材料、合成生物材料以及天然 - 合成相结合的生物材料；从材料自身来看，主要分为有机材料、无机材料以及有机 / 无机复合材料三大类。天然材料为基础的纳米生物材料如转铁蛋白、多肽、细胞膜等，引起了极大的关注热点。以天然材料代表转铁蛋白为例，转铁蛋白纳米载体是由人体天然蛋白质自组装而成的药物载体，阎锡蕴院士团队利用转铁蛋白递送抗肿瘤药物，即可直接识别并杀伤肿瘤。动物实验结果证明转铁蛋白递送抗肿瘤药物阿霉素即可有效抑制结肠癌、乳腺癌及黑色素瘤的生长，并且可以也能够跨越血脑屏障，治疗脑胶质瘤[14, 15]。此外，利用细胞膜这一天然材料的纳米药物递送系统，也受到极大的关注。基于红细胞膜、肿瘤细胞膜、中性粒细胞膜等细胞膜的仿生纳米药物递送体系，在肿瘤治疗、细菌感染、关节炎治疗等领域取得了良好的进展[16]。此外，合成纳米生物材料受到广泛关注。例如，王均课题组开发了一系列聚合物纳米药物递送系统如阳离子脂质复合物，递送核酸药物进行基因治疗，该体系可用于多种疾病如小鼠败血症、腹膜炎以及Ⅱ型糖尿病等疾病的防治中。与此同时，无机纳米材料的各种性质被充分发掘，无机纳米材料因其独特的光、电、磁学性能应用于纳米生物材料[17]，可将多种诊断与治疗方式集合在同一个纳米结构体系。除了纳米生物材料种类的不断发展，纳米生物材料的设计合成及功能化策略也更加精巧，各类设计方法如合成生物学法、内源 / 外源性响应方法、DNA 纳米技术等，使得纳米生物材料具有广阔的开展空间。随着纳米生物材料进一步与生物学、医学、材料学等学科的交叉，纳米生物材料的发展潜力不断被挖掘，我国在纳米生物材料领域占据重要战略地位。

（二）纳米药物递送系统

传统小分子药物和目前飞速发展的生物药物（蛋白类、多肽类、基因类）在给药时面临药物靶向性差、易降解的问题。缺乏靶向性以及在体内不稳定的问题在临床要求了更高的治疗剂量，给人体代谢带了更大负担的同时也造成了更多的毒副作用。由于传统药剂学领域控释材料在药物释放的时间、地点及剂量等方面仍存在不足，纳米技术的发展为解决此研究问题带来了希望，研究人员结合不同药物的理化性质和各类疾病的病生理状态的研究进展，设计各类先进的多功能纳米载体用于各类药物的递送问题，提高了药物的成药性和临床应用价值。多功能纳米药物载体主要应用于肿瘤的治疗，其主要表现在：①提高难溶性药物的溶解度，提高药物在体的稳定性。②基于肿瘤部位的 EPR 效应，即实体瘤的高通透性和滞留效应（enhanced permeability and retention effect），纳米药物可被动靶向到肿瘤部位；结合具有靶向功能的抗体、多肽等，将药物主动靶向到肿瘤部位。③药物靶向递送到肿瘤部位以后，基于肿瘤特殊的微环境（物理、化学、生物），纳米载体能够根据药物体内释放要求，设计出一系列缓控释/智能响应性释放的多功能药物递释系统。近年来智能型药物控释系统及靶向型给药系统已成为研究的热点。智能响应型纳米递释系统可根据体内生理因素的变化自身调节药物释放量，在局部维持有效药物浓度的同时不对全身其他正常组织和细胞产生不良影响，可达到传统给药方式无法实现的治疗效果。智能型药物控释系统根据刺激来源的不同可以分为内源性刺激源（pH、还原环境、高表达的酶、ATP、血糖浓度）和外源性的刺激源（光、磁、热、超声）。目前，我国科学家在纳米载体用于药物靶向递送和智能释放领域，取得了一系列的重要研究成果。针对纳米药物到达肿瘤部位，需经历各类生理递送屏障如血液环境、肿瘤组织微环境、细胞内微环境等，王均教授课题组提出了肿瘤酸度敏感纳米载体设计理念，构建了一系列肿瘤酸度响应聚合物纳米药物载体，该纳米药物载体能够在正常生理条件下延长纳米颗粒血液循环时间，增加肿瘤富集，而在肿瘤部位则发生如电荷反转、尺寸转变、PEG 脱壳、配体重激活等的特异性性能变化，有效克服药物递送的生理屏障，实现了药物在肿瘤组织的精准控释，提高药物递送效率和肿瘤治疗效果[18]。此外，梁兴杰研究员团队与李景虹院士团队在《自然-纳米技术》（*Nature: Nanotechnology*）报道了一种碳点支撑的原子尺度分散的金材料（carbon-dot-supported atomically dispersed gold，CAT-g），该材料是一种具有良好的抗癌疗效和生物安全性新型抗癌纳米材料。研究团队在 CAT-g 表面修饰了可以产生 ROS 的肉桂醛（cinnamaldehyde，CA）和可以靶向线粒体的三苯基膦（triphenylphosphin，TPP），实验结果表明这种纳米材料可以清除线粒体中的 GSH 并增加 ROS 诱发癌细胞凋亡，经过瘤内注射后，可以显著杀伤癌细胞，抑制肿瘤生长，同时不损伤正常组织，具有好的安全性[19]。

除了基础研究领域的不断亮点报道，我国纳米药物递送系统的临床应用发展势头旺盛，如多种脂质体制剂已经在国内批准上市。包括：注射用紫杉醇酯质体（国药准字 H20030357）、盐酸多柔比星脂质体注射液（国药准字 H20123273）、盐酸多柔比星脂质体注射液（国药准字 H20113320）、注射用两性霉素 B 脂质体（国药准字 H20030891）等；各类仿制药的积极上市外，新型的药企也重点进行了药物的自主研发，如苏州瑞博与 QUARK 公司合作开发的治疗 NAION（非动脉炎性前部缺血性视神经病变）的 QPI1007 国际多中心Ⅱ/Ⅲ期关键性临床试验获批，成为中国第一个获批国际多中心临床研究小核酸药物。纳米药物递送系统具有极大极广的临床应用价值，但是研发周期长也存在了一定的限制。

（三）纳米组织工程和再生医学

组织工程和再生医学是一门研究如何促进创伤与组织器官缺损的生理性修复，以及如何进行组织器官再生与功能重建的学科。近年来，纳米技术对组织工程和再生医学领域的发展起到极大的促进作用。纳米技术用于组织工程和再生医学领域主要是：①纳米材料作为活性因子或者基因载体以及自身具有的生物活性、理化特性用于干细胞行为的调控，从而提高治疗效果[20]。②利用纳米材料构建仿生支架，为细胞提供机械支撑作用，并且仿生支架能通过与细胞的相互作用来调控细胞功能如黏附、迁移、增殖和分化[21]。近年来，我国科学家已逐渐将纳米技术在骨组织工程与再生、心血管组织工程与再生、干细胞与组织再生，以及皮肤、抗菌、抗炎、伤口愈合（wound healing）等方面。随着纳米技术在组织工程领域的不断发展，未来衍生出“纳米组织工程学”也许会成为一热门新兴学科和朝阳产业。

（四）其他

纳米影像技术是指传统影像技术与纳米科学相结合形成的一门新兴学科，主要指利用纳米影像探针在分子、细胞或活体水平定性定量分析生命体生物学过程的一种技术。近年来，科学家利用纳米材料独特的量子效应和纳米 – 生物界面特殊的作用机理，开发了一系列具有特殊光、磁等性能和生物功能响应特性的纳米影像探针，包括荧光量子点探针、碳纳米管、金纳米颗粒、上转换纳米荧光探针、氧化铁纳米探针、氧化硅纳米探针等，利用不同的分子影像探针进行影像学的研究也衍生出多种纳米影像技术，包括光学纳米影像技术、磁共振纳米影像技术、超声纳米影像技术、核素纳米影像技术等，大大扩展了影像技术在生物医学的应用。近年来，在新型探针的研究中，我国科学家取得了重大的突破，我国在新型纳米探针和影像技术的开发方面获得了一些重要原创性成果，例如唐本忠院士课题组在国内外率先提出的聚集态诱导发光的光学成像方法，开发出具有各种不同光学特性和环境响应特性的聚集态诱导发光材料，并将其成功应用于生物体系中的病毒或细菌检测、细胞器成像、血管成像、疾病诊疗等各个领域。此外，纳米影像技术已经开始在细胞生物学、分子生物学、疾病诊疗、药物开发、干细胞再生医学等前沿科学得到了广泛应用，并正在逐渐从基础研究向临床应用领域转化，但是我国的纳米影像技术的临床转化方面还远落后于欧美等国家。

生物催化，尤其是酶的催化，催化效率高、选择性强，除了在生命活动和机体代谢过程产生重要作用外，也被广泛用于工业、生物医药、环境保护领域。但是，由于作为生物催化剂的酶、核酸的稳定性较差、对储存环境要求高以及成本高使得其发展具有限制性。因此需要开发能够提高生物酶稳定性的方法，或者开发模拟酶直接取代生物酶。纳米技术通过利用纳米载体固化具有生物催化的酶或者开发新型的纳米酶为解决这类问题提供了新的途径。纳米载体能够提高生物酶的稳定性，防止其被降解。另外，由于酶分子的尺寸处于纳米尺度，以及酶分子发挥作用的空间恰好处于纳米尺度，因此纳米技术在模拟酶方面具有极大的研究潜力。在模拟酶研究方面，我国科学家阎锡蕴院士团队在国际上报道了首例基于四氧化三铁纳米颗粒（Fe_3O_4 NPs）的纳米材料本身具有内在类似过氧化物酶（peroxidase）的催化活性，率先提出了“纳米酶”的概念，并且首次从酶学角度系统地研究了无机纳米材料的酶学特性（包括催化的分子机制和效率，以及酶促反应动力学），建立了一套表征纳米酶催化活性的标准方法，并将其作为酶的替代品应用于疾病的诊断。纳米酶的领域取得迅速的发展，并在生物医学领域取得了一系列重大研究成果[22]。

纳米尺度的特殊物理化学性质如量子尺寸效应、表面效应、宏观量子隧道效应影响了相同组成下物质的功能特性。纳米尺度物质对生命过程的影响会产生正面的和负面的纳米生物效应。所谓正面的纳米生物效应，将会为疾病的早期诊断和高效治疗带来新的机遇和新的方法；负面纳米生物效应（也称为纳米毒理学），主要是以科学客观的方式描述纳米材料 / 颗粒在生物环境中的行为、命运以及效应，揭示纳米材料进入人类生存环境对人类健康可能的负面影响[23, 24]。我国是世界上较早开展纳米生物效应和安全性研究的国家之一。近年来，我国纳米生物效应发展取得了巨大进步，研究水平位于世界前列。国家纳米中心与中国科学院与高能物理研究所共同建立"中国科学院纳米生物效应与安全性重点实验室"，开展纳米材料的生物效应研究，标志着我国的纳米生物效应与安全性研究已初步进入系统化规模化的研究阶段。纳米生物效应和安全性的研究将加强我们对纳米尺度下物质对人体健康效应的认识和了解，这不仅是纳米科技发展产生的新的基础科学的前沿领域，也是保障纳米科技可持续发展的关键环节。

五、纳米生物学学科发展趋势与展望

纳米生物学已经成为最活跃的研究领域之一及科技竞争的焦点，国际性的产业化竞争热潮也逐渐显现，掌握了其中的关键技术就获得了生命医学前沿技术的制高点。总之，纳米生物学的发展方兴未艾，纳米生物学的发展和应用具有极大的研究意义和战略意义。在未来无论是基础研究还是产业转化，都需要与国家战略需求相结合。基于我国目前在纳米生物学的研究进展，不难发现我们需要在转化等薄弱方向迎头赶上，另外也需要积极布局未来发展规划，在前沿的基础研究中抢占先机，突出临床转化及应用导向，突出科学前沿的研究及专利、标准导向，形成并保持一批强有力的研发团队，引进企业，参与国际竞争。

参考文献

[1] 卢晓静，李俊芳，杨海峰，等. 国际纳米材料法规及标准进展［J］. 材料导报，2011（25）：97-100.

[2] 任红轩. 美国 NNI 评估结果对我国发展纳米科技的启示［J］. 新材料产业，2011：13-15.

[3] 梁慧刚，黄建，刘清. 欧盟纳米生物安全领域发展概况［J］. 新材料产业，2009：22-23.

[4] 王小飞. 英国的纳米技术研究［J］. 全球科技经济瞭望，2002：57-59.

[5] 冯瑞华. 日本纳米科技发展政策分析［J］. 新材料产业，2017：30-34.

[6] 张阳德，胡建华，唐静波，等. 我国纳米生物医学高端创新人才需求预测分析及政策建议［J］. 中国现代医学杂志，2008（18）：253-255.

［7］段庆锋，汪雪锋. 项目资助与科学人才成长——基于国家自然科学基金与“973”计划的回溯性关联分析［J］. 中国科技论坛，2011：5-10.

［8］杨海华，彭洁，赵辉. 国家自然科学基金对纳米材料的资助领域分析——基于共词网络法［J］. 科技管理研究，2012（32）：23-26.

［9］何鸣鸿，金祖亮. 从历年科学基金项目看我国纳米科技的发展［J］. 新材料产业（2001）.

［10］陈挺，李国鹏，姜山，等. NSF 材料科学十年——基金项目分布及趋势变化分析［J］. 世界科技研究与发展，2017：14-24.

［11］王小梅，李国鹏，陈挺. 中国与世界主要科技强国的科学资助分析：基于科学结构图谱 2010—2015［J］. 中国科学基金，2018（32）：82-91.

［12］王小梅，韩涛，王俊，等. 基于同被引分析的科学结构图［J］. 科学观察，2009（4）：1-15.

［13］田文灿，胡志刚，焦健，等. 国家自然科学基金纳米生物医学领域资助项目绩效分析［J］. 中国科学基金，2018（33）：64-72.

［14］Liang M，Fan K，Zhou M，et al. H-Ferritin-Nanocaged Doxorubicin Nanoparticles Specifically Target and Kill Tumors with a Single-Dose Injection［J］. Proc Natl Acad Sci，2014，111：14900-14905.

［15］Fan K，Jia X，Zhou M，et al. Ferritin Nanocarrier Traverses the Blood Brain Barrier and Kills Glioma［J］. ACS Nano，2018，12：4105-4115.

［16］Zhang L，Wang Z，Zhang Y，et al. Erythrocyte Membrane Cloaked Metal-Organic Framework Nanoparticle as Biomimetic Nanoreactor for Starvation-Activated Colon Cancer Therapy［J］. ACS Nano，2018，12：10201-10211.

［17］Sun M，Müllen K，Yin M. Water-Soluble Perylenediimides：Design Concepts and Biological Applications［J］. Chem Soc Rev，2016，45：1513-1528.

［18］Xu C F，Zhang H B，Sun C Y，et al. Tumor acidity-sensitive linkage-bridged block copolymer for therapeutic siRNA delivery［J］. Biomaterials，2016，88：48-59.

［19］Gong N，Ma X，Ye X，et al. Carbon-dot-supported atomically dispersed gold as a mitochondrial oxidative stress amplifier for cancer treatment［J］. Nature Nanotechnology，2019.

［20］B K Teo，et al. Nanotopography modulates mechanotransduction of stem cells and induces differentiation through focal adhesion kinase［J］. ACS Nano，2013，7：4785-4798.

［21］E K Yim，E M Darling，K Kulangara，et al. Nanotopography-induced changes in focal adhesions，cytoskeletal organization，and mechanical properties of human mesenchymal stem cells［J］. Biomaterials，2010，31：1299-1306.

［22］Gao L，Zhuang J，Nie L，et al. Intrinsic peroxidase-like activity of ferromagnetic nanoparticles［J］. Nature Nanotechnology，2007，2（9）：577-583.

［23］Zhu M T，Nie G J，Meng H，et al. Physicochemical properties determine nanomaterial cellular uptake，transport，and fate［J］. Accounts of Chemical Research，2013，46（3）：622-631.

［24］Xu Y，Lin X，Chen C，et al. Key factors influencing the toxicity of nanomaterials［J］. Chinese Science Bulletin，2013，58（24）：2466-2478.

撰稿人：梁兴杰　杜　鹏　焦　健

专题报告

纳米生物材料研究现状与展望

一、引言

纳米材料是指至少有一维在纳米尺度（1 ~ 100 nm）范畴的材料，因其尺寸限制，纳米材料具有量子限域效应、小尺寸效应、表界面效应等，展现出独特的声、光、电、磁、热力学等特性，在生物医学等研究领域显示出巨大的潜力和应用价值。而很多生物分子也处于纳米尺度，例如，构成生命要素之一的核糖核酸蛋白质复合体的长度在 15 ~ 20 nm。纳米生物材料是纳米材料与生物医用材料的交叉，应用于生物调控、疾病诊断与治疗、生物标记等领域；主要可分为有机材料、无机材料、有机 / 无机复合材料三大类。在过去几年中，纳米生物材料受到人们的关注，已成为生命科学与材料科学的交叉前沿。通过设计、合成制备纳米生物材料实现预期的功能和应用，是近年来的研究热点。对纳米生物材料的功能化修饰、表征等，研究其物理化学性质，进而研究其与生物体的相互作用，也是纳米生物材料研究的重要内容。

与其他用途的纳米材料相比，纳米生物材料具有很高的生物安全性和生物相容性要求。纳米生物材料的毒性与其尺寸、形貌、浓度和制备方法等有密切关系，而纳米材料引起毒性的具体机理还需要进一步研究。进入实际应用领域之前，必须对其生物安全性进行全面深入的研究和评价。此外，要求纳米生物材料具有良好的生物相容性，代谢产物少、副作用小、无免疫排斥反应等。而根据特定的应用所需，对纳米生物材料也具有特定要求。例如用于化疗药物载体的理想纳米生物材料，需要具有可生物降解性、控制药物释放和靶向传递等要求，从而提高药物疗效和降低毒副作用；而对于作为基因载体的纳米生物材料，则要求其可以有效包裹、保护核苷酸，使其免遭核酸酶的降解，并有效递送至细胞核，提高转染效率。本专题主要围绕纳米生物材料的种类、设计构建及性能等方面来介绍近年来的研究进展，并与国外的研究进展对比，给出纳米生物材料的未来发展方向。

二、国内研究进展

近年来，中国的纳米生物材料研究处于快速发展阶段，在各个方面都取得了巨大的进展，并具有一定国际影响力。近五年发展的主要特点是材料种类多、设计思路广泛、材料的制备工艺进步、表征手段更丰富；特别是在与生物学、医学、材料学等学科的交叉过程中，纳米生物材料的各种性质和功能被充分发掘和利用，用于生物检测、药物载体和成像等各种生物医学领域，揭示了纳米生物材料的结构、性质与功能的关系。近年来，国内研究人员发表论文的数量和质量都有明显提升，构建了一系列新型纳米生物材料，主要体现在以下几个方面。

（一）纳米生物材料的种类多元化

从材料来源来看，可以分为天然生物材料、合成生物材料以及天然 - 合成相结合的生物材料；从材料本身来看，主要分为有机材料、无机材料以及有机 / 无机复合材料三大类（图 1）。

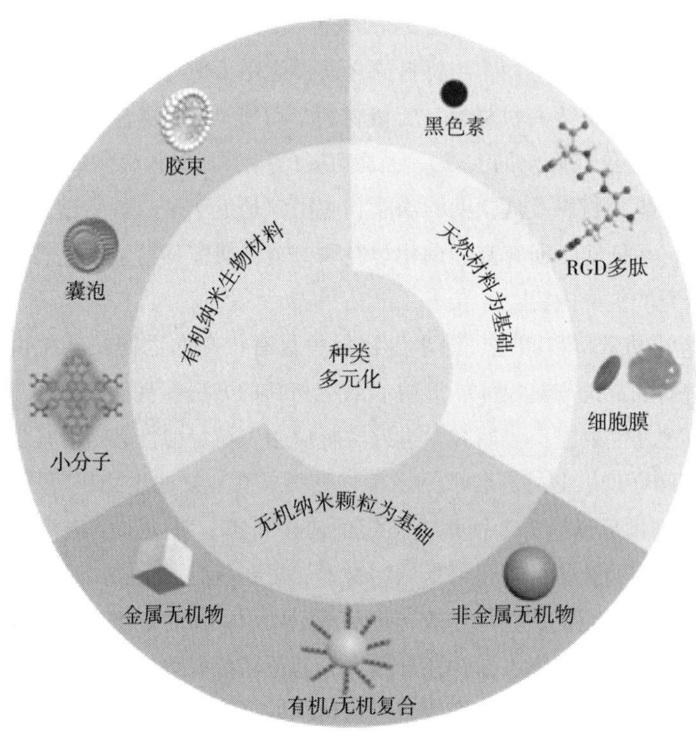

图 1　纳米生物材料的种类多元化

1. 天然材料为基础的纳米生物材料

近年来，黑色素、多肽及细胞膜等天然生物材料因其低免疫原性、良好的生物相容性和多功能性而受到研究者的广泛关注。张先正教授等采用自上而下的方法，从人的头发中分离出微米级和纳米级黑色素颗粒（100 nm 左右），黑色素纳米颗粒显示出高且持续的光热转换及清除自由基的能力，可实现光热治疗，还可防止皮肤受紫外线损伤并缓解白内障。在预防白内障、防紫外线、癌症治疗、血栓治疗等方面均可发挥有效作用。

基于多肽的纳米材料被认为是肿瘤成像和治疗的新型生物材料。多肽和多肽衍生物基于其优异的生物相容性、多样化的生物活性、潜在的生物降解性、特定的生物识别能力和易于化学修饰的特性可应用于传统的肿瘤诊断与治疗体系中，以提供多样化的功能，例如高效的肿瘤靶向能力、特异性肿瘤响应性质和显著的肿瘤治疗效果。许多传统纳米材料，例如无机纳米材料（量子点、金属纳米粒子、介孔二氧化硅纳米粒子等），有机纳米材料（半导体聚合物、树枝状聚合物、天然聚合物等）和有机 / 无机复合纳米材料（金属 – 有机框架（MOF）、聚合物包覆的无机纳米粒子等），均可利用各种不同的功能型多肽进行修饰，将其优势进一步放大，开发优异的肿瘤诊疗一体化的多功能系统。张先正教授等[2]将 RGD 肽修饰在量子点掺杂的氮化碳纳米颗粒（CCN）上，通过 RGD 的靶向使材料聚集在肿瘤部位，通过 CCN 在光作用下裂解水产生氧气而增强光动力治疗效果；随后他们也将富含组氨酸和赖氨酸的肽修饰在磷酸银和碳量子点掺杂的氮化碳纳米颗粒上，实现将内源性 CO_2 转化为 CO，从而增强癌症治疗效果，这两种肽除了可以提供有效的肿瘤特异性积累外，其中的氨基或咪唑基可与 CO_2 相互作用形成氨基甲酸酯，起到捕获 CO_2 的作用。[3] 他们总结了用于肿瘤成像和治疗的功能型多肽和基于多肽的生物材料的最新研究进展和突破，在国际著名材料期刊 *Advanced Functional Materials* 发表了一篇综述。[4]

曲晓刚和任劲松研究员团队[5]合作设计了一种仿生纳米材料用于结肠癌治疗。他们通过在 MOF 外包裹红细胞膜，并在 MOF 中封装葡萄糖氧化酶（GO_x）和乏氧激活的前药替拉扎明（TPZ），制造了一种仿生纳米材料，通过仿生表面修饰，可以显著提高这一纳米材料的癌症靶向能力。该体系可以将 GO_x 输送到肿瘤细胞，通过耗尽内源性葡萄糖和 O_2 达到有效饿死肿瘤的目的。并且饥饿疗法引起的肿瘤缺氧可以进一步激活 TPZ 用于增强结肠癌治疗。

阎锡蕴院士团队[6]利用转铁蛋白递送阿霉素，这种转铁蛋白纳米载体是由人体天然蛋白质自组装而成的药物载体，不需要进行表面修饰，即可直接识别并杀伤肿瘤。通过动物实验证明，单剂量给药即可有效抑制结肠癌、乳腺癌及黑色素瘤的生长，并且可以突破血脑屏障，治疗脑胶质瘤。[7]

张先正教授等[8]利用对肿瘤微环境具有靶向作用的细菌和无机纳米颗粒通过静电相互作用相结合，将碳量子点掺杂的碳化氮负载到大肠杆菌上；在光照射下，具有良好光催化性能 C_3N_4 产生的光电子可以进入大肠杆菌，将内源性的 NO_3^- 转换为有毒性的 NO 杀伤肿瘤，从而实现光控细菌代谢治疗，这一策略可以很好地实现细菌在肿瘤富集。动物实验证明，在小鼠肿瘤模型上表现出了高达 80% 的抑瘤率。他们还制备了大肠杆菌 - 金纳米颗粒的复合材料作为口服药，运载热敏感的 TNF- α 质粒，该质粒在肿瘤部位的表达可以通过金纳米颗粒的光热来触发启动，使所表达蛋白发挥杀死肿瘤细胞的作用。[9]

此外，还有很多以天然材料为基础的纳米生物材料被开发出来，陈学思和田华雨研究员团队[10]通过在聚赖氨酸上引入对甲苯磺酰基保护的精氨酸以获得高性能的基因载体，通过“引入多重相互作用、协同增效”的策略来解决传统高分子基因载体构建遇到的瓶颈问题；他们还利用食源性蓝靛果中提取的天然花青素、体内本身含有的内源性铁以及聚谷氨酸衍生物构建纳米颗粒，具有光声和磁共振双模成像功能，可实现精准的光热治疗。[11]该纳米颗粒在去铁胺作用下，可发生有效解离，由肾脏排出，降低纳米颗粒对肝脏造成的潜在危害。尹梅贞教授等[12]设计并合成了以苝酰亚胺为核的星状聚氨基酸聚合物，该聚氨基酸的 L- 异亮氨酸基团，可通过静电作用递送带正电的蛋白，也可以通过氢键和范德华力运载带负电蛋白（杀虫毒素等）来杀灭耐药虫子。这种氨基酸功能化的纳米载体结合苝酰亚胺类荧光性质可以实现材料进细胞的过程可视化；在国际著名综述期刊发表两篇苝酰亚胺类荧光性质及生物应用的综述。[13, 14]这些基于天然生物材料的多功能系统将极大地促进抗肿瘤研究的发展，并进一步增强从科学研究到临床应用的转化。

2. 有机纳米生物材料

合成的有机纳米生物材料近年来得到快速发展，国内很多课题组在这方面取得重要成果和进展，这里仅举几个示例来说明。王均教授团队选用 FDA 批准的药用聚乙二醇 - 聚乳酸（PEG-PLA）、聚乙二醇 - 聚乳酸 / 乙醇酸嵌段聚合物（PEG-PLGA），将阳离子脂质掺入聚合物中，按照双乳化法合成制备出阳离子脂质辅助的聚合物纳米颗粒（CLAN），这种 CLAN 纳米颗粒将不同核酸药物有效递送进入肿瘤细胞、T 细胞和巨噬细胞等多种细胞。他们制备出具有不同特性的 CLAN 纳米颗粒库，通过体内筛选选出能够将 CRISPR/Cas9 高效递送进巨噬细胞的 CLAN 纳米颗粒。这种筛选出的 CLAN 纳米颗粒可以将 Cas9 mRNA 和靶向 NLRP3 基因的 gRNA（mCas9/gNLRP3）高效递送到巨噬细胞中，抑制 NLRP3 炎症小体活化，进而实现对小鼠败血症、腹膜炎以及Ⅱ型糖尿病等疾病的防治。[15]此外，他们综述了 CLAN 材料的发展、工作机理、如何提高 CLAN 材料的递送效率及其在各种疾病治疗中的应用；最后也对 CLAN 材料的进一步发展进行了展望 。[16]

申有青教授团队[17]将聚合物疏水末端耦联一对荧光共振能量转移（FRET）荧光分子 Cy5 和 Cy5.5，制备了 FRET 胶束。这种由嵌段聚合物聚乙二醇 - 聚己内酯（PEG-PCL）和聚乙二醇 - 聚乳酸（PEG-PDLLA）组成的聚合物胶束可临床应用于实时追踪胶束的解离，并通过测定胶束中荧光分子 FRET 效率来评价胶束的解离速率和清除机制，为设计高效聚合物胶束递药系统提供切实的参考依据。他们还设计合成了一种新型无毒的聚硫脲树枝状大分子，对正常细胞和肿瘤细胞都没有任何杀伤作用，在体内也不显示任何毒性。这种树枝状大分子进入荷瘤小鼠体内，作用于肿瘤中异常增高的铜元素并降低肿瘤细胞内的活性氧（ROS），通过抑制肿瘤新生血管的生成并诱导肿瘤细胞死亡，达到比临床使用的抗肿瘤药物阿霉素更有效的治疗效果。[18] 尹梅贞教授等[19]设计制备了以三萘嵌二苯酰亚胺为核的光热剂，在疏水的三萘嵌二苯酰亚胺上连接亲水的聚丙烯酸，随后通过星状两亲聚合物的自组装得到纳米颗粒，具有较高的光热转换效率，可用于光声成像引导的光热治疗。

3. 无机纳米颗粒为基础的纳米生物材料

无机纳米颗粒因其独特的光、电、磁学性能应用于纳米生物材料，无机纳米材料及以其为基础的有机 / 无机复合材料近年来受到广泛关注。其中，无机纳米材料的各种性质被充分发掘出来。施剑林研究员和步文博教授研究团队在以稀土上转换纳米颗粒（UCNP）为基础的新型多功能诊疗体系的结构设计、可控制备及其生物医学应用做了系列研究工作，他们在 *Accounts of Chemical Research* 发表综述文章系统地总结了基于 UCNP/ 二氧化硅多功能核壳纳米诊疗体系的化学制备方法；[20] 实现多模态影像实时监控 / 介导下的多功能协同增强抗肿瘤精准治疗，为解决放疗 X 射线利用率低、化疗药物无法控释和监测、传统影像探针性能低等医学难题提供了新的思路。他们还采用改进的自蔓延燃烧法，合成制备出单分散的硅化镁纳米耗氧剂，通过聚乙烯吡咯烷酮表面修饰后形成稳定的溶胶，具有良好的可注射性。[21] 这种新型耗氧剂在肿瘤弱酸性微环境下被特异性激活，可消耗肿瘤组织及血管中的溶解氧和血红蛋白结合氧，从而使肿瘤病灶区极度缺氧。同时，耗氧剂的分解产物二氧化硅在肿瘤周围血管中自聚集成微米级絮状物，能够高效率阻塞肿瘤血管，通过切断肿瘤周围对肿瘤供给的氧分子和营养成分，实现“饿死肿瘤”的治疗效果，这种耗氧剂的设计为新型功能纳米材料的批量生产提供了新的方法，同时也为“肿瘤饥饿治疗”提供了新的研究思路。

有机部分与无机纳米材料均发挥作用的有机 / 无机纳米复合材料由于其自身尺寸和特性，具有一般纳米材料不具有的优良性能，可将多种诊断与治疗方式集合在同一个纳米结构中。徐福建和赵娜娜教授研究团队基于无机纳米材料和阳离子聚合物的复合物构建了一系列复合纳米材料，用于多功能核酸递送载体，并研究了形貌对其性能的影响，基于这些工作他们在 *Chemical Reviews* 综述了有机 / 无机复合纳米材料的各种制备方法[22]，讨论了复合纳米材料的性质和功能，在此基础上，进一步介绍了纳米复合材料在医学领域中的应用现状以及对未来的展望。

（二）纳米生物材料的设计合成及功能化策略更精巧

近年来，国内纳米生物材料在设计合成上更精妙，方法更多样，不断设计出新材料，赋予材料更多的功能（图 2），在材料设计及创新理念等研究领域处于国际领先水平。

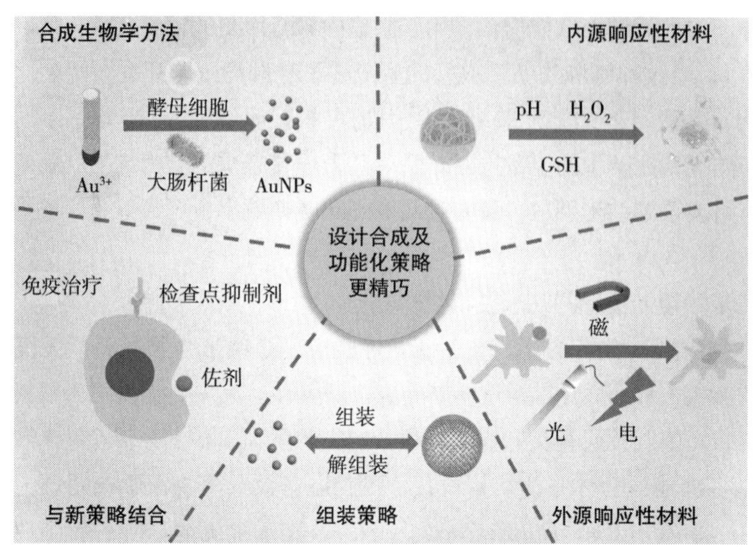

图 2 材料设计及功能化策略更精巧

1. 合成生物学方法

庞代文教授团队[23,24]为解决纳米生物检测领域所面临的生物标记材料可控制备难题，提出“时－空耦合调控活细胞合成策略”，实现了自然界不可能在活细胞内发生的合成反应，利用活细胞成功可控地合成出半导体多色荧光量子点。在对酵母细胞内合成量子点机理研究的基础上，将“时－空耦合调控活细胞合成策略”扩展，提出“准生物合成”方法。他们在细胞外模拟细胞内的生物体系，通过酶、辅酶、肽、无机盐和金属离子等共同构建“准生物体系”，并利用这种准生物体系实现如超小粒径荧光金原子簇、小粒径金纳米颗粒、小粒径金－银合金等贵金属纳米材料，和近红外 PbSe 量子点、CdSe 量子点、超小粒径低毒性近红外 Ag_2Se 量子点等半导体荧光量子点的可控合成。

张先正教授等[25]通过合成生物学和化学修饰手段，设计了一种工程化的细菌生物反应器，通过实现肿瘤组织原位的类芬顿反应，有效抑制肿瘤的生长。他们利用合成生物学的方式，将可合成 NDH-2 酶的质粒转染进一种减毒的大肠杆菌，该种改造后的细菌可以通过酶促呼吸作用产生过量的 H_2O_2。同时，在该细菌表面通过化学键接超顺磁性 Fe_3O_4 纳米粒子，迅速增殖的细菌产生过量的 H_2O_2，并在 Fe_3O_4 纳米粒子的催化作用下发生类芬顿反应，通过产生毒性羟基自由基（·OH）诱导肿瘤细胞的凋亡，达到抑制肿瘤的生长的目的。该生物反应器在实现对肿瘤主动靶向的同时，实现了对肿瘤的长期有效抑制。他们还利用大肠杆菌表面还原性的酶 NADH 将 Au^{3+} 还原成金纳米颗粒，由于大肠杆菌内导入有引起肿瘤细胞凋亡的蛋白 TNF-α 和热敏感序列的质粒片段。通过金纳米颗粒的光热效应调控温度控制 TNF-α 蛋白的表达，从而导致肿瘤细胞的凋亡。[9]为了实现对细菌合成 NO 能力的提升及控制，他们还将碳量子点掺杂的碳化氮负载到大肠杆菌 MG1655 上，[8]

利用其良好的光催化性能，提高 NO 的产生，可以很好地实现细菌在肿瘤富集，该策略在小鼠肿瘤模型上表现出了高达 80% 的抑瘤率。

2. 内源响应性材料

利用肿瘤微环境中高浓度的过氧化氢，低 pH、乏氧等特点，可以设计内源响应性的材料以减少对正常组织的损伤。曲晓刚和任劲松团队[26]合作开发了一种基于纳米酶自组装的仿生纳米花，可以在常氧和缺氧条件下催化过氧化氢分解产生 ROS，而无须任何外部刺激。在合成的 MnO_2 上继续生长 PtCo 纳米颗粒，制备出高度有序且具有优异催化效率的 MnO_2@PtCo 纳米花，其中 PtCo 具有氧化酶活性，MnO_2 具有过氧化氢酶活性。所合成的 MnO_2@PtCo 纳米花可以缓解肿瘤乏氧微环境，并通过 ROS 诱导细胞凋亡，从而对肿瘤生长产生显著和特异性的抑制作用。且 MnO_2@PtCo 纳米花的氧化能力依赖于低 pH，因此对主要器官无毒副作用。

华南理工大学王均教授、杜金志特聘研究员基于肿瘤酸性环境响应的马来酸酰胺（TACMAA）的纳米载体做了系列工作，可克服传递过程中的种种障碍，在 *Accounts of Chemical Research* 发表综述[27]，系统地总结了其设计思想，肿瘤酸度引发的电荷反转、壳分离、尺寸变化及配体重活化，为酸响应的载体设计合成提供了重要参考。

申有青教授和美国顾臻教授团队[28]合作利用 γ－谷氨酰转肽酶（GGT）在肿瘤血管的内皮细胞及血管附近肿瘤细胞高表达的特点，设计制备了 GGT 响应性的聚合物 PBEAGA，并将其与化疗药物喜树碱（CPT）偶联，得到 PBEAGA-CPT。他们利用了肿瘤内细胞密度高的特点，让它们“主动地”在细胞间递送纳米药物：首先让细胞从一边吞噬纳米药物，然后通过胞吞转运作用从另一边将纳米药物排到细胞间液中，让邻层的细胞重复内吞和外排，实现跨细胞传递纳米药物以及“主动”肿瘤渗透。到达肿瘤部位之后，细胞表面的 GGT 将聚合物上的 γ－谷氨酰基水解产生氨基，使聚合物表面带正电荷，促使血管表皮细胞或者肿瘤细胞快速内吞阳离子化的偶联物，进而引起转胞吞作用和在肿瘤组织内的跨细胞传递。这种改变被动渗透为主动渗透的策略，能够使纳米药物避开由肿瘤组织致密微环境构成的天然屏障，为设计新型纳米药物解决纳米药物在肿瘤组织内渗透难的问题开辟了新的思路。

3. 外源响应性材料（光控、磁控、电场）

利用材料与光、磁场及电场的相互作用可设计得到外源响应性的纳米生物材料，从而使材料只在特定的病变部位作用。例如，利用金、硫化铜等物质的光热效应可以实现近红外光响应的光热治疗，而负载光敏剂的纳米载体可以实现光动力治疗，戴志飞和陈小元教授在 *Chemical Society Reviews* 发表综述，对肿瘤治疗的光热诊疗剂进行详细介绍。[29]尹梅贞教授等[30]构建了一种由染料－化疗药物－肽组成的双亲分子（五酞吲哚菁－喜树碱－环状 RGD），自组装后形成 90 nm 左右的纳米颗粒，由于染料在纳米颗粒中的聚集，所得自组装纳米药物具有增加的系间窜越，单线态氧产率明显增加，从而实现聚集增强光动力效应，此外在光的照射下，所产生的单线态氧可使纳米颗粒的尺寸降为 10 nm，从而有效加速化疗药物的释放和深部肿瘤穿透，有利于肿瘤成像与深部化疗 – 光动力学联合治疗。

曲晓刚研究员等设计了一种 Pd 负载的大孔二氧化硅，并用偶氮苯和 β – 环糊精的超分子复合物修饰构建出一种具有通用性的光控生物正交催化剂。可以根据光诱导的结构变化来调节其催化活性，模仿生物酶的变构调节机制。他们[32]还设计构建了基于光调控的上转换底物用于指导间充质干细胞的多向分化，通过控制红外激光强弱可以调控改变细胞 – 基质相互作用，为调节间充质干细胞的多向分化提供了新的途径。

刘庄教授等[33]利用铂纳米颗粒在方波交流电场下发生电驱动催化反应，在氯离子帮助下解离 H_2O，产生羟基自由基，实现体内电动力疗法。韩高荣、李翔和刘庄教授等将铂纳米颗粒用作催化剂，与临床电化学疗法结合，在方波交流电场下，诱发水分子分解产生羟基自由基，抑制肿瘤细胞增殖并引发凋亡，与传统电化学疗法相比这种方法侵入性小，对电极附近组织的损伤显著降低。

樊海明教授和田捷、梁兴杰研究员等[34]合作设计制备了铁磁涡旋氧化铁纳米环，在外部交变磁场存在时，轻度磁热疗会导致 4T1 乳腺癌细胞钙网蛋白的表达并传递“吃我”的信号，进而促进免疫系统对癌细胞的吞噬吸收，诱导有效的免疫原性细胞死亡，并进一步导致巨噬细胞极化，通过与 PD–L1 阻断试剂的有效结合以抑制远处肿瘤的转移扩散和生长。

4. 组装策略

纳米颗粒组装体有着与单个纳米颗粒不同的物理和化学性质，更重要的是这些组装体能够对刺激做出程序化的响应，受到研究者的关注。王强斌研究员团队[35]基于 DNA 纳米技术构筑复杂的纳米自组装体系，他们运用 DNA 折纸术首次合成一系列手性螺旋纳米自组装结构。通过这类组装体系的不对称构型可以观测到显著的手性光学响应。该体系设计为“自下而上”构筑复杂的纳米自组装结构提供了新的研究思路。

樊春海研究员与美国颜颢教授[36]合作发展了一种新方法，可以在保持精巧的 DNA 序列编码的自组装纳米结构前提下，提升其力学性能。他们通过团簇预水解策略，利用框架核酸诱导二氧化硅沉积，将经典 Stöber 硅化学与 DNA 结构体系相结合，通过二氧化硅仿生矿化，实现了 SiO_2/DNA 纳米结构的精确可控制备。

凌代舜研究员团队开发了一系列用于诊疗的刺激响应性组装体，将无机纳米颗粒（如磁性纳米颗粒、量子点、贵金属纳米颗粒），在聚合物或生物大分子的辅助作用下组装，可通过温度、光、磁场等外源响应及氧化还原、pH、酶等内源响应调控纳米颗粒组装与解组装，从而实现精确的可控成像和治疗。他们在 *Advanced Materials* 发表综述[37]，从动态纳米颗粒组装体的设计制备到生物医学应用进行详细总结，论述刺激响应纳米颗粒组装体的进展和挑战。

聂广军、丁宝全研究员和赵宇亮院士与美国颜颢教授研究团队合作[38]，利用 DNA 折纸术构建智能化的分子机器，通过自组装将“货物”凝血酶包裹在分子机器的内部空腔，该智能化纳米机器人通过特异性DNA适配体功能化，与在肿瘤相关内皮细胞上特异性表达的核仁素结合，实现在肿瘤血管内皮细胞上的精确靶向定位。同时核仁素作为响应性的分子开关，能够打开DNA纳米机器人，在肿瘤位点释放凝血酶，激活其凝血功能，进而诱导肿瘤血管栓塞和肿瘤组织坏死。该智能化分子机器可以在活体（小鼠和猪）的血管内稳定工作并能够高效完成定点药物输运，为恶性肿瘤等其他重大疾病的治疗提供了新的智能化策略。

王浩课题组[39]开发了一种在生物体中原位构建纳米材料的“体内自组装”策略。为了验证研究体内自组装的概念，他们设计了一种双芘（BP）分子作为多功能构建块。BP和其两亲衍生物水溶液借助疏水和 π-π 相互作用，在水溶液中自聚集形成纳米颗粒。在单体状态下BP分子无荧光，在特定的生物刺激下，BP纳米颗粒转化为自组装超结构，其荧光信号被点亮，可用荧光信号监测体外和体内的自组装/解组装过程。利用BP及其聚集体的光学性质，他们还设计合成了一系列BP衍生物功能性纳米材料作为体内原位生物成像和治疗平台，观察到了几种新的生物医学效应，如组装/聚集诱导的保留效应，转化诱导的表面黏附效应等，材料显示出高积累和长保留的特征。

5. 更有利于临床应用转化的生物材料及新的治疗策略相结合

刘庄教授等[40]利用FDA批准的PLGA，吲哚花青绿（ICG，光热剂），咪喹莫特（R837，Toll样受体7刺激剂），合成了PLGA-ICG-R837纳米颗粒。这种纳米颗粒注射到肿瘤部位后，在近红外光的照射下有效地消除原发性肿瘤的同时，释放出多种肿瘤相关抗原能够与R837一起发挥类癌症相关“疫苗”的作用。他们联合免疫检验点抑制剂CLTA4抗体，使“疫苗”的抗肿瘤效果进一步增强，能够有效地抑制肿瘤细胞的转移。此外，他们利用双乳液法制备了负载有过氧化氢酶和R837的PLGA纳米颗粒（PLGA-R837@Cat）。[41]该纳米体系中的过氧化氢酶可以高效地催化肿瘤组织中内源性过氧化氢分解产生氧气，改善肿瘤乏氧微环境，增强放疗疗效。同时，放射治疗能够触发肿瘤细胞的免疫原性细胞死亡，产生肿瘤相关抗原，联合纳米颗粒负载的免疫佐剂可以有效诱导抗肿瘤免疫反应增强。通过联合免疫检验点抑制剂CLTA4抗体，进一步抑制远端肿瘤生长。

（三）侧重揭示纳米生物材料的结构与性能的关系

研究纳米生物材料的结构与性能的关系，可为其设计构建提供指导，阎锡蕴院士与刘惠玉教授[42]合作模拟天然酶的活性中心结构、理性设计高活性的纳米酶以研究其构效关系，他们首次将金属有机框架材料ZIF-8衍生而来的单原子锌催化剂用于纳米酶生物催化领域，在体内外应用中均表现出优异的抗菌效果，并为纳米酶的设计提供指导意义。

基于天然酶手性选择性催化反应，曲晓刚研究员团队[43]设计了用于手性选择性反应的纳米酶，其中手性氨基酸为手性识别配体。该纳米酶以药物多巴（DOPA）为手性底物，以半胱氨酸（Cys）为手性识别配体。他们选择具有过氧化物酶活性的金纳米颗粒作为纳米催化剂的活性中心，将 Cys 修饰的金纳米颗粒装载在扩孔介孔硅中，通过设计得到的纳米酶对催化 DOPA 异构体存在选择性，修饰有 D 构型 Cys（D-Cys）的纳米酶倾向催化 L 构型 DOPA（L-DOPA），而修饰了 L 构型 Cys（L-Cys）的纳米酶倾向催化 D 构型 DOPA（D-DOPA）。他们利用反应的动力学、热力学参数以及分子动力学模拟证实了纳米酶的选择性来源于表面修饰的 Cys，该研究还发现氢键个数的差异导致同手性的 Cys 与 DOPA 之间的作用更强，最终导致 Cys 修饰的纳米酶对于异型 DOPA 表现出选择催化性。这个概念可以扩展到其他人工酶，并可能促进其他立体选择性酶模拟物的设计和构建。

梁兴杰研究员与吴春福教授以及美国席正雄博士合作，[44]研究了一种以单壁碳纳米管作为药物活性成分的全新治疗策略，并对单壁碳纳米管治疗甲基苯丙胺所造成精神依赖性的治疗效果及作用机制进行研究。该研究首次揭示了单壁碳纳米管对由甲基苯丙胺导致的精神依赖性地显著逆转作用，并发现不同构型的单壁碳纳米管的作用存在差异。研究发现其机制与碳纳米管吸附并氧化多巴胺，调节多巴胺奖赏通路，改善纹状体、改善皮层的多巴胺转运体及突触形态有关，为进一步讨论碳纳米材料的构效关系提供了重要依据。研究发现，在聚合态单壁碳纳米管有效剂量范围内，动物的运动、摄食及饮水等一般行为并未受到明显影响，中枢神经系统也未发现病理性变化，具有良好的安全性，表明材料具有抗成瘾性药物精神依赖性潜质。

三、国内外研究进展比较

纳米生物材料在国外也是研究热点，与国内种类繁多、设计精妙的纳米生物材料相比，国外的材料设计简单，更多从实际应用的角度出发（图 3）。美国顾臻教授团队[45]开发出了一种新型癌症免疫治疗策略，在肿瘤切除部位喷洒喷雾，快速形成凝胶，包埋其中的碳酸钙纳米颗粒逐渐溶解缓释抗体药物，在动物模型上验证了该种喷剂能靶向手术后的残余癌细胞，显著抑制癌症复发和潜在的转移。同时，这种纳米颗粒载体本身也有一定的治疗优势。当伤口及潜在肿瘤微酸环境被碳酸钙“中和”后，巨噬细胞的活性增强，从而增强清除体内异物的能力。美国 Darrell J. Irvine 教授团队[46]设计了可附着在 T 细胞上的纳米颗粒凝胶（细胞因子交联而成），确保药物仅在肿瘤原位被释放，并激活原位的 T 细胞攻击附近的肿瘤细胞，增强实体瘤对 T 细胞疗法的免疫应答并取得较好治疗效果。

美国 Naomi J. Halas 教授[47]等开发的金 - 二氧化硅纳米壳层被作为医疗设备进行管理，开展光热治疗的临床研究，并首次在权威科学杂志发表光热癌症疗法临床研究。在完成治疗的十五例患者中，只有两例患者在一年后的随访活检和磁共振成像中显示出了可检测的癌症迹象，这一纳米材料被证实可实现对肿瘤的精准打击，不影响健康组织，减少不必要的副作用，进而保证患者生活质量。

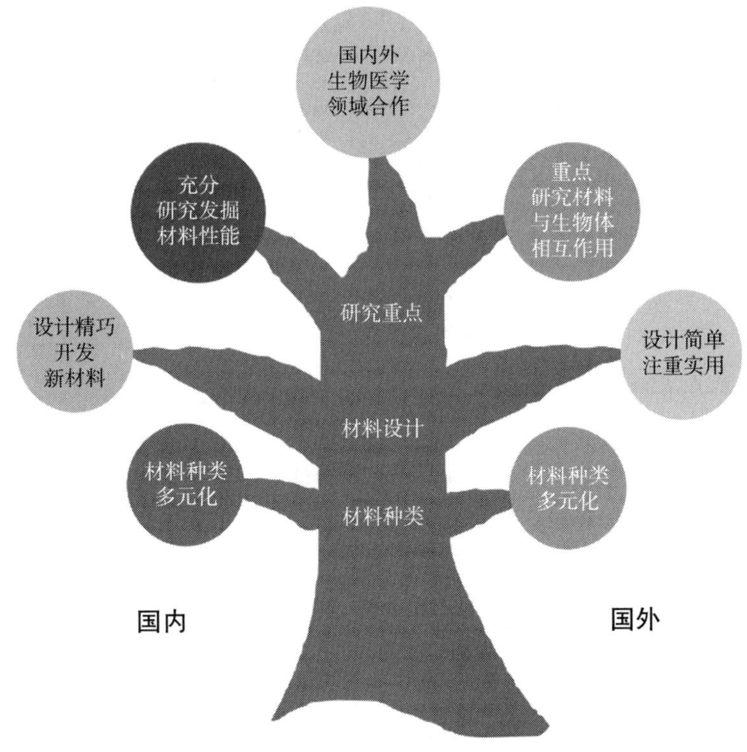

图 3　国内外纳米生物材料研究进展

另外，国外的工作更多地研究纳米材料与生物体的相互作用，例如研究肿瘤血管破裂对纳米颗粒递送的影响[48]、纳米颗粒与巨噬细胞相互作用阻止肿瘤生长[49]等。加拿大 Warren C. W. Chan 教授[50]利用 DNA 为分子开关控制形成金纳米颗粒“核 – 卫星”的超结构，纳米组装体系的构象可对 DNA 产生应激响应而发生变化，因此可以控制其光学性能及其与细胞之间的相互作用，有望用于精确输送药物至病灶部位。

并且出现了大量国内外在生物医学领域的合作。美国国立卫生院陈小元研究员等[51]和国内单位合作设计尺寸小于 50 nm 的介孔有机硅以降低网状内皮系统的吸收，同时增加高通透性和滞留（EPR）效应；在其中负载叔丁基氢过氧化物，在 X 射线作用下可以产生羟基自由基实现不依赖氧气的动力学治疗，同时可攻击所装载的一氧化碳前药 $Fe(CO)_5$ 产生 CO 用于肿瘤治疗，实现对乏氧肿瘤的放疗动力学治疗。此外，陈小元研究员还和国内单位合作构建以聚轮烷为基础的两亲性聚合物（苝酰亚胺 – 聚己内酯 –b– 聚乙二醇 –RGD ⊃ NH_2 化环糊精），[52]在其组装后采用含有双硫键的交联剂封堵壳层以防止药物泄漏，苝酰亚胺作为聚轮烷的塞子，不仅可以用于装载疏水药物，还可以用于光热治疗，诊疗体系可实现对肿瘤内谷胱甘肽响应而释放药物。此外，他们采用卟啉和顺铂药物等自组装减弱 π – π 堆积从而提高单线态氧产率，同时卟啉可以作为近红外荧光探针以及核磁和正电子发射计算机断层（PET）成像剂的络合物，实现精准成像引导的光化学协同治疗。

目前国际合作已经成为大势所趋，由德国 Wolfgang J. Parak 教授作为通讯作者，[53] 联合包括 Paul S. Weiss、Warren C. W. Chan、Kazunori Kataoka、聂书明、Molly M. Stevens、陈小元、赵宇亮等全球纳米生物材料领域的顶尖学者在著名的纳米类期刊 *ACS Nano* 上发表题为“Diverse Applications of Nanomedicine”的综述文章。[54] 在这篇综述中，作者总结概述了纳米医学的最新进展，并重点关注了目前面临的挑战以及该领域和临床转化即将迎来的机遇。

四、未来发展趋势与展望

随着材料学和生物医学的紧密结合，纳米材料在生物应用上已取得了很大的进展，并展现出巨大的发展潜力。目前的纳米生物材料大部分都集中于癌症的诊疗，未来可能扩展到心血管、抗生素耐药性以及人造器官等其他医学领域。

尽管纳米生物材料的发展为重大疾病的治疗提供了新的可能，对纳米材料在活体中的行为研究依然是任重而道远的。就整个领域而言，依然存在纳米生物材料的设计过于复杂、合成稳定性差、无法放大生产等问题，另外就是纳米生物材料的生物安全性及其作用机制尚不明确，无法提供有效反馈，不利于材料的设计优化。这些方面都制约了纳米生物材料向临床转化，需要进一步的研究。

目前我国的纳米生物材料的发展在材料设计及创新理念等研究领域已达到国际领先水平，在自主研发和国际合作方面均有论文发表在顶尖学术期刊。与国际发展趋势相比，我国的工作主要集中在新材料的设计开发，充分发掘材料的性能应用于重大疾病的诊疗。相比之下，国外的纳米生物材料种类相对较少、制备简单，更侧重于从利于实际应用出发。从这个角度看，我们可以更充分利用我们开发的具有优异性能的新材料，筛选出有利于放大生产、实际应用的材料，促进临床转化。

目前我国的纳米生物材料应用还很有限，大多数研究还处于动物实验阶段，还需大量临床试验予以证实，除了生物利用度以外，纳米生物材料安全性研究有待进一步提高。例如有利于清除的可降解材料，可能在材料设计时有更广阔的前景。

参考文献

[1] Zheng D W，Hong S，Xu L，et al. Hierarchical Micro/Nanostructures from Human Hair for Biomedical Applications. Adv Mater，2018，30：1800836.

[2] Zheng D W，Li B，Li C X，et al. Carbon-Dot-Decorated Carbon Nitride Nanoparticles for Enhanced Photodynamic

Therapy Against Hypoxic Tumor via Water Splitting. ACS Nano, 2016, 10: 8715-8722.

[3] Zheng D W, Li B, Li C X, et al. Photocatalyzing CO_2 to CO for Enhanced Cancer Therapy. Adv Mater, 2017, 29: 1703822.

[4] Zhang C, Wu W, Li R Q, et al. Peptide-Based Multifunctional Nanomaterials for Tumor Imaging and Therapy. Adv Funct Mater, 2018, 28: 1804492.

[5] Zhang L, Wang Z, Zhang Y, et al. Erythrocyte Membrane Cloaked Metal-Organic Framework Nanoparticle as Biomimetic Nanoreactor for Starvation-Activated Colon Cancer Therapy. ACS Nano, 2018, 12: 10201-10211.

[6] Liang M, Fan K, Zhou M, et al. H-Ferritin-Nanocaged Doxorubicin Nanoparticles Specifically Target and Kill Tumors with a Single-Dose Injection. Proc Natl Acad Sci USA, 2014, 111: 14900-14905.

[7] Fan K, Jia X Zhou M, et al. Ferritin Nanocarrier Traverses the Blood Brain Barrier and Kills Glioma. ACS Nano, 2018, 12: 4105-4115.

[8] Zheng D W, Chen Y, Li Z H, et al. Optically-Controlled Bacterial Metabolite for Cancer Therapy. Nat Commun, 2018, 9: 1680.

[9] Fan J X, Li Z H, Liu X H, et al. Bacteria-Mediated Tumor Therapy Utilizing Photothermally-Controlled TNF-α Expression via Oral Administration. Nano Lett, 2018, 18: 2373-2380.

[10] Fang H, Guo Z, Lin L, et al. Molecular Strings Significantly Improved the Gene Transfection Efficiency of Polycations. J Am Chem Soc, 2018, 140: 11992-12000.

[11] Xu C, Wang Y, Yu H, et al. Multifunctional Theranostic Nanoparticles Derived from Fruit-Extracted Anthocyanins with Dynamic Disassembly and Elimination Abilities. ACS Nano, 2018, 12: 8255-8265.

[12] Zheng Y, You S S, Ji C D, et al. Development of an Amino Acid-Functionalized Fluorescent Nanocarrier to Deliver a Toxin to Kill Insect Pests. Adv Mater, 2016, 28: 1375-1380.

[13] Sun M, Müllen K, Yin M. Water-Soluble Perylenediimides: Design Concepts and Biological Applications. Chem Soc Rev, 2016, 45: 1513-1528.

[14] Liu K, Xu Z, Yin M. Perylenediimide-Cored Dendrimers and Their Bioimaging and Gene Delivery Applications. Prog Polym Sci, 2015, 46: 25-54.

[15] Xu C, Lu Z, Luo Y, et al. Targeting of NLRP3 Inflammasome with Gene Editing for The Amelioration of Inflammatory Diseases. Nature Commun, 2018, 9: 4092.

[16] Xu C F, Shoaib I, Shen S, et al. Development of "CLAN" Nanomedicine for Nucleic Acid Therapeutics. Smal, 2019, 15: 1900055.

[17] Sun X, Wang G, Zhang H, et a. The Blood Clearance Kinetics and Pathway of Polymeric Micelles in Cancer Drug Delivery. ACS Nano, 2018, 12: 6179-6192.

[18] Shao S, Zhou Q, Si J, et al. A Non-Cytotoxic Dendrimer with Innate and Potent Anticancer and Anti-Metastatic Activities Nat. Biomed Eng, 2017, 1: 745-757.

[19] Zhang S B, Guo W S, Wei J, et al. Terrylenediimide-Based Intrinsic Theranostic Nanomedicines with High Photothermal Conversion Efficiency for Photoacoustic Imaging-Guided Cancer Therapy. ACS Nano, 2017, 11: 3797-3805.

[20] Liu J N, Bu W B, Shi J L. Silica Coated Upconversion Nanoparticles: A Versatile Platform for the Development of Efficient Theranostics. Acc Chem Res, 2015, 48: 1797-1805.

[21] Zhang C, Ni D, Liu Y, et al. Magnesium Silicide Nanoparticles as a Deoxygenation Agent for Cancer Starvation Therapy. Nat Nanotech, 2017, 12: 378-386.

[22] Zhao N, Yan L, Zhao X, et al. Versatile Types of Organic/Inorganic Nanohybrids: From Strategic Design to Biomedical Applications. Chem Rev, 2019, 119: 1666-1762.

[23] Cui R, Liu H H, Xie H Y, et al. Living Yeast Cells as a Controllable Biosynthesizer for Fluorescent Quantum Dots.

Adv Funct Mater，2009，19：2359-2364.

[24] Gu Y P，Cui R，Zhang Z L，et al. Ultrasmall Near-Infrared Ag_2Se Quantum Dots with Tunable Fluorescence for in Vivo Imaging. J Am Chem Soc，2012，134：79-82.

[25] Fan J X，Peng M Y，Wang H，et al. Engineered Bacterial Bioreactor for Tumor Therapy via Fenton Like Reaction with Localized H_2O_2 Generation. Adv Mater，2019，31：1808278.

[26] Fan J，Li Z，Liu X，et al. Bacteria-Mediated Tumor Therapy Utilizing Photothermally Controlled TNF-α Expression via Oral Administration. Nano Lett，2018，18：2373-2380.

[27] Zheng D，Chen Y，Li Z，et al. Optically-Controlled Bacterial Metabolite for Cancer Therapy. Nat Commun，2018，9：1680.

[28] Wang Z，Zhang Y，Ju E，et al. Biomimetic Nanoflowers by Self-Assembly of Nanozymes to Induce Intracellular Oxidative Damage against Hypoxic Tumors. Nat Commun，2018，9：3334.

[29] Du J Z，Li H J，Wang J. Tumor-Acidity-Cleavable Maleic Acid Amide（TACMAA）A Powerful Tool for Designing Smart Nanoparticles To Overcome Delivery Barriers in Cancer Nanomedicine. Acc Chem Res，2018，51：2848-2856.

[30] Zhou Q，Shao S，Wang J，et al. Enzyme-activatable polymer-drug conjugate augments tumour penetration and treatment efficacy. Nat Nanotechnol，2019，14：799-809.

[31] Liu Y，Bhattarai P，Dai Z，et al. Photothermal Therapy and Photoacoustic Imaging via Nanotheranostics in Fighting Cancer. Chem Soc Rev，2019，48：2053-2108.

[32] Ji C D，Gao Q，Dong X H，et al. A Size-Reducible Nanodrug with Aggregation Enhanced Photodynamic Effect for Deep Chemo Photodynamic Therapy. Angew Chem Int Ed，2018，57：11384-11388.

[33] Wang F M，Zhang Y，Du Z，et al. Designed Heterogeneous Palladium Catalysts for Reversible Light-controlled Bioorthogonal Catalysis in Living Cells. Nat Commun，2018，9：1209.

[34] Yan Z Q，Qin H S，Ren J S，et al. Photocontrolled Multidirectional Differentiation of Mesenchymal Stem Cells on an Upconversion Substrate. Angew Chem Int Ed，2018，57：11182-11187.

[35] Gu T，Wang Y，Lu Y，et al. Platinum Nanoparticles to Enable Electrodynamic Therapy for Effective Cancer Treatment. Adv Mater，2019，31，14：1806803.

[36] Liu X，Zheng J，Sun W，et al. Ferrimagnetic Vortex Nanoring-Mediated Mild Magnetic Hyperthermia Imparts Potent Immunological Effect for Treating Cancer Metastasis. ACS Nano，2019，13：8811-8825.

[37] Shen C，Lan X，Zhu C，et al. Spiral patterning of Au nanoparticles on Au nanorods Surface to Form Chiral AuNR@AuNP Helical Superstructures Templated by DNA Origami. Adv Mater，2017，29：1606533.

[38] Liu X，Zhang F，Jing X，et al. Complex Silica Composite Nanomaterials Templated with DNA Origami. Nature，2018，559：593-598.

[39] Li F，Lu J，Kong X，et al. Dynamic Nanoparticle Assemblies for Biomedical Applications. Adv Mater，2017，29：1605897.

[40] Li S，Jiang Q，Lu S，et al. Nat Biotechnol，2018，36：258-264.

[41] He P P，Li X D，Wang L，Wang H. Bispyrene-Based Self-Assembled Nanomaterials：In Vivo Self-Assembly，Transformation，and Biomedical Effects. Acc Chem Res，2019，52：367-378.

[42] Chen Q，Xu L，Liang C，et al. Photothermal therapy with immune-adjuvant nanoparticles together with checkpoint blockade for effective cancer immunotherapy. Nat Commun，2016，7：13193.

[43] Chen Q，Chen J，Yang Z，et al. Nanoparticle-Enhanced Radiotherapy to Trigger Robust Cancer Immunotherapy. Adv Mater，2019，31：1802228.

[44] Xu B，Wang H，Wang W，et al. A Single-Atom Nanozyme for Wound Disinfection Applications. Angew Chem Int Ed，2019，58：4911-4916.

[45] Zhou Y, Sun H, Xu H, et al. Mesoporous Encapsulated Chiral Nanogold for Use in Enantioselective Reactions. Angew Chem Int Ed, 2018, 57: 16791-16795.

[46] Xue X, Yang J Y, He y, et al. Aggregated single-walled carbon nanotubes attenuate the behavioural and neurochemical effects of methamphetamine in mice. Nat Nanotechnol, 2016, 11: 613-620.

[47] Chen Q, Wang C, Zhang X, et al. In Situ Sprayed Bioresponsive Immunotherapeutic Gel for Post-Surgical Cancer Treatment. Nat Nanotechnol, 2019, 14 (1): 89.

[48] Tang L, Zheng Y, Melo M B, et al. Enhancing T Cell Therapy through TCR-Signaling Responsive Nanoparticle Drug Delivery. Nat Biotech, 2018, 36: 707-716.

[49] Rastinehad A R, Anastos H, Wajswol E, et al. Gold Nanoshell-Localized Photothermal Ablation of Prostate Tumors in a Clinical Pilot Device Study. Proc Natl Acad Sci USA, 2019, 116: 18590-18596.

[50] Matsumoto Y, Nichols J W, Toh K, et al. Vascular Bursts Enhance Permeability of Tumour Blood Vessels and Improve Nanoparticle Delivery. Nature Nanothechnol, 2016, 11: 533.

[51] Zanganeh S, Hutter G, Spitler R, et al. Iron Oxide Nanoparticles Inhibit Tumour Growth by Inducing Pro-Inflammatory Macrophage Polarization in Tumour Tissues. Nat Nanotechnol, 2016, 11: 986-994.

[52] Ohta S, Glancy D, Chan W C W. DNA-Controlled Dynamic Colloidal Nanoparticle Systems for Mediating Cellular Interaction. Science, 2016, 351: 841-845.

[53] Fan W P, Lu N, Shen Z Y, et al.. Generic synthesis of small sized hollow mesoporous organosilica nanoparticles for oxygen independent X-ray-activated synergistic therapy. Nat Commun, 2019, 10: 1241.

[54] Yu G C, Yang Z, Fu X, et al. Polyrotaxane-based supramolecular theranostics. Nat Commun, 2018, 9: 766.

[55] Yu G C, Yu S, Saha M L, et al. A discrete organoplatinum (Ⅱ) metallacage as a multimodality theranostic platform for cancer photochemotherapy . Nat. Commun, 2018, 9: 4335.

[56] Pelaz B, Alexiou C, Alvarev-Puebla R A, et al. Diverse Applications of Nanomedicine. ACS Nano, 2017, 11: 2313-2381.

撰稿人：赵娜娜　陈贝贝　赵晓艺　柳智文　徐福建

纳米生物检测研究现状与展望

一、我国的发展现状

近五年来，我国在纳米生物检测领域取得了系列重大进展，特别是纳米酶在生物检测中的应用，人工智能与纳米检测技术的结合，成为新的发展前沿。纳米生物检测主要进展分别体现在核酸水平、挥发性小分子水平、细胞水平与蛋白水平四个层次，具体的主要进展总结如下。

（一）核酸水平的纳米检测技术进展

近五年来，随着液体活检技术的快速发展，融合纳米技术的高度交叉的纳米液体活检技术快速发展。核酸水平的疾病相关标志物包括单核苷酸多态性（SNP）位点，肿瘤相关的 microRNA 标志物，循环肿瘤 DNA 的检测技术取得快速进展，检测的灵敏度、特异性显著提高，朝着单位点、单分子水平的精准度检测发展。

主要进展如下。

1. 单核苷酸多态性（SNP）纳米检测技术

单核苷酸多态性（SNP）位点与遗传疾病、肿瘤疾病等密切相关。如何实现 SNP 位点的精准检测是 DNA 生物传感领域的研究热点和难点。利用 DNA 折纸结构纳米级可寻址性质，创新性提出 DNA 纳米探针标记 SNP 位点的全新 SNP 放大模式，如图 1 所示，在单分子水平下实现了原子力显微镜直读 SNP 信息的目标。[1] 基于 DNA 纳米折纸结构设计的探针可有成千上万种选择，克服了 SNP 直读技术中荧光分子探针可供选择的种类较少的缺点。相较于超分辨荧光显微镜的分辨率 20 ~ 50 nm，原子力显微镜的分辨率是 0.2 ~ 0.3 nm。就单分子水平成像而言，原子力显微镜成像可获得更多的信息。由于原子力显微镜获取的图像具有极为精确的标尺，相邻 SNP 的位置可以被精准地测量出来，进而得出 SNP 位置的准确信息。该方法操作简便、耗时较短且花费较低，有望用于高危群体的发现、疾病相

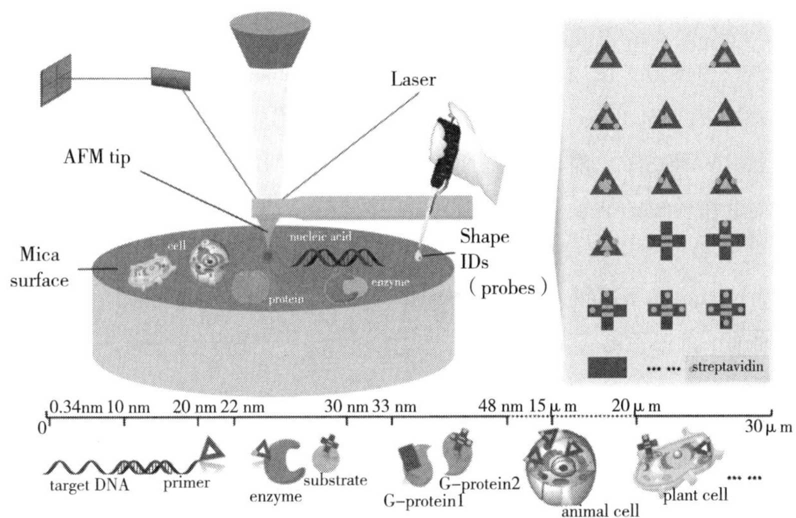

图 1 利用 DNA 纳米探针的 AFM 精确识别病人样本中的基因信息 SNP[1]

关基因的鉴定、药物的设计和测试以及生物学的基础研究等。

2. Ag 纳米团簇 /DNA 探针用于原位 microRNA 标志物检测

MicroRNAs（miRNA）是一种内源性非编码 RNA，其长度为~22nt，调节 mRNA 的表达水平；miRNA 的失调是癌症进展的关键指标。传统的检测技术如 qRT–PCR、测序和微阵列已经被开发出来，并广泛用于提供关于 miRNA 表达的信息，其中 RNA 提取物是从细胞、冷冻组织、血液或其他体液样本中分离出来的。然而，要识别异常的功能化 miRNA，仅体外定量结果是不够的。此外，miRNA 在细胞和组织中的空间分布应该被阐明。

由于在 DNA 上直接制备荧光银纳米团簇（AgNCs），DNA 模板化的银纳米团簇（AgNCs/DNA）被认为是一种有前途的 miRNA FISH 探针。纳米团簇是由半径小于 0.5 nm 的 2~20 个原子组成的强荧光团。此外，AgNCs/DNA 中的 DNA 提供了以下的优势：根据碱基配对或适配体分子识别功能，可调荧光取决于序列 DNA 的长度和结构。G–rich 序列可以作为发射型银纳米团簇的激活剂和稳定剂。此外，在 DNA 模板中包含 aptamer 序列的 AgNCs/DNA 被用于细胞、自由基和 miRNA 的活成像。

荧光原位杂交（FISH）检测可以从形态学上保留 miRNA 积累的时空信息含量，通过共定位可以直观地显示 miRNA 与其他物种的关系。microRNAs（miRNAs）的失调与癌症进展相关。细胞裂解提取物的体外检测方法不能提供 miRNA 的空间分布信息。由于 miRNA 荧光原位杂交（FISH）的发展，越来越多的细胞内表达信息被获得。然而，miRNA FISH 信号较弱，步骤复杂，因此仍具有很大的挑战性。在此，一种基于 DNA 模板化银纳米团簇（AgNCs/DNAs）及其富 G 荧光增强效应的检测策略被提出，如图 2 所示，用于检测胃癌细胞中的 miRNA。该方法将杂交和信号放大合并为一步，可以在杂交后立即成像细胞内 miRNA。最重要的是，使用基于此设计的方法，发现 miR-101-3p、miR-16-5p 和 miR-19b-3p 位于颗粒状的 MGC803 细胞的细胞核中，呈现出一种意料之外的分布模式[2]。此外，在最终 miRNA FISH 之前，对 AgNCs/DNAs 及其富 G 荧光增强效果进行了优化；发现这种效应发生在较短的波长发射绿色荧光，在较长的波长发射减弱的红色荧光。然而，FISH 过程中所涉及的成分对荧光性质的影响是如此之大，以至于探针最终呈现出略微增强的红色荧光信号。建立的方法可以方便地在亚细胞水平上显示 miRNA，这可能有助于未来在单个细胞中准确定位 miRNA。

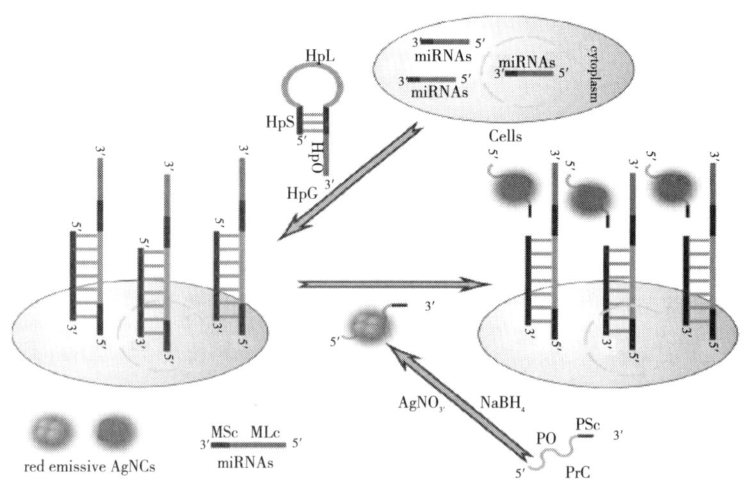

图 2 Ag NC/DNA 探针检测 micorRNA 标志物的原理[2]

3. “智能”等离子体纳米生物传感器用于单分子 microRNA 检测

金银核壳纳米立方体（Au-Ag NCs）局域表面等离子体共振（LSPR）生物传感器由于具有较好的化学稳定性、灵敏性、免标记、能够实时和快速检测等优点。与修饰单链 DNA（1D）和发夹型 DNA（2D）探针相比，3D 纳米结构的 DNA 探针具有更强的空间定位能力以及对靶分子的捕获能力。采用四面体结构探针 DNA 修饰 Au-Ag NCs，利用四面体纳米结构 DNA（tsDNA）尺寸、顶点位置及引入的功能化序列可以被精确控制的特点，开发了 tsDNA 功能化的单颗粒局域表面等离子体共振（LSPR）光学探针；并基于此探针构建了“智能”等离子纳米生物传感器；不仅实现了胃癌标志物 miRNA-21 单分子水平的检测（检测限：1 aM；检测动态范围：1 aM ~ 1 nM），并且实现了基于 DNA 的逻辑计算和生物记忆[3]，在生物分子灵敏分析、临床诊断等领域中具有广泛的应用前景。

4. MoS_2 纳米片基础上的 microRNA 超灵敏的检测方法

二硫化钼（MoS_2）是一种新型的二维层状纳米材料，具有层状结构和新颖的物理光

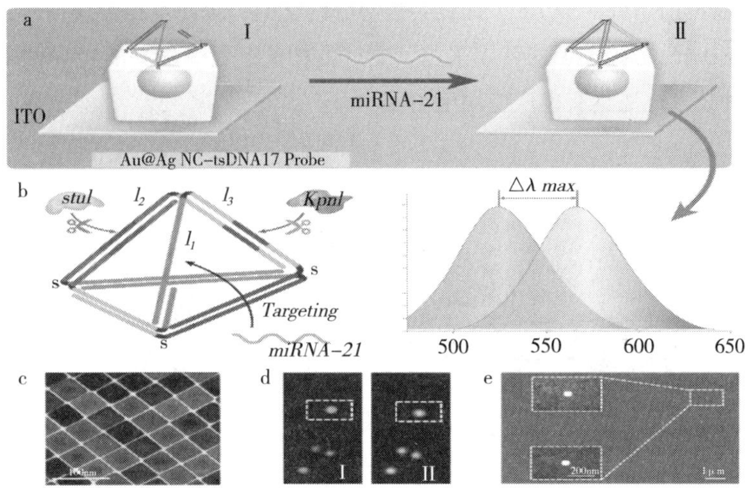

图 3 “智能”等离子体纳米生物传感器[3]

电化学性质。MoS_2 因其具有大的比表面积而成为一种理想的基底材料，可与丰富的纳米材料（如贵金属、金属氧化物）和有机分子杂化形成新型纳米复合材料。这些纳米复合材料具有优越的光电性能，实现了对生物和化学分子的高灵敏检测。利用硫堇和金纳米粒子共修饰的 MoS_2（MoS_2-Thi-AuNPs）纳米复合材料，设计了一种简单、快速的无标记 miRNA-21 检测策略。其中硫堇（Thi）不仅作为电化学指示剂而且还作为 HAuCl4 的还原剂，有利于形成金纳米颗粒，也为实现无标记检测提供了可能性。滴涂在玻碳电极表面的 MoS_2-Thi-AuNPs 纳米复合材料连接捕获 DNA 形成了一个识别层，当目标 miRNA-21 与探针 DNA 杂交抑制 Thi 和电极之间的电子转移，从而导致信号的减少。通过测量 Thi 电化学信号，实现对肿瘤核酸标志物 miRNA-21 免标记、线性范围 1.0 pM ~ 10 nM、检测限 0.26 pM 的高灵敏检测，我们还将金铂核壳双金属纳米颗粒功能化到单层二硫化钼表面，可控制备了 MoS_2-Au@Pt 纳米复合材料，利用材料良好的催化氧化性能，实现了对于生物分子的高灵敏无酶电化学分析检测。[3]

5. 基于纳米信标的 microRNA 标志物定量 PCR 检测方法

定量 PCR 方法仍然是广泛应用的肿瘤核酸标志物检测技术。如何增强定量 PCR 技术的灵敏度与特异性，仍然存在挑战。如图 4 所示，以特殊的二级结构为特征的发夹 DNA（HpDNA）是制备链置换扩增（SDA）和银纳米团簇（AgNCs）的良好模板。HpDNA - 模板化 AgNCs（AgNCs / HpDNAs）探针制备和引入到 SDA 反应建立一个发光的快速和具体检测平台两个 microRNA 标志物 G-rich 荧光增强的基础上，首次综合目标识别和生成增强荧光 AgNCs 成一个过程。通过将 AgNCs 的激发 / 发射对从较短的波长转换为较长的波长，实现了 G-rich 增强。在此基础上检测 miR-16-5p 和 miR-19b-3p，并研究 AgNCs/HpDNAs 探针与 SDA 反应的相容性。发现 HpDNAs 的原始构象会受到 AgNCs 的影响。特别是 miR-

19b-5p（AgNCs/GRE 19b（5s）C）探针会被部分消化但仍会产生高荧光信号，而 miR-16-5p（AgNCs/RED 16（7s）C）探针则采用了更好的构象，具有较高的特异性来识别单碱基错配。[4] 此种技术方法具有推广应用潜力。

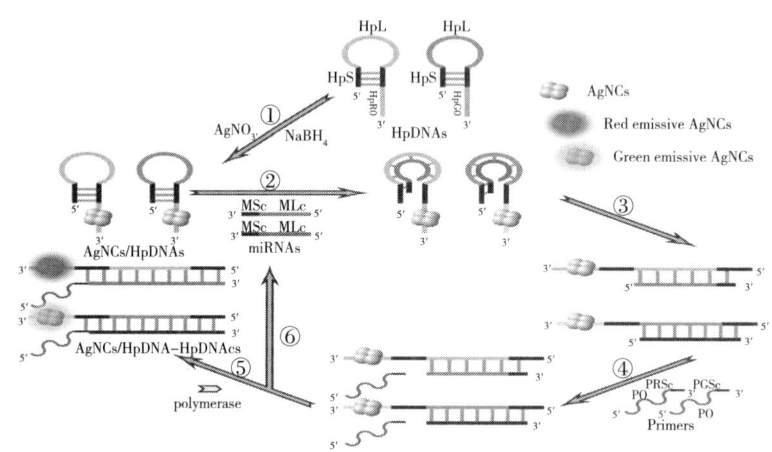

图 4　银纳米团簇基础上 microRNA PCR 检测原理[4]

6. 基于 MoS_2 构建双嵌段 DNA-AuNPs 探针检测 ctDNA

采用锂离子插入剥离法制备 MoS_2 纳米片。在保护气体 Ar 的环境下，将 10 mL 的 C4H9Li 和 0.3 g 的 MoS_2 在室温下搅拌进行反应，反应 2 天，完成锂离子插层反应。然后，沉淀 1 h，通入 Ar 气以去除多余的 C_4H_9Li，再加入适量的无氧水加入混合液中，超声以辅助剥离。得到的产物经多次离心进行纯化，去除多余杂质。

13 nm AuNPs 颗粒通过柠檬酸三钠还原氯金酸制得。首先将实验中所有用到的玻璃器皿经王水过夜浸泡后用超纯水清洗干净。将 99.5 mL 超纯水和 0.5 mL 质量分数 2% 的氯金酸大力搅拌加热至 120℃后，一次性快速加入 3.5 mL 质量分数 1% 的柠檬酸三钠至沸腾的混合溶液中，溶液渐渐由淡黄色变为紫红色，25 min 后取出置于磁力搅拌器上边搅拌边冷却至室温。之后，用滤膜将 AuNPs 过滤到干净的瓶子中储存在 4℃冰箱。

双嵌段 DNA-AuNPs 探针通过加盐老化的方法进行制备。具有不同长度 polyA 的识别序列（A5capture，A10capture，A20capture，A30capture）与 AuNPs 以相同摩尔比 200∶1 混合，在 25℃室温下轻摇过夜。随后，加入 1 M PBS（100 mM PB，1 M NaCl，pH 7.4），每隔半小时加一次，分五次加入，使得混合溶液终浓度为 0.1 M PBS（10 mM PB，0.1 M NaCl，pH 7.4）。继续轻摇 36 h 后，离心去除多余的 DNA（12000 rpm，20 min，10℃），用 0.1 M PBS 溶液反复清洗三次。得到的 polyA 介导的 DNA-AuNP 分散在储备溶液（0.1 M PBS，pH 7.4）中。

比色检测 PIK3CA ctDNA：将 1 μM PIK3CA ctDNA 与 20 μL 10 nM 双嵌段 DNA-AuNPs

探针室温下杂交 10 min 后，加入 Exo Ⅲ反应 30 min，Exo Ⅲ终浓度 0.1 U/μL。然后将探针用 0.1 M PBS 稀释到 100 μL，向混合溶液中加入 MoS_2，使终浓度为 10 $\mu g \cdot mL^{-1}$，孵育 90 min 后进行 UV-vis 表征，记录吸光度变化，检测原理如图 5 所示。[5]

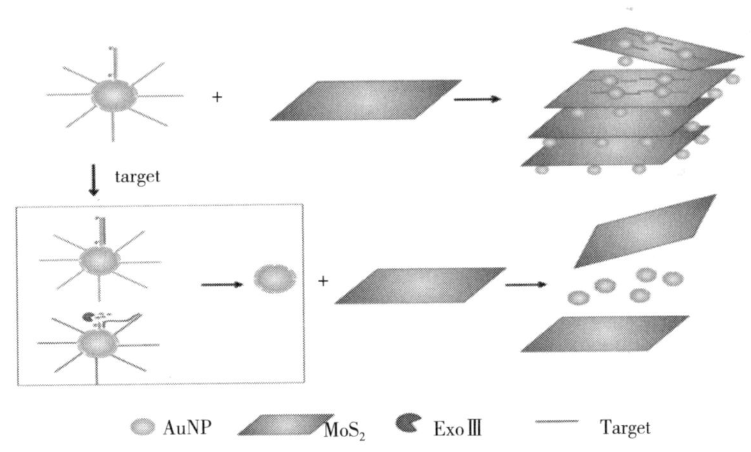

图 5　基于 MoS_2/DNA-AuNPs 复合探针可视化检测 ctDNA 原理图

靶标浓度响应及检测范围：用 MoS_2/DNA-AuNPs 复合探针进一步评估对 PIK3CA ctDNA 的检测性能。在 0 nM ~ 1 μM 范围内设置一系列浓度梯度，测量探针与确定浓度靶标反应后的紫外吸收强度，结果如图 6A 所示。随着 0 nM ~ 1 μM 的 PIK3CA ctDNA 靶浓度增大，DNA-AuNPs 紫外吸收强度增加。图 6B 显示 DNA-AuNPs 探针紫外吸收强度信号与一定浓度的靶（0 ~ 100 nM）PIK3CA ctDNA 之间存在良好的线性关系（$R^2 = 0.96364$），按照 3 倍标准差方法计算出检测限为 21.44 nM。

靶标特异性实验：纳米探针的特异性严格遵从碱基互补配对理论，实验中对探针与 400 nM 完全互补的靶标 ctDNA 以及单碱基错配 ctDNA1、双碱基错配 ctDNA2、三碱基错配 ctDNA3 进行杂交。如图 7 所示，DNA-AuNPs 探针可以特异性识别靶标 PIK3CA ctDNA，经循环酶切后 capture 链被 Exo Ⅲ从 AuNPs 上切断，与 MoS_2 片层不再存在吸附作用，保持共轭分散状态，因而 AuNPs 吸光度较大；而三种错配靶标与纳米探针杂交效率低，大部分 capture 链没有被 Exo Ⅲ切断，与 MoS_2 片层吸附，形成层与层堆叠，最终使得 AuNPs 吸光值大大降低，体现了 MoS_2/DNA-AuNPs 探针对靶标具有良好的特异性。

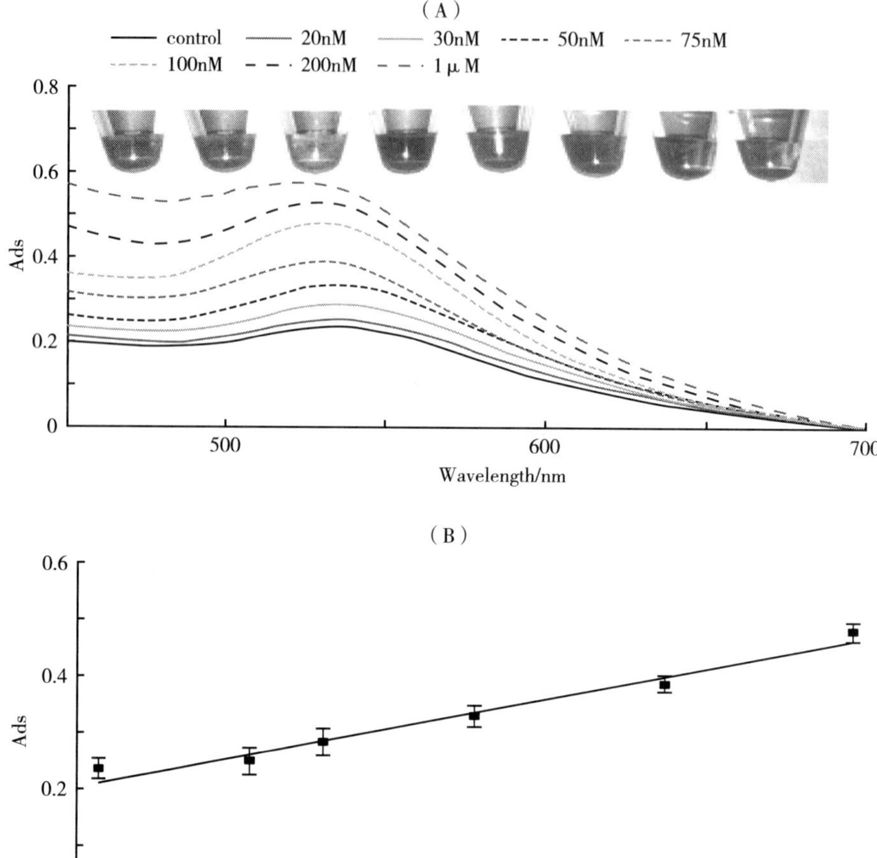

图 6　MoS_2/DNA-AuNPs 复合探针对 PIK3CA ctDNA 的检测性能

(A)在不同浓度的 PIK3CA ctDNA 存在下 DNA-AuNPs 的紫外吸收光谱；

(B)MoS_2/DNA-AuNPs 复合探针对 PIK3CA ctDNA 的线性曲线。线性方程分别为 $y = 0.00249x + 0.21048$($R^2 = 0.96364$)[5]

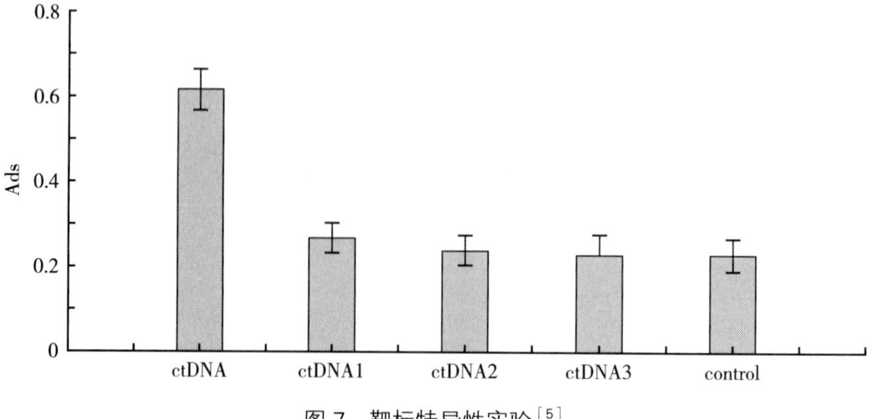

图 7　靶标特异性实验[5]

7. 外泌体分离技术与检测

尿外泌体是所有细胞类型沿肾脏结构释放的 30 ~ 150nm 的膜泡，Pisitkun 等在 2004 年首次对其进行了描述。在过去的十年中，尿外泌体因其丰富的蛋白、mRNA 和 microRNA 复合物而成为非侵袭性肾脏疾病的生物标志物而受到广泛关注。然而，由于缺乏一种简便、低成本的高纯度外泌体分离技术，阻碍了泌尿系外泌体的研究。目前，现有的方法主要是基于超速离心、超滤、尺寸排除分离、PEG 或商用沉淀试剂。综上所述，基于尺寸排除或超离心的方法无法获得高纯度的外泌体，而基于沉淀的方法得到的外泌体更少。在尿液中，Tammo – horsfall 蛋白（THP，约 92 kDa）是主要的混合物类型，对分离尿外泌体至关重要。Musante 等报道了使用 1000 kDa 的透析管通过静水压力排除 THP，然后通过 20 万 g 的超离心法回收外泌体。但由于离心机设备成本高，这种需要超离心法步骤的方法在普通实验室推广受到限制。更重要的是，超离心法处理的艰难过程也可能导致外泌体聚集或裂纹。为了克服上述缺点，一种快速、低成本的方法被开发，使用 300 kDa 的透析管进行高纯度的尿外泌体分离[6]，不使用超离心法。如图 8 所示，说明了基于透析的尿外泌体分离方案，透析是一种常见且易于实施的实验室技术。

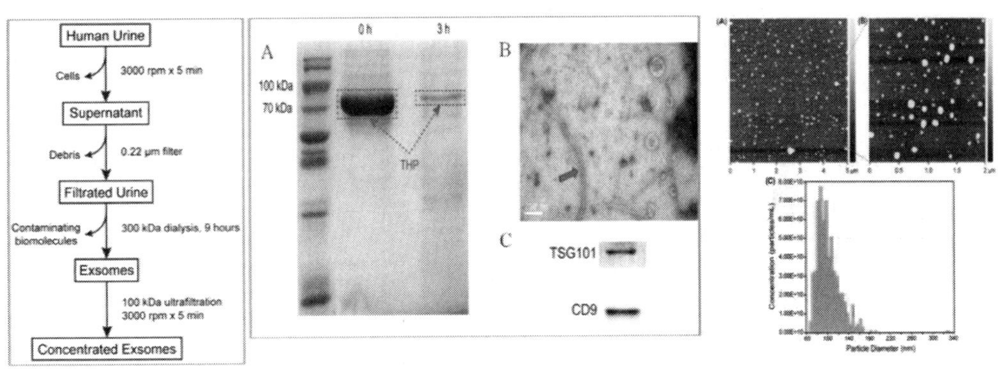

图 8　尿外泌体分离方法与表征[6]

8. 基于微流控芯片的外泌体分离技术与分析结果

外泌体由 30nm ~ 130nm 不同大小的囊泡组成，根据外泌体的体积大小的差异，设计并制备了分离外泌体的微流控芯片[6]，如图 9 所示，对分离的胃癌外泌体，进行了质谱分析，结果如图 10 所示。

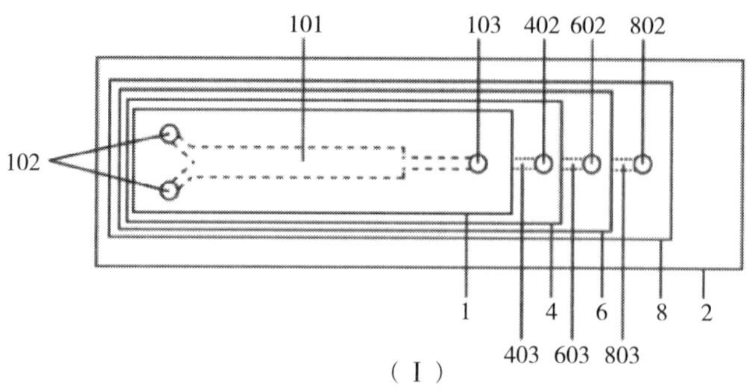

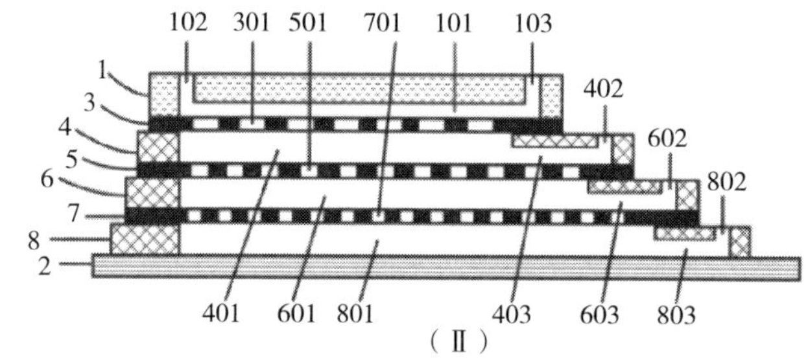

图 9　分离外泌体的微流控芯片设计[6]

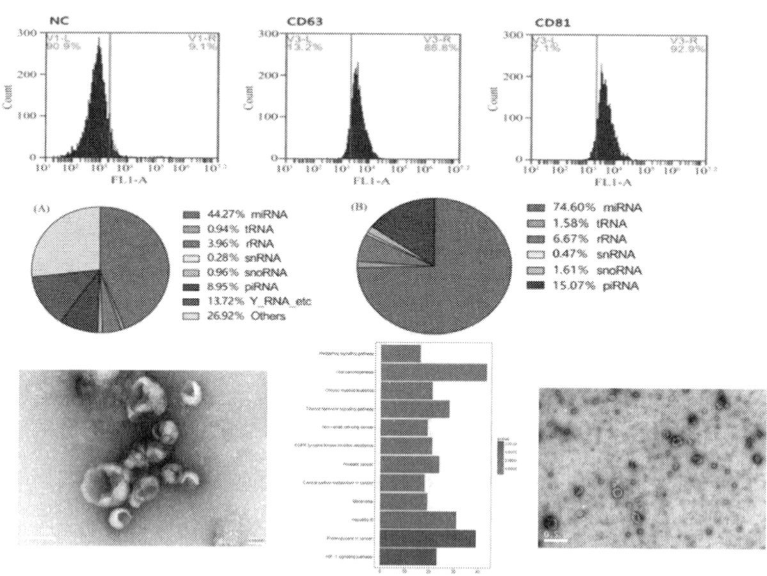

图 10　胃癌外泌体的成分分析结果[7]

9. 基于适配体与分支滚环扩增技术的胃癌外泌体定量检测方法

将筛选出的适配体作为胃癌外泌体识别探针，同时利用分支滚环扩增放大信号，实现了对胃癌外泌体的定量检测，原理如图 11 所示：筛查出能特异性结合胃癌细胞分泌的外泌体的适配体，设计了以该适配体为连接探针的长度为 63 个碱基的挂锁探针，适配体和胃癌外泌体经过孵育后通过过膜的方式去除未结合的适配体，将结合适配体的外泌体洗脱并高温处理，将分离的适配体与挂锁探针相互作用，形成闭合的环状模板，在后续扩增中加入与环状模板部分序列相同的第二引物，该引物与扩增产物杂交后能够引发支链扩增，形成长度梯度双链核酸[7]。最后，如图 12 所示，利用核酸染料 SYBR Green Ⅰ与双链核酸的双螺旋小沟区域结合后能发出强烈荧光的特点，产物荧光信号与初始外泌体浓度呈正相关[8]，实现了胃癌外泌体的定量检测，灵敏度可达到每毫升一个外泌体。

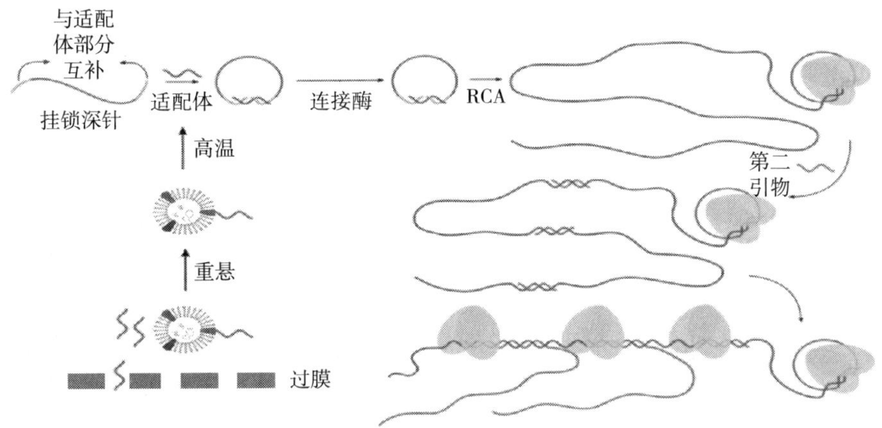

图 11　基于分支滚环扩增技术的胃癌外泌体定量检测原理[8]

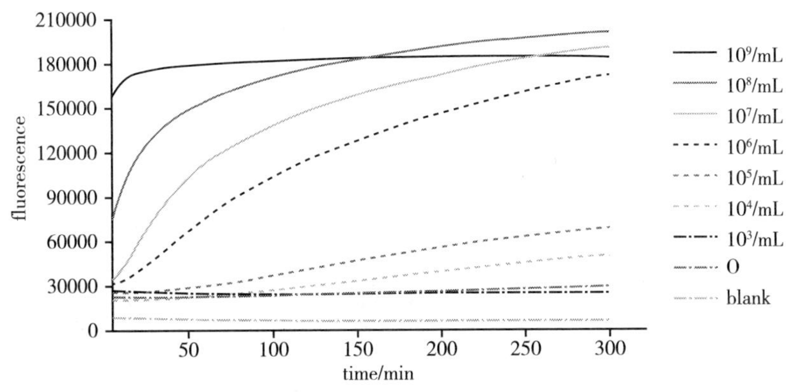

图 12　胃癌外泌体的滚环扩增产物荧光信号随时间变化[8]

10. 数字 PCR 芯片的开发与转化

以数字 PCR 芯片开发为主，开发系列胃癌相关标志物检测试剂盒。

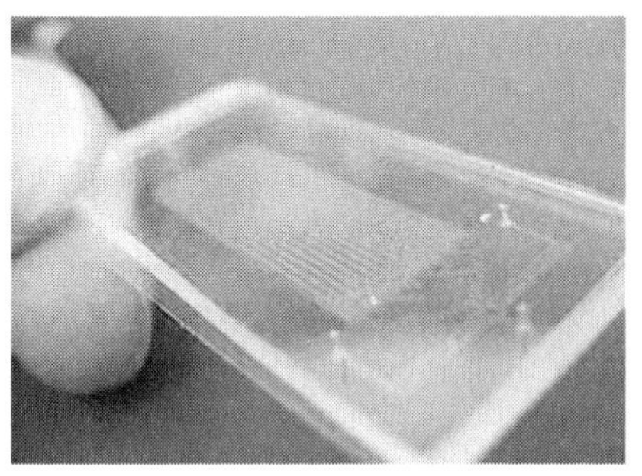
图 13　数字 PCR 芯片

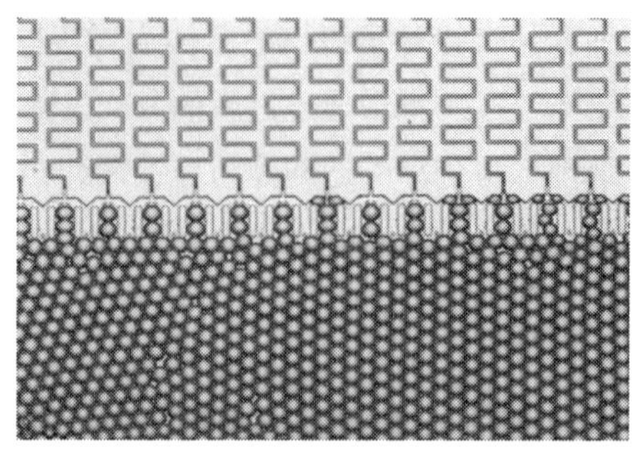
图 14　高通量液滴产生单元

采用“并行式”液滴检测方案，通过 CCD 成像，图像自动识别，提高了 ddPCR 芯片的结果读出效率，如图 15 所示，研发了数字 PCR 芯片与检测系统，正在与合作公司联合申报注册证书。

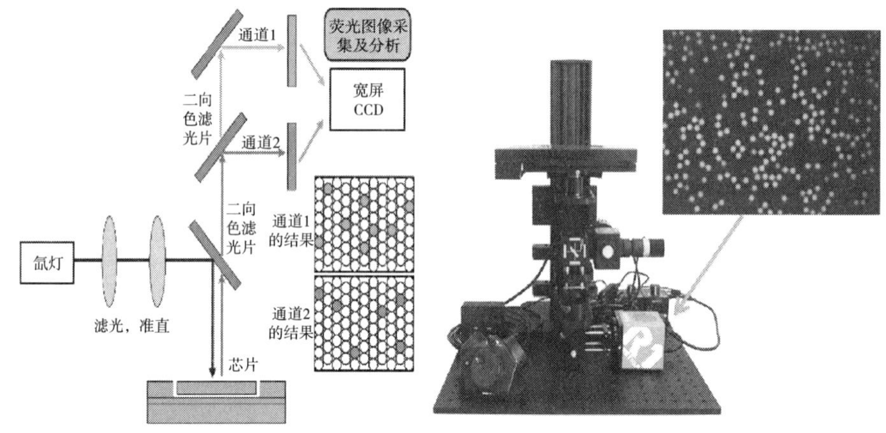

图 15　数字 PCR 原型机　光学系统的构建

完成了芯片罩的设计及注塑生产，芯片模具定型及制备，芯片罩的组装（夹具制备、考察、购买了相关涂胶设备），完成了组装后芯片的测试。如图 16 所示。

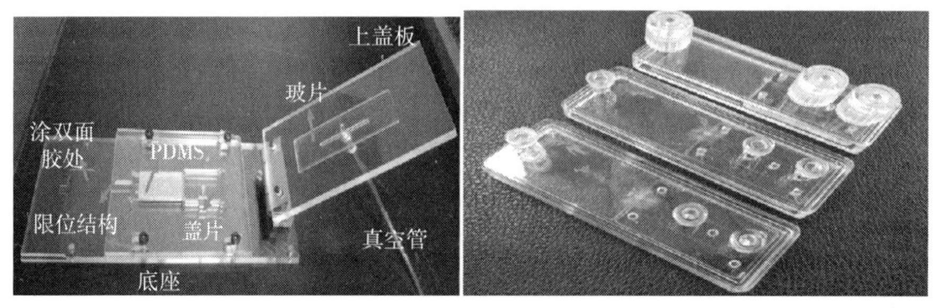

图 16　数字 PCR 芯片键合夹具与组装后的数字 PCR 芯片

注塑工艺：芯片上的微结构表面光滑，尺寸精确，满足 ddPCR 芯片批量注塑的要求。基于精密注塑工艺，已实现一体式数字 PCR 芯片的工业化制备。芯片的成本控制在 20 元 / 片之内。

液滴大小约 55 μm，数目 4 万个左右，进样压强 4.3 psi，时间 8 分钟左右。循环血 EGFR 突变检测，检测敏感度 0.01%，即一万个野生型中检测出一个突变型。运用于胃癌 microRNA 检测，明显优于定量 PCR 检测[9]。

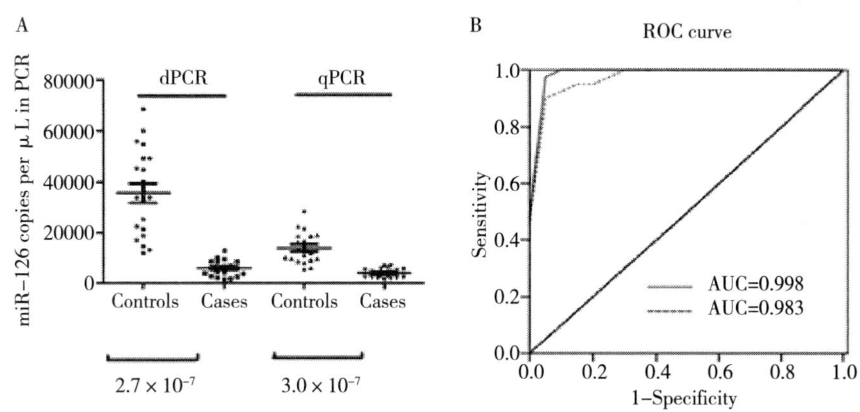

图 17　数字 PCR 和定量 PCR 在临床肿瘤样本（*n*=20）中检测 miR-126 结果比较[9]

11. 胃癌靶向治疗指导用药的分子分型微流控芯片

把磁性纳米粒子的巨磁阻效应、等温扩增与核酸杂交检测、仿生微混合器、微流控芯片技术集成在一起，制备成便携式微流控 GMR 传感系统，在 20 分钟即可精准分型诊断，实现对 Her2、K-ras、VEGF、EGFR、PIK3CA、PD-1/PD-L1 突变快速基因分型联合检测。

（二）挥发性小分子水平的纳米检测技术进展

人呼出气体图谱（smellprint）能告诉人体的健康状态，动态实时；人呼吸气中含有许多种挥发性有机物（volatile organic compounds，VOCs），这些 VOCs 包含着疾病的特征性分子，可用于诊断。最近五年，挥发性有机物被发现存在于唾液、血液、汗液等中，与人体疾病等密切相关。利用挥发性有机物进行疾病的诊断，具有重大的现实意义。

崔大祥团队利用碳基涂层的固相微萃取纤维对呼气中的部分 VOC 进行选择性吸附富集，结合气相质谱，筛选出一批区分早期胃癌、中晚期胃癌与健康人的挥发性有机物标志物，首次证明这些挥发性有机物具有独特的拉曼光谱信号。利于肼蒸气，在 RGO 表面原位生长均匀致密分布的金纳米粒子，RGO 既提供了均匀的成核位点，又具备还原剂的功能。研制的 SERS 传感器，既能吸附气体，又能显著增强拉曼光谱检测信号到 10^8 倍以上，通过临床标本验证，研制的传感器具有优异的重复性和稳定性，能有效区分健康人与早期胃癌、中晚期胃癌患者，特异性为 94.1%，灵敏度 87.3%[10]。结合人工智能与深度学习，建立了神经网络分析模型，把早期胃癌筛查的准确率提高到 97.4%。

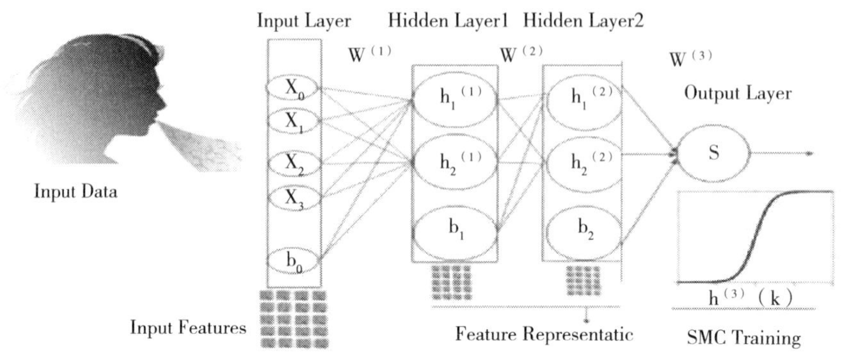

图 18　呼气检测的深度学习模型分析建立过程

表 1　不同神经网络模型评估结果

Model Number	Training Accuracy	Test Accuracy	Precision	F Score	Recall
100 20	83.7%	75.4%	81.4%	84.9%	88.8%
100 40	99.2%	89.5%	97.4%	96.4%	95.6%
100 60	86.0%	86.0%	91.1%	85.8%	81.1%
100 80	89.4%	86.0%	91.0%	90.7%	90.4%
100 100	92.0%	87.7%	92.3%	93.2%	94.1%

结合机器学习模型，检测的灵敏度达到 10^{-15}M，提高早期胃癌筛查的准确率达到 97.4%。

唾液 VOC 标志物纳米检测技术：从患者唾液中筛选出 12 个挥发性有机小分子（VOC）标志物，可以用于早期胃癌筛查，如图 19。

制备氧化石墨烯单层，采用原位合成金纳米粒子的方法，制备金纳米粒子氧化石墨烯（A/GO NS），在超声的作用下，卷成管状结构，在薄膜上制备成 SERS 芯片。唾液标志物吸附在 SERS 芯片表面，被检测，实现了胃癌的筛查与早期胃癌、进展期胃癌与正常人的区分[11]，SERS 增强系数为 10^8，利用深度学习 SVM 分析软件，研发了唾液诊断深度学习模型，实现了唾液筛查早期胃癌的精准度达到 97.18%，灵敏度 96.88%，特异性 97.44%。

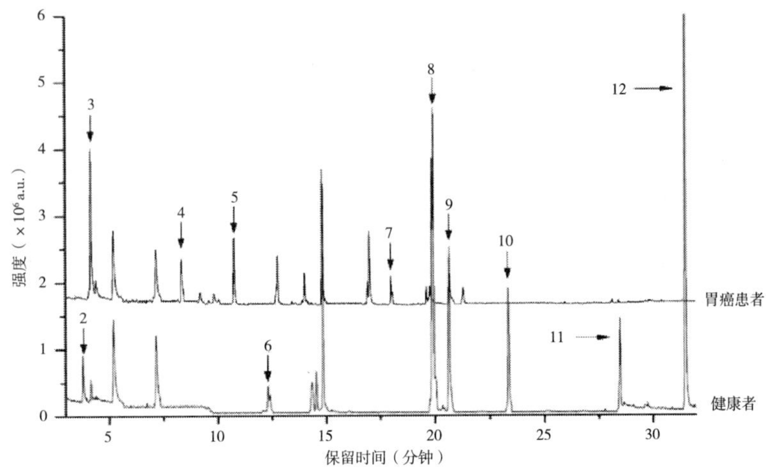

图 19　唾液 VOC 标志物

（三）细胞水平的纳米检测技术

1. 循环肿瘤细胞（CTCs）单细胞分选与分析集成微流控芯片

利用微流控平台构建了一种在单细胞水平上，对 CTCs 进行分选和分析的集成微流控芯片系统。该芯片结合了尺寸过滤筛选和免疫荧光鉴定两种方法，采用先捕获后释放的方式对 CTCs 进行单细胞水平上的分选，极大地提高了 CTCs 的纯度。同时，在芯片后端加入了集成的分析模块，实现了目的细胞的上皮间质转化分析，将细胞分选与分析集成在一个芯片上，减少了细胞损失，简化了实验操作，提高了检测效率。该芯片对 CTCs 的捕获率和释放率达 97% 以上，回收率和分选纯度也均在 92%。[12]

（1）单细胞分选与分析集成芯片的设计

芯片结构如图 20 所示，共由三部分组成，分别是单细胞操纵层、流控微阀层和载玻片。芯片的整体结构包括三个进样口、过滤模块、若干个单细胞功能单元、细胞分析模块、四个流控微阀和两个出样口。芯片的核心部位为单细胞功能单元，该单元采用了 bypass 的结构来实现细胞的捕获和释放，主要由捕获通道、绕行通道、释放通道和释放微阀组成。设计之初，捕获通道的流阻要小于绕行通道，当细胞流向功能单元时，能够优先流向捕获通道，待捕获通道被细胞占据之后，该通道的流阻瞬间增大，诱使后续的细胞优先流向绕行通道并进入下一个操纵单元，进而确保了单细胞的捕获精度。对于被捕获的细胞，根据其荧光结果确定细胞类型，然后根据需要对释放微阀进行施压。释放微阀的形变能够带动相关液体流动，从而将细胞冲出捕获通道，完成细胞释放，借此来实现白细胞的移除和癌细胞高纯度的分选。分选后的癌细胞流向由微柱阵列组成的细胞分析模块，并结合免疫荧光抗体完成癌细胞表面蛋白的分析，其中 I3 便是荧光抗体的进样口。此外，为了确保实验过程中各种操作步骤的顺利过渡，分别在进样口和出样口下方引入了流控微阀，主要是控制进出样口通路的开启和关闭。

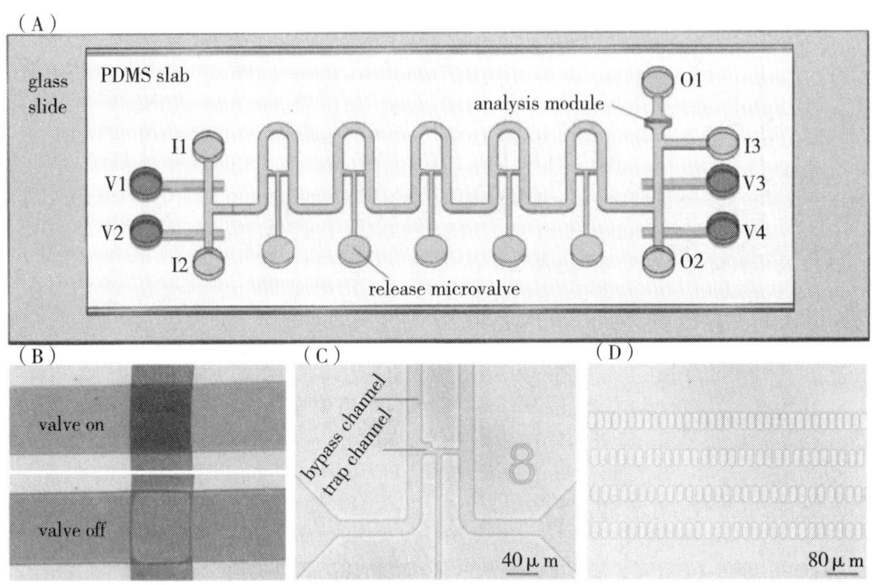

图 20 基于微阀的单细胞分选与分析的集成芯片

（A）微流控芯片结构示意图；（B）流控微阀的实验效果图；

（C）单细胞功能单元细节图；（D）细胞分析模块细节图[12]

在尺寸设计上，实验采用的癌细胞平均尺寸为 15 μm 和 17 μm，而单细胞排列的流动方式更能够体现出 bypass 结构的功能特点，因此单细胞功能层的高度设计为 17 μm，绕行通道的宽度为 20 μm。捕获通道的前端为细胞拦截位置，为了进一步保证单细胞的捕获精度，该拦截位置设计为只能容纳单个肿瘤细胞的尺寸，其长和宽均为 15μm。捕获通道的后端有段窄通道，该通道可以滤除尺寸较小的白细胞。血液中白细胞尺寸一般在 10 μm 以下，而研究发现样本中 CTCs 和较大的白细胞在尺寸上并没有太大的差异[11]。根据前期文献研究，将捕获通道最窄处设计为 8 μm。因此，这里的捕获通道不仅能进行细胞拦截，还能起到细胞过滤的作用，提高了癌细胞的分选效率。通道的宽度和高度已基本确定，为了确保捕获通道的流阻小于绕行通道，绕行通道的长度可根据流阻公式来设计。流阻公式如下所示：

$$R_f = \frac{H}{W} \cdot \frac{\mu L P^2}{A^3} = \frac{H}{W} \cdot \frac{\mu L[2(W+H)]^2}{(W \cdot H)^3}$$

其中，R_f 为通道流阻，μ 为流体黏度，L、W 和 H 别是通道的长度、宽度和高度。

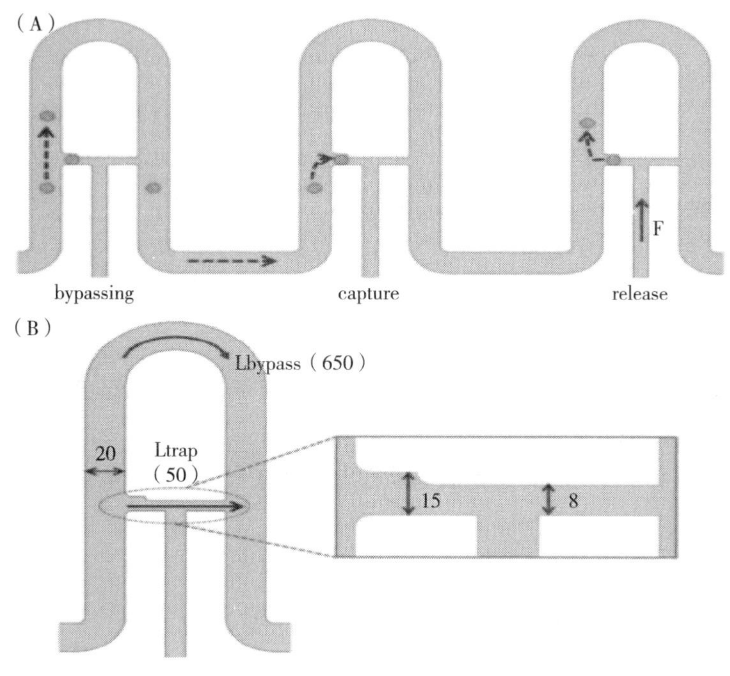

图 21

(A)细胞在功能单元的捕获、绕行及释放;(B)芯片功能单元的尺寸设计(单位为 μm)[12]

为了简化计算，捕获通道中弯曲的部分均采用最小宽度来计算，此时 $R_{f\text{-}trap}=0.74$。研究发现，当绕行通道的流阻与捕获通道的流阻的比值非常大时，捕获通道容易出现双细胞捕获或多细胞捕获的情况。而且，此时绕行通道也必定比较长，增大了液体进样阻力，不利于进样。为此，使捕获通道的流阻略大于绕行通道，此时绕行通道长度为 650 μm，$R_{f\text{-}bypass}=0.74$。

由于核心部位的关键尺寸都比较小，为了防止样本液中的杂质或细胞团对后续通道的堵塞，在操纵单元的前方设置了基于微柱阵列的过滤模块，微柱间隙分别为 50 μm、40 μm、30 μm 和 20 μm。逐级过滤的方式能够有效避免杂质的集中拥堵，提高过滤模块的利用率。此外，加大了非关键通道的宽度（约为 300 μm），比如每个操纵单元之间的通道。增加通道宽度能够降低细胞的流速，方便实时观察，同时也能减小整个芯片的进样阻力。

（2）单细胞分选与分析集成芯片的制备

单细胞分选与分析集成芯片的制备步骤如图 22 所示。

硅片模具硅烷化处理。将具有微结构的硅片放入真空箱中，并向其中加入 10μL 的 1H，1H，2H，2H- 全氟辛基三氯硅烷，然后保持真空状态约 5 小时。硅烷化后，打开真空箱的盖子，放置约 20 min，然后取出硅片。该步骤是用硅烷化试剂的惰性基团取代硅片上的活性基团，降低硅片的表面能，有利于后续 PDMS 与硅片的剥离。由于该硅烷化试剂具有毒性，整个处理过程均在通风橱中进行。

PDMS 的配制。将质量比为 10∶1 的 PDMS 预聚体和固化剂在塑料杯中充分搅拌均匀，并置于真空箱中，保持真空至 PDMS 中的气泡基本消失。

PDMS 的浇筑。将硅片放置在四周有围栏的框架上，并把去泡后的 PDMS 浇筑在硅片上，厚度约 3 mm。将框架置于水平台上使 PDMS 彻底流平，保证 PDMS 芯片厚度的均一性。然后置于 95℃ 的热板上加热 30 min 至固化。

PDMS 芯片的处理。小心将固化后的 PDMS 从硅片模具上剥离下来，并贴附在静电防尘膜上，以防污染。按照设计好的芯片边缘对 PDMS 进行切割，并在释放微阀的位置上用直径为 1 mm 的针头对 PDMS 进行打孔。

环氧胶模具的制作。将处理好的 PDMS 芯片结构面朝上，紧密贴合在 4 寸塑料培养皿中，并在真空箱中保持 1 小时。真空状态快结束时，以质量比为 4∶1 配制环氧胶 A 组分和 B 组分，并在塑料杯中充分搅拌，然后倒入真空后装有 PDMS 芯片的培养皿中，最后置于水平台上静置 2 天。待环氧胶固化后，小心将 PDMS 芯片与环氧胶模具剥离开，PDMS 芯片中的结构就互补地转移到环氧胶模具上，而且在释放微阀的位置上也会有对应的微柱结构。这一步需要注意的是，环氧胶浇筑之前一定要对 PDMS 芯片抽真空，真空后的 PDMS 能够吸收环氧胶搅拌后的气泡，使环氧胶模具比较平整。否则，环氧胶中的气泡最终会以针孔的形式出现在模具上，影响芯片的倒模。制作好的环氧胶模具如图 22（B）所示。

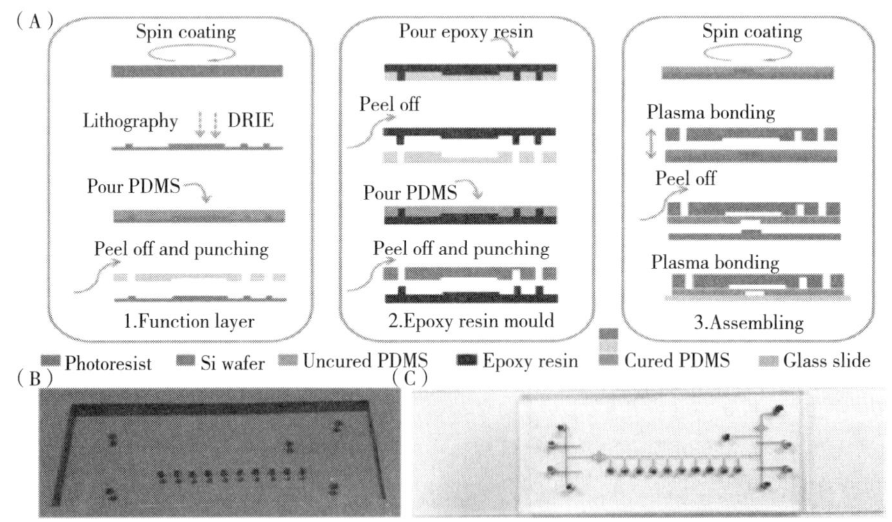

图 22 单细胞分选与分析集成微流控芯片的制作

（A）微流控芯片的制作流程；（B）制作完成的环氧胶模具；（C）集成芯片实物图[12]

单细胞操纵层芯片的制作。采用与前面相同的步骤配制 PDMS，将 PDMS 浇筑在制作好的环氧胶模具中，并使 PDMS 的液面稍微没过释放微阀对应的微柱。在水平台上静置流平后，置于 65℃ 热板上加热 2 小时（这里温度不要过高，防止环氧胶模具变形）。待

PDMS 固化后，将其从环氧胶模具上剥离下来，可以看到在对应微柱的上方有一层薄膜，来作为释放微阀使用。采用直径为 1 mm 的打孔针对单细胞操纵层芯片上的进出样口进行打孔，然后置于酒精溶液中超声清洗 10 min，去除打孔过程中产生的 PDMS 碎屑。清洗后，氮气吹干，80℃烘箱加热除尽水分，最后用静电防尘膜包覆好，放置待用。

PDMS 流控微阀层的制作。将之前的流控微阀硅片模具进行硅烷化处理。配制质量比为 20∶1 的 PDMS 预聚体和固化剂并充分搅拌，利用真空箱去除搅拌过程中产生的气泡。这里的 20∶1 是为了增加流控微阀薄膜的柔韧性，有利于薄膜的驱动。

PDMS 旋涂。将硅烷化后的流控微阀层硅片放置在甩胶机托盘上，并把 20∶1 的 PDMS 涂覆在硅片表面。如果有气泡，则用洗耳球吹破。事先设置好甩胶机的参数，匀胶 550 rpm，甩胶 1300 rpm 约 40 s。旋涂后的硅片置于 105℃热板上加热 10 min 至固化。

芯片组装。将固化后的 PDMS 薄膜（连带硅片模具一起）和前面制作好的单细胞操纵芯片进行等离子体清洗。撕去结构面的静电防尘膜，结构面朝上和 PDMS 薄膜一起放入清洗腔中，抽真空 2 min，清洗 1 min。取出材料，撕去单细胞操纵芯片背面的防尘膜（防止后续键合过程中因防尘膜的张力而产生的翘曲），与 PDMS 薄膜进行对准键合。然后置于 105℃热板上加热 5 min，使两者键合得更牢固。

打孔键合。用镊子将单细胞操纵芯片和 PDMS 薄膜一块从硅片模具上剥离下来，结构面朝上放置在滤纸上。用 1 mm 直径的打孔针在流控微阀位置上进行打孔，然后和载玻片一起进行等离子体清洗并键合，最后在 105℃热板上加热 5 min，加固键合。至此，用于单细胞分选和分析的集成微流控芯片制作完成。

（3）白细胞浓度对分选效果的影响

为了探索该芯片在样本中高纯度分选 CTCs 的潜力，将癌细胞掺杂在大量的白细胞中来模拟真实的样本，并考察白细胞的浓度对分选效果的影响。这里以捕获率和分选纯度作为衡量芯片分选效果的指标。在分选的过程中，有些白细胞也会被拦截在捕获通道中，为了简化实验操作，通过观察，只有在癌细胞即将到来时，才会对捕获到的白细胞进行清除。考虑到白细胞的影响，分选纯度则是指分选得到癌细胞的个数占总细胞个数的比例。这里将浓度为每微升 30 个的癌细胞加入到浓度为每微升 1000、2000、4000、7000 和 10000 个的白细胞中，统计癌细胞在不同白细胞浓度中的捕获率和分选纯度，结果如图 24（A）所示。当白细胞的浓度低于每微升 2000 个时，癌细胞的捕获率在 96% 以上，分选纯度在 92% 以上。随着白细胞浓度的增加，癌细胞的捕获率和纯度均不断降低，且纯度下降得更为明显。当白细胞的浓度为每微升 10000 个时，癌细胞的捕获率和纯度分别为 92% 和 79%。在人工样本分选的过程中，由于白细胞的数量比较大，尺寸小的白细胞会从捕获通道顺利通过，而一些尺寸较大的白细胞或者白细胞团则会被拦截在捕获通道中。由于通道中流阻的变化，后续的白细胞优先流向绕行通道，基本不会对被捕获的白细胞造成影响。通过实时观察，当癌细胞出现后，再对先前捕获到的白细胞进行释放，为癌细胞的捕获提供机会。当白细胞的释放不那么顺利时，就会影响癌细胞的捕获，造成捕获率的下降。由于芯片中存在 10 个功能单元，一定程度上补偿了前面癌细胞的损失，所以从捕获率数据上来看，这一影响并不严重。根据功能单元尺寸的设计，被捕获的癌细胞并不能将捕获通道完全封住，仍然会有一小部分流量从捕获通道流过。如果这一部分流量正好夹杂了白细胞，一般是较小的白细胞，则该白细胞会继续拦截在被占据的捕获通道中，造成癌细胞分选纯度的降低。而且白细胞浓度越高，这一部分流量中包含白细胞的可能性就越大，对分选纯度的影响也就越大。所以在较高的白细胞浓度下，癌细胞的分选纯度出现了明显的降低。根据分析，如果能减少捕获通道被占据后的流量，则会有效提高癌细胞的分选纯度。这部分改善可以通过适当降低通道高度或增加捕获通道与释放通道的流阻比例来实现。当把通道的高度从 20μm 降低到现在的 17μm 时，癌细胞的分选纯度得到了明显提高。在分选过程中，通过控制流控微阀，白细胞流向其出样口，癌细胞流向了细胞分析模块，如图 23（B）所示。因此，该芯片能够从大量的白细胞中实现癌细胞高捕获率和高纯度的分选。

（4）单细胞分选芯片与磁珠富集的效果对比

为了显示芯片分选的优越性，将其与常规的磁珠分选的效果进行对比。CD45 蛋白是白细胞表面的共同抗原，通过该蛋白去除白细胞来间接得到癌细胞是 CTCs 富集中应用比较普遍的方法。这里选用 anti-CD45 磁珠去除人工样本中的白细胞，对癌细胞进行负向富集。向 10 万个白细胞中分别加入 5、10、20 和 30 个癌细胞，统计两种方法下得到的癌细胞个数及纯度，结果如图 25 所示。

其中 anti-CD45 磁珠负向富集的步骤如下：①在 1.5 μL 离心管中，将 3 μL 磁珠原液加入到 10 万个白细胞约 30 μL 的人工样本中，并置于 37℃的分子杂交仪中，轻微振荡孵育 30 min。②孵育完成后，向体系中加入一倍体积的 PBS，充分混匀，并置于磁力架上约 5 min。③磁铁将结合磁珠的细胞富集后，取其上清置于新的离心管中。④重复步骤②和③。⑤将上清置于显微镜下，观察并统计上清中癌细胞的个数及纯度。通过分选芯片得到的癌细胞个数要普遍高于磁珠富集的方法。经计算，分选芯片方法的癌细胞平均回收率大于 92.5%，而对于磁珠富集来讲，癌细胞的平均回收率为 65.2%。关于癌细胞的损失，单细胞分选芯片主要是白细胞影响了癌细胞的捕获，降低了捕获率。磁珠富集则是由于 anti-CD45 磁珠与癌细胞的非特异吸附，以及在大量磁珠和细胞的迁移下，癌细胞的被动移动。当将反应体系置于磁力架上时，部分癌细胞会和结合磁珠的白细胞一块被富集到磁铁一侧，造成癌细胞的损失。在实验时间上，芯片分选 10 个癌细胞需要 1 ~ 1.5 h，而磁珠富集单个样本仅需要 40 ~ 50 min。在纯度上，分选芯片表现出更为明显的优势。在不同的掺杂体系中，分选芯片得到的癌细胞纯度范围为 83%~ 94%，而磁珠富集的方法仅得到了远小于 1% 的纯度。造成这一明显差距的原因是磁珠并不能将所有的白细胞富集到，再加上白细胞数目的基数大，导致上清中的白细胞个数远远多于癌细胞，最终造成通过这种

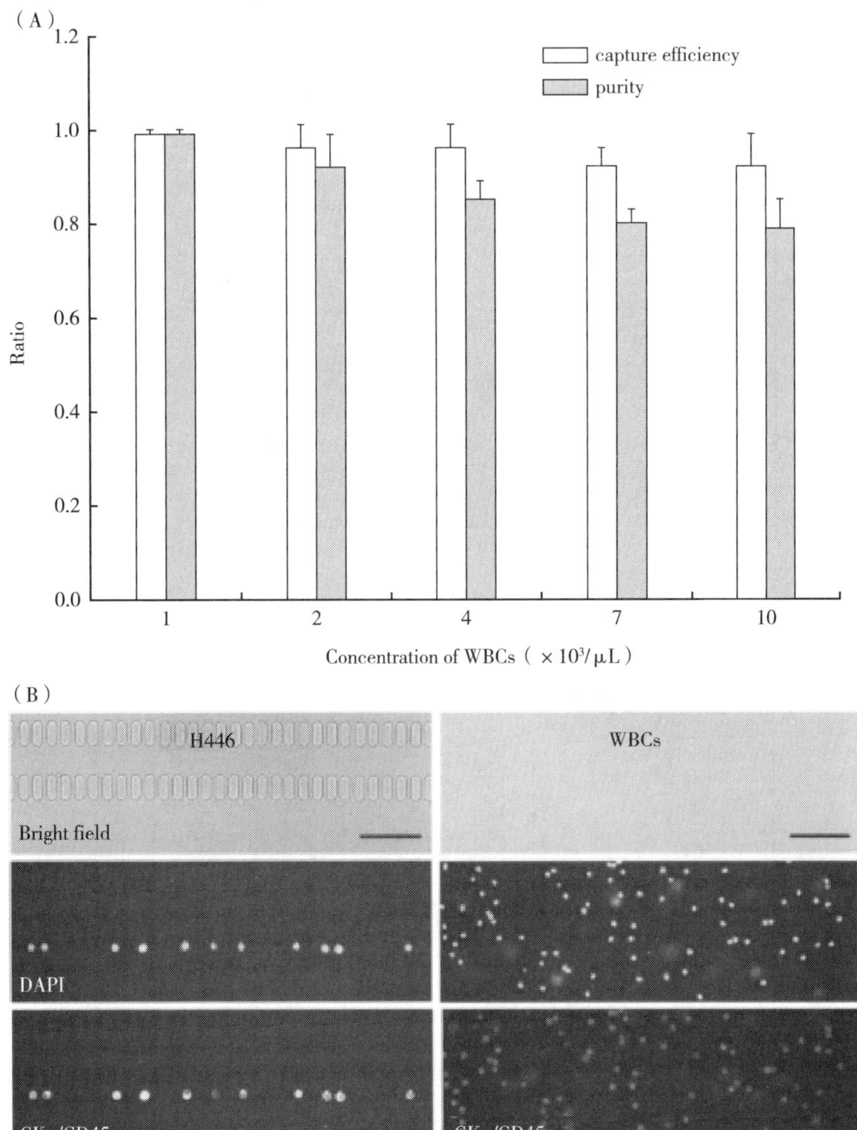

图 23

(A) 癌细胞的捕获率和纯度随白细胞浓度的增加而降低;

(B) 分选后流向各自出样口的癌细胞和白细胞，标尺为 100μm [12]

方法得到的癌细胞的纯度大幅降低。磁珠富集是属于整体处理的方法，在富集过程中，无法人为地控制癌细胞的损失及白细胞的移除。而分选芯片能够在单个细胞的水平上，有针对性地去选择癌细胞，并能通过集成的微阀去控制白细胞的去除，极大地减少了癌细胞的损失，提高了癌细胞的纯度。

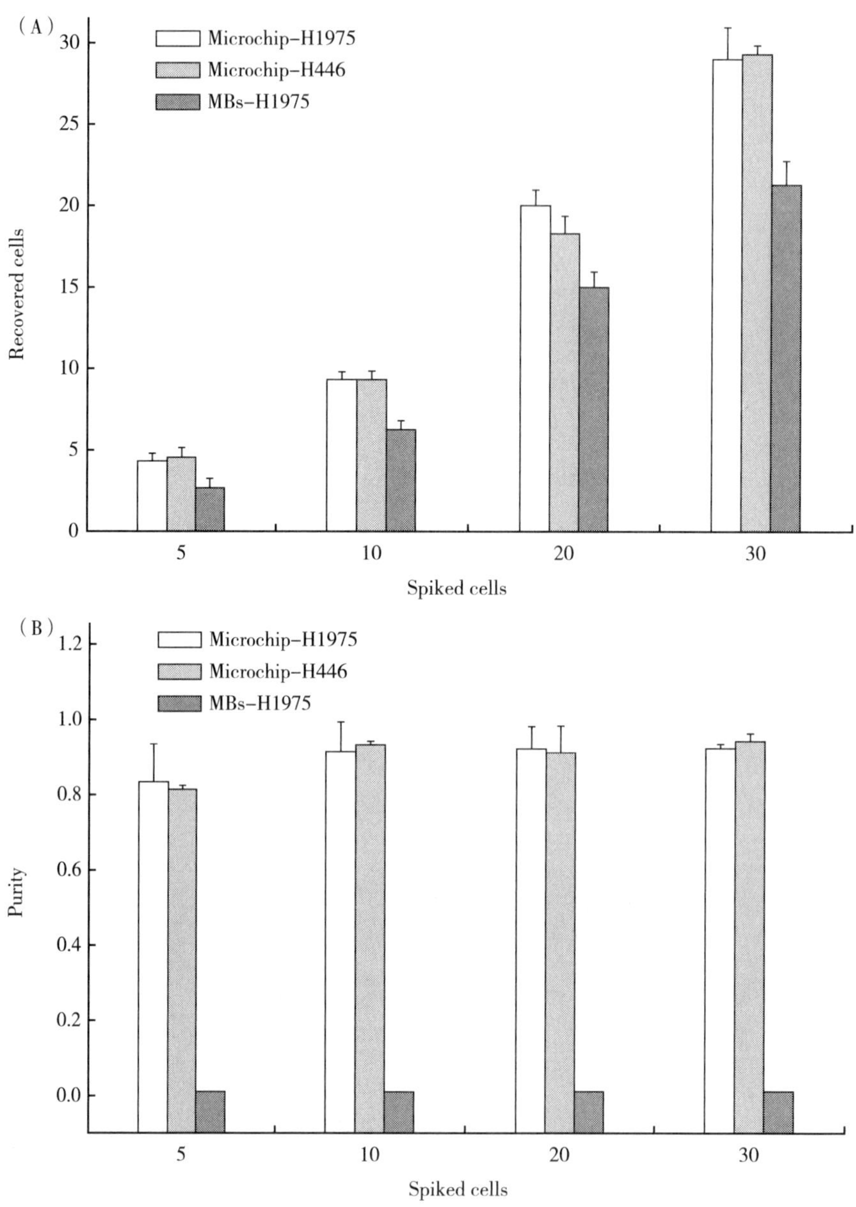

图 24 单细胞分选芯片在得到的细胞个数（A）及纯度（B）上均优于磁珠负向富集的方法[12]

（5）分选后癌细胞的上皮间质转化（EMT）分析

处于原发灶或转移灶中的癌细胞，为了增加自身的侵袭性，更好地侵入血管，通常会发生上皮间质转化，癌细胞由上皮型转化为间质型。EpCAM 和 vimentin 分别是上皮型和间质型特异性的蛋白标记物。癌细胞分选完成后，为了拓展芯片的功能，加入了细胞分析的模块。这里利用这两种蛋白的荧光抗体对分选后细胞的类型进行分析，便于癌细胞的异

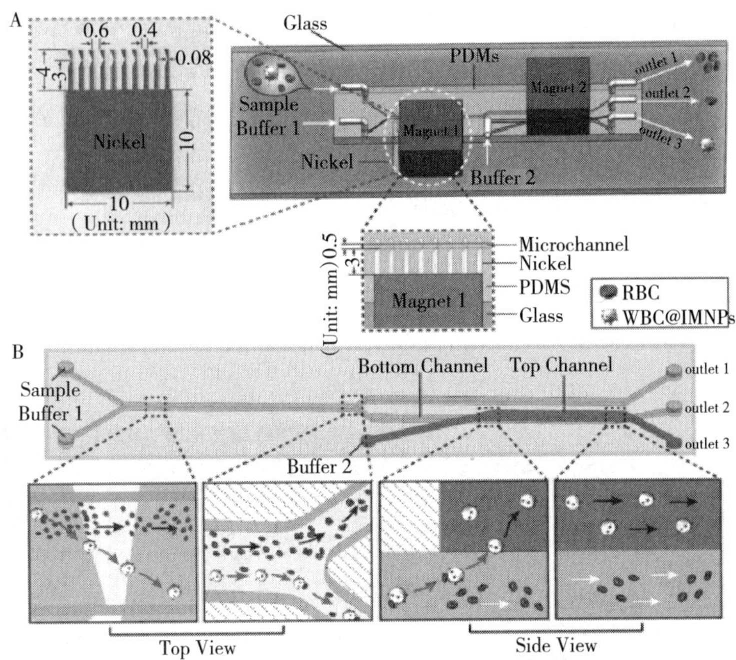

图 25　横跨型微流控芯片用于高纯度磁细胞分离[13]

质性研究。并最终与流式结果进行对照，验证该实验结果的有效性。

两种方法均是以细胞的平均荧光强度来表征蛋白的含量，为了更好地与流式数据对照，该结果采用归一化的形式呈现。流式的检测方法如下：①选取多聚甲醛固定后的 H446 和 H1975 细胞，并用 0.2% 的 Triton 对其细胞膜进行通透约 10 min。②采用流式推荐的抗体比例，分别用 anti-EpCAM-FITC 和 anti-vimentin-FITC 对癌细胞进行标记。③按照流式细胞仪操作说明，对染色后的细胞进行上样，并最终得到每组细胞的平均荧光强度。对分选后的 H446 和 H1975 细胞分别进行 EMT 分析，并通过流式结果验证其有效性。尽管两种蛋白在各个细胞中的含量存在着差异，但总体而言，H446 细胞的 vimentin 表达量要高于 EpCAM，而 H1975 则正好相反。同时，流式实验也验证了这一结果，说明该芯片能够完成癌细胞在 EMT 上的分型，有助于癌细胞的异质性研究。该实验为了保证荧光效率的一致性，选用了同种荧光标记的抗体并采用光漂白的方法来淬灭前一个抗体染色的荧光。从芯片结果和流式结果上来看，这种处理方法并没有对蛋白的检测造成太大的影响。此外，已有研究发现，癌细胞在 EMT 转化中，vimentin 越高，其侵袭性就越强，发生转移的可能性就越大。在临床上，肿瘤转移的肺癌患者中 vimentin 阳性的 CTCs 数目要明显高于未发生转移的病人。因此，对癌细胞上皮型和间质型标记（EpCAM/vimentin）的检测，有望在肿瘤转移发生中起到一定的预示作用。

2. 横跨型微流控芯片用于高纯度磁细胞分离

横跨型微流控芯片被设计制备，并用于高纯度磁细胞分离，如图 25 所示。该芯片设置了上部和下部两层通道，利用免疫磁珠识别循环肿瘤细胞，然后样品进入微流控通道下部通道，再经由磁场区域时，在磁场作用下，磁珠捕获的 CTCs 将进入上部通道而被分离出来。利用该芯片，实现红细胞、白细胞去除，以及胃癌细胞回收和定量[13]，灵敏度达到每 3 mL 血液 2 个，特异性大于 98%。

（1）研发的胃癌 CTC 细胞自动分选仪

如图 26 所示，实现了循环肿瘤细胞进样、捕获、免疫荧光染色、清洗等自动化检测过程，已完成企业标准的撰写与工艺流程的制定，与合作公司一起正在申报医疗器械注册证书。

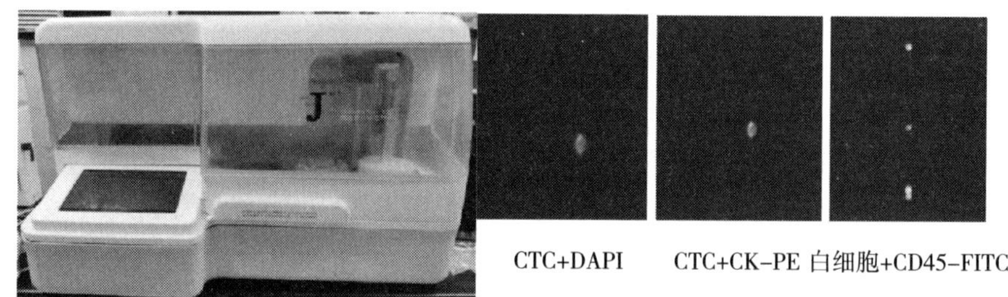

图 26　CTC 自动分选仪捕获的循环肿瘤细胞

（2）构建了微流控芯片自动化进样系统

基于目前微流控芯片检测 CTC 时手工进样操作烦琐、难以满足临床的广泛应用等问题，提出一种新型的基于专家 PID 控制和卡尔曼滤波的恒压控制系统，通过精确控制压力实现精确控制进样体积，并搭建自动化的检测平台，实现 CTC 的自动检测。MATLAB 仿真和实际测量表明，该系统的阶跃响应时间为 10s，无超调。压力精度控制为 ±30Pa，进样体积控制在 ±10 μL 以内。通过 CTC 捕获率实验，恒压进样系统的平均捕获率为 78.3%，和手工进样结果基本一致。图 27 为进样系统原理示意图。

（3）图像自动处理系统

根据 CTCs 荧光检测通道及自动化分析需求，已构建了多通道荧光显微系统（图 28），可实现 DAPI、FITC、PE、APC（蓝色、绿色、橙黄色、红色）四色荧光图像获取，目前正在研发自适应运动连续对焦技术及多通道图像处理与分析系统，以实现图像的自动获取及分析。

根据 CTCs 荧光检测通道及自动化分析需求，已构建了多通道荧光显微系统，可实现 DAPI、FITC、PE、APC（即蓝色、绿色、橙黄色、红色）四色荧光图像获取，目前正在研发自适应运动连续对焦技术及多通道图像处理与分析系统，以实现图像的自动获取及分析。

（4）可检测 CTC 单细胞基因突变及异常表达的微流控芯片

如图 29 所示，基于肿瘤细胞异质性的问题，构建了可检测 CTC 单细胞基因突变及异

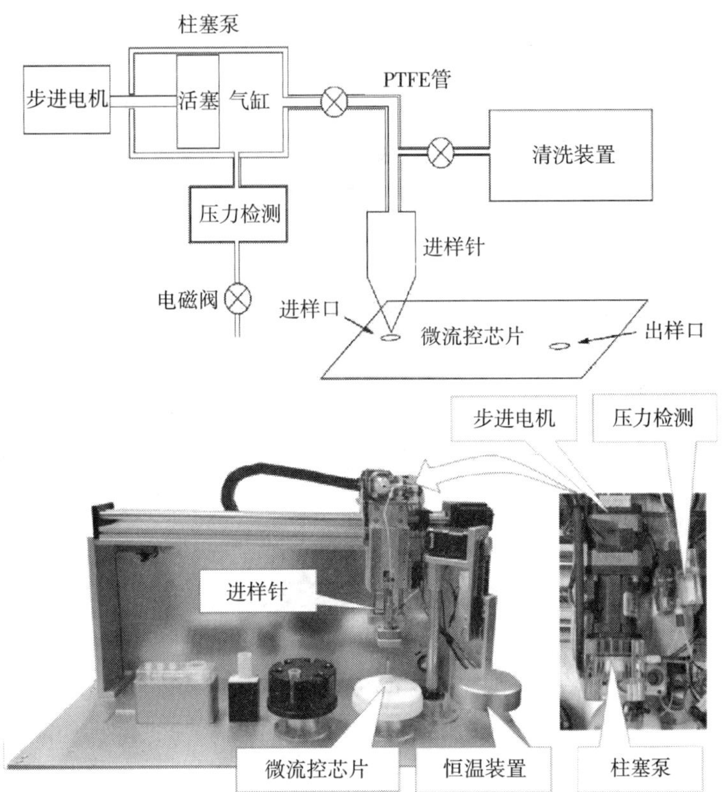

图 27　恒压进样系统原理示意

图 28　多通道荧光显微检测系统

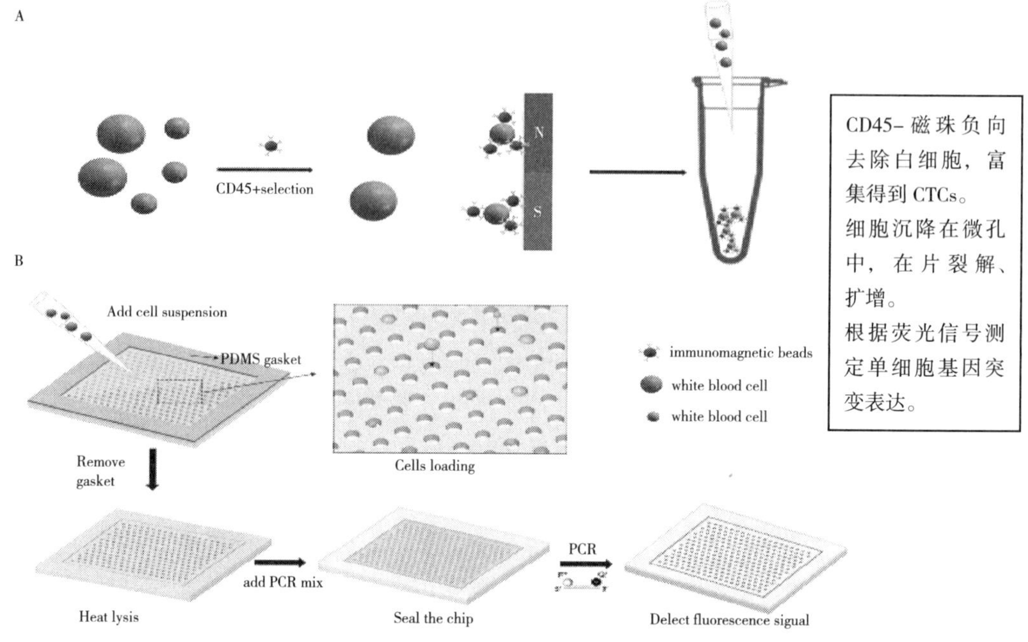

图 29　单细胞基因检测微流控芯片及检测原理[14]

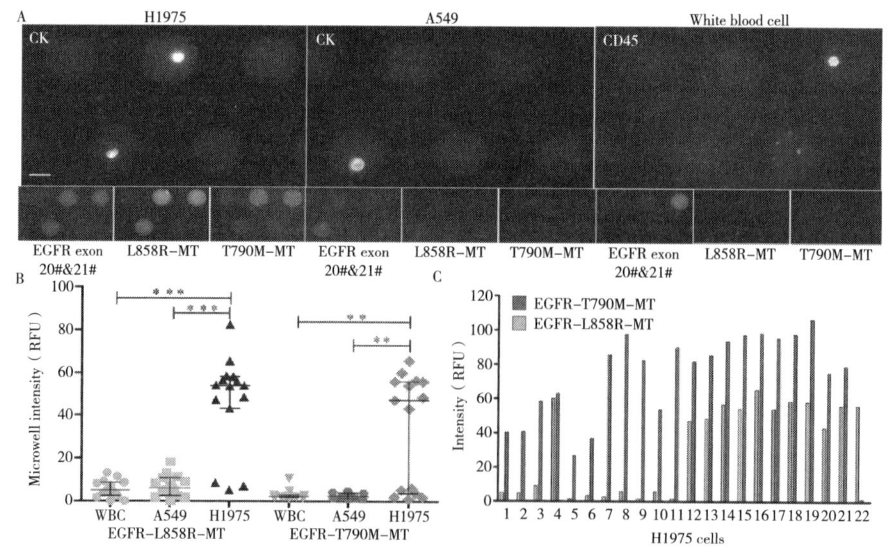

图 30　CTC 单细胞基因检测微流控芯片检测单基因突变位点[14]

常表达的微流控芯片。

如图 31 所示，研发了 Au@Ag 核壳结构的纳米探针，带有强的 SERS 活性，能够快速识别活的癌细胞，实现拉曼成像，实验证明可识别一个胃癌细胞。[15]

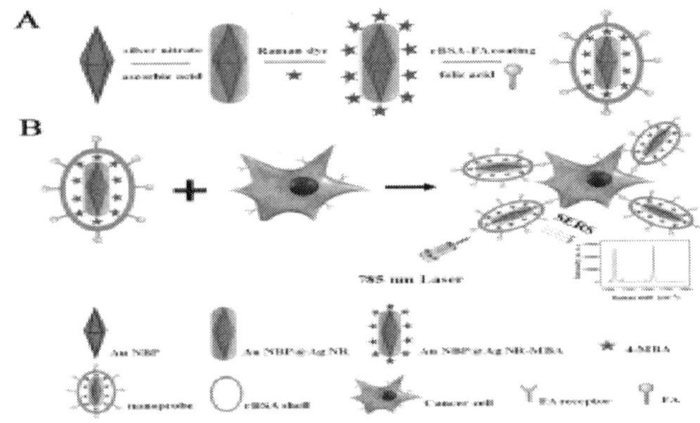

图 31　Au@Ag 核壳结构识别单个癌细胞的示意图[15]

（四）蛋白水平纳米检测技术的进展

1. 幽门螺旋杆菌分型检测芯片及阅读仪的研制

幽门螺旋杆菌是一级致胃癌危险因子，建立幽门螺旋杆菌的分型诊断方法是预防早期胃癌的重要手段。在前期工作积累的基础上，与合作公司一起克隆表达幽门螺旋杆菌 CagA、Vac A 与尿素酶，制备了带有 CagA、Vac A 与尿素酶检测位点的芯片，采用金纳米团簇进行标记 CagA、Vac A 与尿素酶抗体，建立了检测 CagA、Vac A 与尿素酶的荧光定量蛋白芯片检测方法；研制了芯片阅读仪，建立了 cut-off 值与检测标准；建立了企业标准。研发的检测芯片与阅读仪，分别获得医疗器械三类与二类证书。

幽门螺旋杆菌是致胃癌的重要危险因素。对耐药的幽门螺旋杆菌进行活体识别成像与治疗，是实现胃癌预防的重要措施之一。与泰州欣康公司合作，研发幽门螺旋杆菌的分型诊断芯片，正在开展多中心临床研究；如图 32 所示，设计制备了口服幽门螺旋杆菌靶向

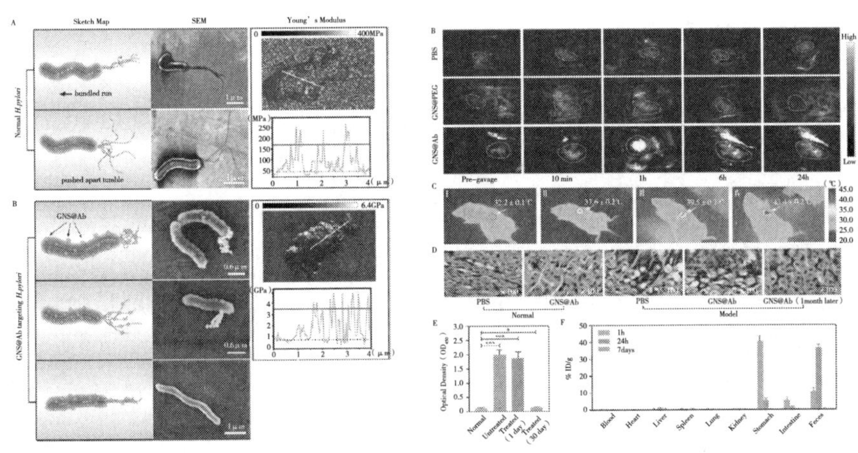

图 32　靶向幽门螺旋杆菌光声成像与光热治疗[16]

成像与光热治疗一体化的纳米探针，能主动靶向体内幽门螺旋杆菌，不影响胃肠道菌群，七天全部排出体外，具有临床转化价值。[16]

2. 胃癌血液蛋白标志物检测的微流控芯片的研制

如图 33 所示，研发了同步检测 CEA、CA19-9、CA125、VEGF、CA72-4、Gastrin 17、PGI 与 PGII 的巨磁阻抗（GMI）微流控芯片，收集了 500 例临床血液标本，进行了检测，可有效筛选出胃癌患者，符合率大于 90%。具有临床转化价值。[17]

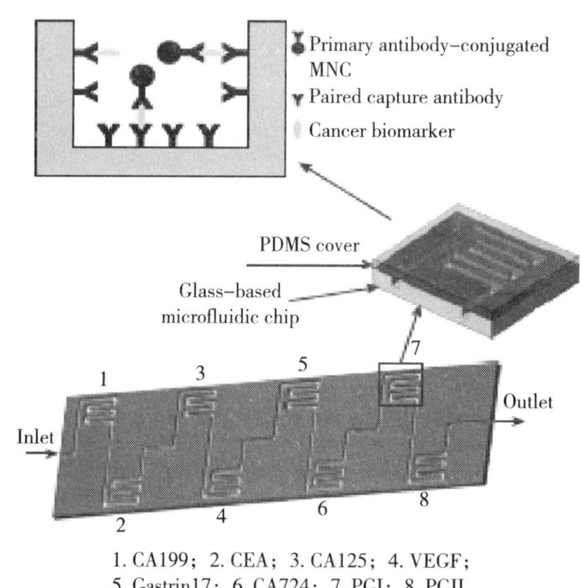

图 33　胃癌血液标志物检测的微流控芯片[17]

3. 手持式检测系统的研制

研发了针对胃癌血液标志物 CEA 快速检测的手持荧光光谱仪，可对层析芯片检测结果进行扫描，定量分析，检测结果可以上传数据库与手机。[18]

4. 智能手机基础上的检测系统的研制

研发了胃癌标志物 CA72-4 与 CEA 快速检测的层析芯片，研发了基于智能手机的胃癌标志物检测结果定量分析的软件系统，实现了检测结果的定量分析，自动上传数据到云管理系统与云数据库，方便家庭与野外检测结果分析。[19] 研发的软件获得软件著作权。

5. 磁性纳米免疫层析检测芯片

开发了基于磁性纳米粒子标记的胃癌肿瘤标记物 CA724 免疫层析检测芯片，定性检测 1IU/mL，定量检测 0.38IU/mL，（临床阳性界值为 6IU/mL）。[20]

开发了配套磁性层析芯片的检测设备，实现层析芯片单指标或者多指标的快速、定

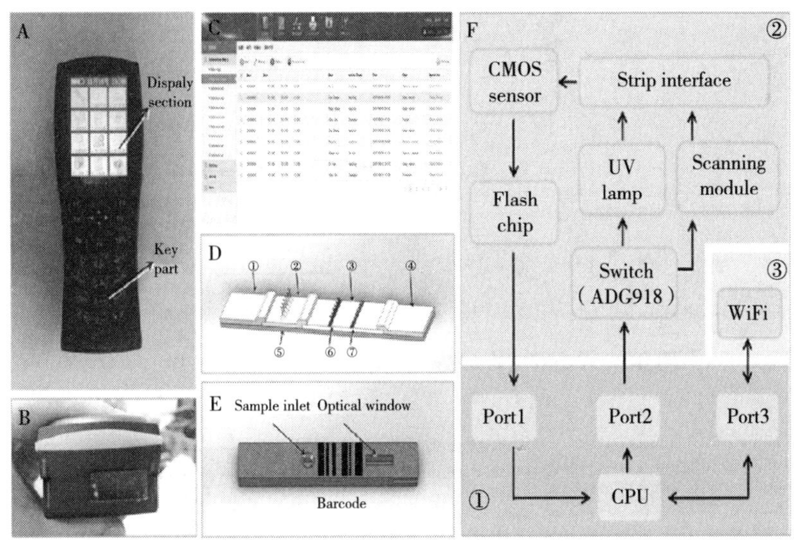

图 34 手持式荧光光谱仪与检测原理[18]

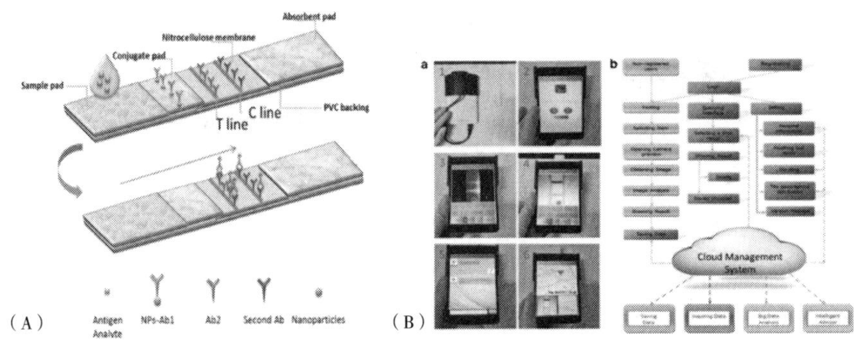

图 35 智能手机基础上的层析芯片检测系统

（A）层析芯片检测原理示意图；（B）检测结果定量分析与云数据管理原理[19]

量检测，精度达到 $10^{-7}\sim10^{-4}$oe。该部分工作开发了针对磁性免疫层析芯片的超灵敏检测平台，可以实现层析芯片上弱磁信号的快速、准确检测。整个平台由三个部分组成，设备检测终端、免疫层析芯片以及数据服务端。检测终端是整个平台的主要部分，由超灵敏磁性传感器、机械传动装置以及数字信号电路等部分组成，用于实现芯片信号的提取、放大和传输。免疫层析芯片由磁性纳米粒子作为探针标记物，用于不同疾病的检测，包括 CA724、CA199、CEA、cTnI、CKMB 和 Myo 等。数据服务端是整个系统的数据处理部分，可以实现样本信息的存储、查询、优化处理以及数据的远程共享[21]。在数据信号处理方面，采用了机器学习的方法，针对低浓度芯片的信号实现了准确的分类处理，大大提高了弱信号芯片的检出率和准确性。最终，通过临床样本验证该平台具有较高的灵敏性和特异性，与临床检测一致性表现良好，具有较高的临床应用价值。

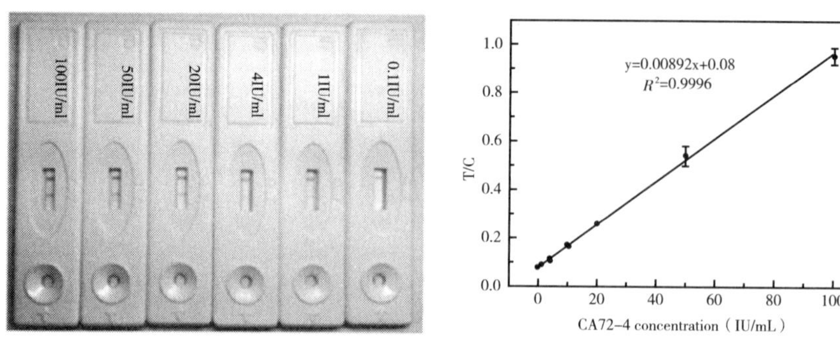

图 36 胃癌肿瘤标记物 CA724 免疫层析检测芯片[20]

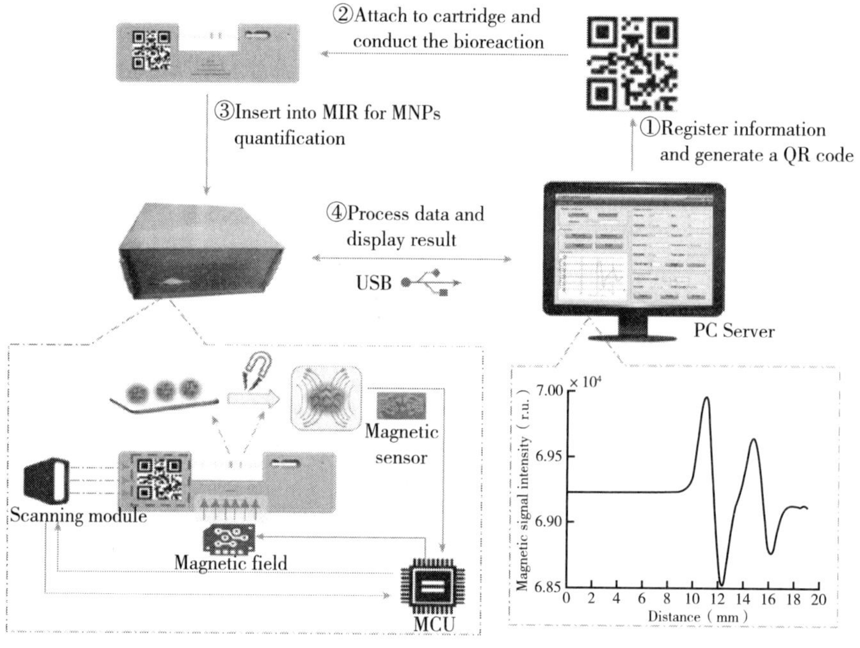

图 37 多种标志物同步免疫层析检测芯片[21]

在上述工作的基础上，进一步开发了基于磁性纳米材料标记的多指标联合检测芯片。以心梗三项为例，检测下限：cTnI：0.0089 ng/mL，CKMB：0.063 ng/mL，Myo：0.05 ng/mL。另外，与 110 例临床血清样本的对照实验，也具有很好的一致性。[22]

开发纸基微流控芯片用于胃癌标志物 CEA 的微量检测。为了实现对 CEA 的检测，并使其达到 POCT 技术领域对于快速、灵敏和准确的要求，我们设计和开发了基于纸基微流控分析装置和智能手机的 CEA 自动检测平台。该平台主要分为两个部分，首先是多层的纸基微流控芯片。本工作利用蜡打印加热的方法按设计好的图案加工纸基微流控芯片每层的相应结构。独特设计了可水平旋转的检测层，使芯片能够在冲洗状态和反应状态之间灵

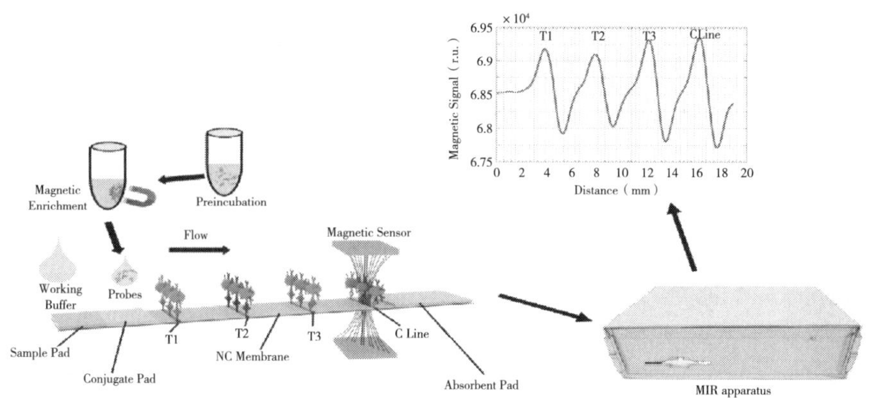

图 38　三种标志物同步免疫层析检测芯片[22]

活切换，并且实现了所有检测区域同时冲洗。另外一部分是智能手机，我们开发的手机 APP 能够自动识别纸基微流控芯片上的测试区域并计算出区域上 CEA 的浓度，有效地实现了 CEA 的低成本检测。经过实验验证，该检测系统对于检测 CEA 浓度的线性动态范围为 0.5 ~ 70 ng/mL，检测下限达到 0.0153 ng/mL，远低于临床标准下的浓度阈值。对于临床血清样本中 CEA 的检测，本系统也具有良好的灵敏度和特异性，分别达到 98% 和 97.5%。本工作在保证了 CEA 检测的准确性和稳定性的前提下，大大简化了传统免疫检测烦琐的步骤，将免疫反应测定的时间缩短至 1 小时以内，上样量仅需 4μL，并且用智能手机取代了复杂和不便于携带的分析仪器，通过其内置的程序自动计算出 CEA 浓度。另外，本方法经过简单的调整后，也可用于其他生物分子、病毒、离子等的检测，为 POCT 检测技术提供了有效的发展平台[23]。

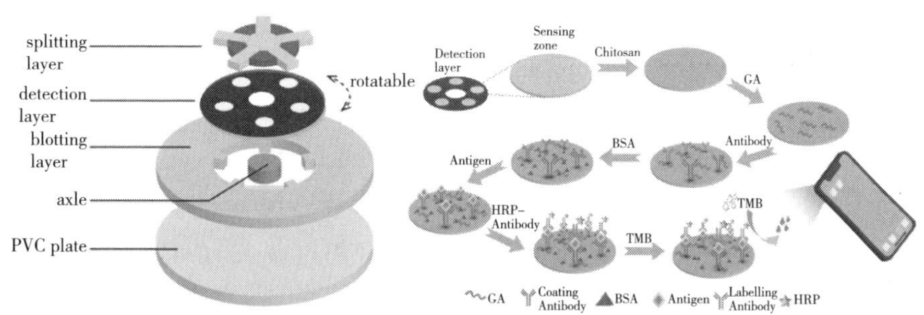

图 39　纸基微流控芯片用于胃癌标志物 CEA 的微量检测[22]

6. 小型液相生物芯片检测仪的研制及胃癌多指标检测

为了将基于量子点荧光编码微球新型液相芯片检测技术向市场及临床转化，与国内知名体外诊断企业合作，根据量子点荧光编码微球的观雪特性成功开发出了小型液相生物芯片检测仪[24]，并已在 2018 年第五十届德国杜塞尔多夫国际医院及医疗设备展览会

（MEDICA2018）及 2019 年第八十一届中国国际医疗器械（春季）博览会等国内外知名专业医疗器械展览会宣传推广，相关检测仪正在准备申报医疗器械注册证以尽快实现新型液相生物芯片技术的临床转化和市场应用。

构建了基于聚集诱导发光（AIE）材料微米球和纳米球的新型液相芯片多指标检测体系：采用 SPG 膜乳化法将具有不同发光性能的 AIE 分子包覆进入聚合物基体，获得了粒径均一可调、发光性能优异可调、稳定性好的 AIE 微米球和纳米球。采用单波长编码的方式成功获得了三十种荧光编码，进一步以 AIE 微米球为编码微球[25]，以 AIE 纳米球为荧光报告分子，结合流式细胞仪成功构建了新型液相芯片检测系统，并实现了五种过敏原抗体的同时检测。[25]由于 AIE 纳米球的优异荧光放大效应，该系统的检测灵敏度与采用商用荧光染料作为报告分子的液相芯片检测体系比要高 2 ~ 5 倍。将其应用于过敏原病人血清样本的检测结果发现其检测性能与过敏原临床检测金标准（ImmunoCAP）方法的结果相当，进一步证明该检测系统的有效性，为将该系统进一步应用于肿瘤标志物的多指标检测打下了坚实的基础。

7. 太赫兹纳米检测技术

通过理论分析和仿真验证，全面研究了掺杂石墨烯的表面等离子体共振（SPR）下的反射太赫兹辐射（THz）的相位行为。对于经颅磁振子极化的波，相位对入射角的依赖关系有一个突变的跳变区域。我们发现当系统通过最优 SPR 条件（即，$R = 0$）在太赫兹范围内。监测这种转化可以提供对生物分子的超高灵敏度的无标签检测。重要的是，相位跳变作为折射率传感的读出响应的特性比传统的基于特拉赫兹振幅的衰减全反射（ATR）光谱有价值。根据太赫兹相位信息，结果显示高达 171 的高质量值（FOM）。此外，可以通过高掺杂水平或少层石墨烯改变石墨烯的表面电导率来调整传感范围。[26]石墨烯等离子体的这些太赫兹相响应特性有望应用于可调超敏（生物）化学传感领域。

（五）纳米酶基础上的纳米检测技术

1. 纳米酶

Scrimin 和他的同事在 2004 年共同提出了纳米酶（nanozyme）的概念，纳米酶（Nanozyme）是指一类具有酶学特性的纳米材料。纳米酶可以代替生物酶进行实验，研究方向逐步也从生物医学延伸到化工、食品、农业和环境等领域，逐渐成为纳米生物学研究的新方向。新型的纳米酶常用的材料有碳材料、金属材料，金属氧化物，硫化物和金属配合物等。到目前为止，纳米酶的催化反应类型较多，可以用来模仿各种天然酶。例如，类过氧化物酶：过氧化物酶是以过氧化物（如双氧水）为电子受体，催化氧化底物的一类酶。常见的过氧化物酶有辣根过氧化物酶（HRP），细胞色素 c 过氧化物酶和链霉抗生物素蛋白过氧化物酶。2007 年，闫锡蕴院士等发现，在双氧水的存在下，四氧化三铁纳米粒子具有类似辣根过氧化物酶（HRP）的性质，能够直接催化氧化 3，3'，5，5'- 四甲基联苯胺（3，3′，5，5′-tetramethylbenzidine，TMB）产生蓝色反应，TMB 是一种常见的过氧化物酶底物。在该实验中，四氧化三铁纳米粒子的催化活性会受到反应体系的温度，pH 和 H_2O_2 浓度等因素的影响。随着时间的推移，除了四氧化三铁纳米粒子，大量的纳米材料被报道具有类过氧化物酶活性，主要包括金属材料，金属氧化物，半导体聚合物，金属有机框架到碳纳米材料等，它们在生物传感和免疫分析领域具有广泛的应用价值。

类氧化酶纳米酶：氧化酶是在分子氧（O_2）存在情况下催化氧化底物的酶。发现 MnO_2 纳米粒子，CeO_2 纳米粒子和 Au 纳米粒子具有类氧化酶的催化活性，其中，Au 纳米粒子被证明可以催化氧化葡萄糖，被广泛应用于检测葡萄糖的级联反应中。

类过氧化氢酶纳米酶：过氧化氢酶（CAT）是一种酶类清除剂，又称为触酶，是以铁卟啉为辅基的结合酶。它可促使 H_2O_2 分解为分子氧和水，清除体内的过氧化氢，从而使细胞免于遭受 H_2O_2 的毒害，是生物防御体系的关键酶之一。在很多体系中，纳米酶除了具有类过氧化物酶，还具有过氧化氢酶（CAT）的性质。如 MFe_2O_4（M = Mg，Ni，Cu）可以催化 H_2O_2 产生氢氧自由基（类过氧化物酶），适当的时候具有 CAT 的作用，催化双氧水产生氧气分子和水。此外，铁氧纳米粒子，Co_3O_4 纳米粒子等也同时表现出类过氧化物酶和类 CAT 的催化性质。

类超氧化物歧化酶纳米酶：超氧化物歧化酶（SOD）可以催化超氧自由基歧化分解为 H_2O_2 和 O_2。SOD 是一种重要的抗氧化剂，能够保护暴露于氧气中的细胞。其催化超氧化物通过歧化反应转化为氧气和过氧化氢主要通过以下两步完成：

$$M^{3+} + O_2^{\cdot} + H^+ \rightarrow M^{2+}(H^+) + O_2$$

$$M^{2+}(H^+) + O_2^{\cdot} + H^+ \rightarrow M^{3+} + H_2O_2$$

这里 M 代表金属辅因子，M^{3+} 代表金属辅因子的最高价，M^{2+} 代表金属辅因子被氧化以后的价位。ROS 在生命系统中扮演着重要的角色，超氧自由基阴离子，作为一种 ROS，可以导致组织发炎等疾病。而 SOD，通常具有 Cu/Zn，Fe，Mn 或者 Ni 金属辅基，可以催化分解生物体内的超氧自由基，使组织免受疾病的伤害。目前，有文献报道称一些贵金属纳米粒子，金属氧化物如 CeO_2，MnO_2，Mn_3O_4 等纳米材料具有 SOD 的性质，可以消除生物体内的 ROS。

2. 纳米酶在分析领域中的应用

比色法、荧光法以及电化学检测法是构建传感器的重要策略，其原理是通过检测反应系统相应信号变化来量化被测组分，该策略广泛用于检测生物分子。相比较传统的检测方法，引入纳米酶，能够结合纳米酶的独特的催化特性、稳定性和灵敏性，实现样品中极低含量的检测。因此，基于纳米酶的新型生物传感器不断地被开发出来，最终实现对离子，小分子，核酸，蛋白质等物质的灵敏检测。检测双氧水 H_2O_2：在生命体中，双氧水与细胞生长和信号转换有着密切的联系。过度产生 H_2O_2 会导致一系列炎症性疾病，如动脉粥样硬化，肝炎，慢性肺病等。除此之外，还有文献报道称双氧水可以用作帕金森和阿尔兹海默症的肿瘤标志物，因为该物质能够造成核酸分子、蛋白、脑以及生物组织的损伤。基于其在生物和医疗领域的重要性，H_2O_2 的检测一直是一个热门方向。过氧化物纳米酶，可以催化 H_2O_2 产生活性物质，并和一系列有机底物发生氧化反应。汪尔康教授和他的同事们，利用 Fe_3O_4 纳米粒子作为纳米酶催化剂，ABTS 作为显色试剂，在双氧水的存在下，进行显色反应。利用比色法，间接检测出双氧水的浓度。Zhu 和他的同事们，利用 Fe-N-C 单原子纳米酶，检测了 Hela 细胞释放的双氧水。Zhao 和他的同事们合成了三维的介孔 PtCu 纳米酶，催化双氧水，氧化底物，从而达到比色法检测双氧水的目的。

（1）检测葡萄糖（glucose）

葡萄糖氧化酶（GO_x）可以在氧气存在情况下，催化葡萄糖氧化产生葡萄糖酸内酯和双氧水。因此，将 GO_x 和类过氧化物酶结合就很能成功构建葡萄糖生物传感器。Zhu 课题组，合成 Fe-MOF-GO_x 纳米复合酶，用于葡萄糖的检测。而 Wang 和他的同事们合成了空心 CuS 纳米立方体，实现比色法检测多巴胺，电化学方法检测葡萄糖。

监测脑组织中的葡萄糖水平也很重要。Wei，Zhou 和他们同事以金属 - 有机骨架（MIL-101）为模板成功构建了 AuNPs@MIL-101 @oxidases 纳米酶，并修饰了葡萄糖氧化酶，最终获得纳米复合材料可以催化葡萄糖产生葡萄糖酸和过氧化氢。生成的 H_2O_2 可以将无色孔雀绿（惰性拉曼分子）氧化为活性孔雀绿（MG）。由于 MG 表现出强的拉曼信号[26]，因此 AuNPs@MIL-101@GO_x 纳米酶可通过监测拉曼信号的变化从而达到对活体大脑中葡萄糖的体外检测。

（2）检测生物分子

通过反应体系中，纳米酶的催化活性的改变（增强或抑制），可以构建体系，检测蛋

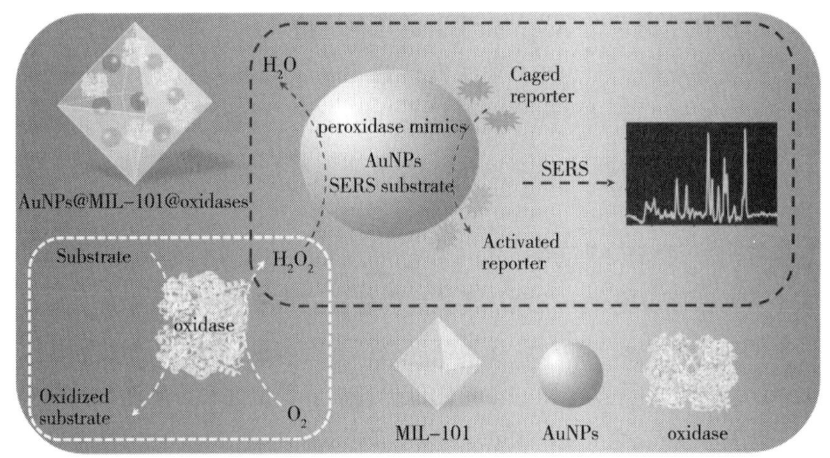

图 40 基于 AuNPs@MIL-101@oxidases 纳米酶监测脑组织中的葡萄糖水平[26]

白质，核酸，有机分子，金属离子和肿瘤标志物等生物分子。Li 课题组利用金纳米颗粒合成了一种通用的纳米酶传感平台，该平台将电化学测量与 LFS 结合起来用于 8- 羟基 -2'- 脱氧鸟苷（8-OHdG）和前列腺特异性抗原（PSA）的检测。Cui 课题组合成了 Pt 修饰聚合物 Pani 形成复合物，作为基底修饰一抗，并构建夹心型电化学发光传感器，实现对 HCG 的检测。基于 Fe_3O_4 磁性纳米粒子的类酶性质，Yan 小组发明了一个新型的纳米酶试纸条，用于快速诊断埃博拉病毒（EBOV），该方法检测快速（30 min），为检测埃博拉病毒提供了一个有力的手段。

（3）检测重金属离子

准确测量我们日常食物和饮用水中重金属离子的浓度非常重要。利用纳米酶可以实现对铜离子，银离子，氰根离子，氟离子等的检测。举例：组氨酸修饰的金纳米团簇（His-AuNCs）具有出色的过氧化物酶样特性。Guo 等人发现，AuNCs 表面的组氨酸可以促进底物和纳米酶的结合，从而进一步提高 AuNCs 的催化活性。但 Cu^{2+} 和组氨酸之间也有强的结合力，在 Cu^{2+} 存在下，His-AuNCs 的过氧化物酶样活性将降低。[25] His-AuNCs 可以催化 H_2O_2 和有机底物（如 TMB 或 ABTS）形成有色产物，因此可以通过测量吸收信号的变化以高选择性和高灵敏度成功检测出 Cu^{2+}（图 41）。

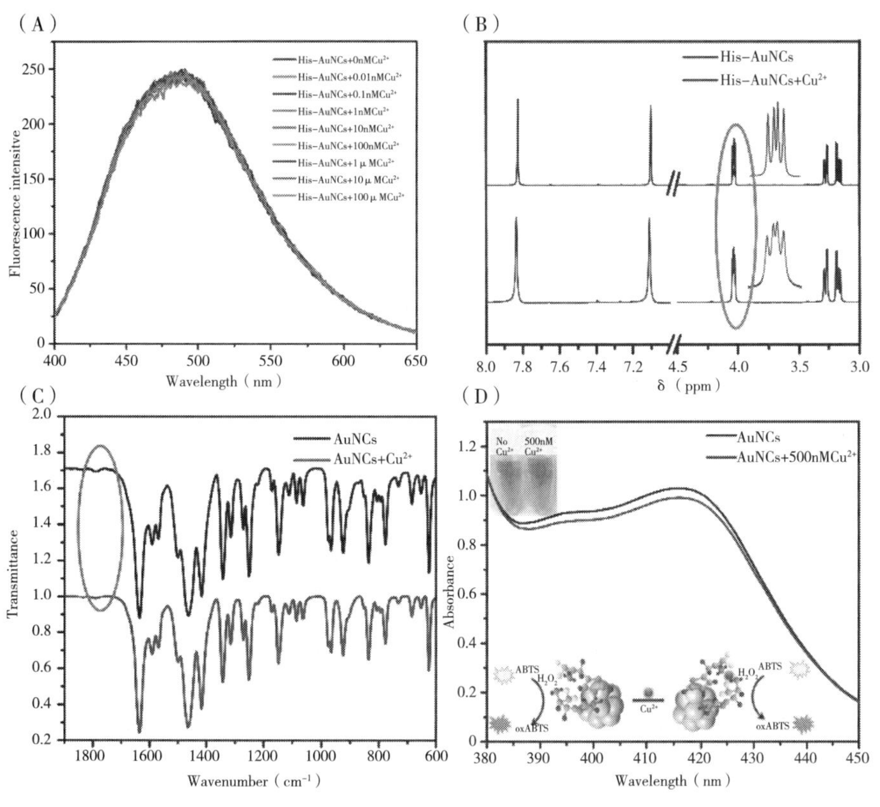

图 41　His-AuNCs 催化体系检测 Cu^{2+}[27]

（4）检测癌细胞

纳米酶还可以用于检测癌细胞。例如，Perez 和同事发现，在酸性条件下，CeO_2 纳米颗粒表现出类似氧化酶的性质。利用该性质，该团队将叶酸偶联在 CeO_2 纳米颗粒上，构建 CeO_2/TMB 系统[28]，实现癌细胞的比色检测。Zhao 及其同事，在介孔二氧化硅 - 还原氧化石墨烯复合材料上原位生长金纳米颗粒（RGO-PMS-AuNPs）而构建了一种新型的纳米复合材料，该复合材料可以作为类过氧化物酶。修饰 FA 后，形成的 RGO-PMS-FA 可以用作生物探针，用于比色法检测癌细胞。

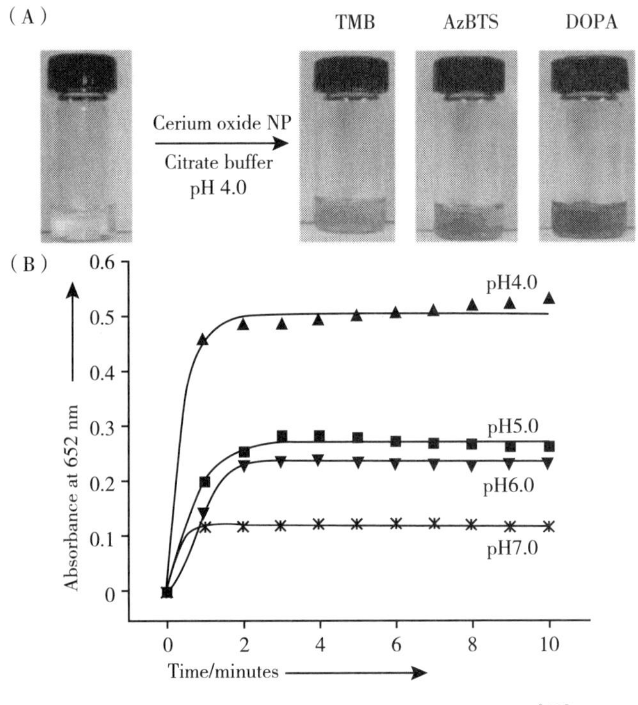

图 42　CeO_2/TMB 系统用于肿瘤细胞的检测[28]

二、国内外发展比较

国内纳米生物检测技术的研究与美国、欧洲、日本相比，发表的论文数量及质量几乎在同一水平，申请的发明专利数相差不大。国内纳米生物检测技术在纳米酶基础上的检测技术以及适配体基础上的检测技术，聚合发光基础上的检测技术，与国外相比，具有显著的优势。国外纳米生物检测技术在纳米孔测序、太赫兹纳米检测技术、微流控基础上的纳米检测技术、纳米阵列基础上的检测技术，微球编码基础上的多指标检测技术，特别是在实际应用转化方面，具有显著优势；在单分子检测方面，纳米光学检测以及纳米传感器方面，美国具有显著优势。纳米生物检测技术，与人工智能及深度学习方面交叉融合，代表着一个新的前沿交叉领域，国外走在前列，国内也有这方面的研究报道，但是，与国外相比，仍存在很大的差距。

三、我国发展趋势与对策

我国纳米生物检测技术，特别是基于新的纳米材料基础上的纳米检测技术，包括磁性纳米材料、量子点、二硫化钼、石墨烯、金纳米粒子、纳米酶、适配体等基础上的检测技术，结合微流控芯片、层析芯片、比色检测、定量 PCR 检测、SERS 芯片、编码微球基础上的检测技术，朝着临床转化方向发展。特别是 SERS 芯片、纳米酶检测技术、多指标检测技术，纳米测序技术，单分子、单基因突变位点、单个细胞检测已成为发展趋势。结合液体活检技术，流式细胞检测技术，编码微球技术，人工智能及深度学习技术，开展多个指标的检测，纳米测序技术的开发，已成为发展趋势。

但是，精准纳米材料、精准纳米探针、精准纳米器件，精准智能仪器，如何实现精准的制造，规模化的制备，也是一个巨大的技术挑战。分子印刷、自组装、软蚀刻以及原子力操纵可以实现部分制造功能，如何实现精准的组装也是一个巨大的挑战。由于纳米材料、纳米探针、纳米器件等是一个创新性很强的新生事物，如何建立统一的制造标准，如何建立科学合理的评价标准，得到全世界的认可，也是一个巨大的挑战。

作为天然酶的模拟物，纳米酶具有许多优点，例如低成本，易于制备，优异的稳定性和良好的耐久性等。到目前为止，它们已广泛应用于传感，环境处理，抗菌，癌症治疗，抗氧化等方面。尽管纳米酶克服了天然酶的许多缺点，但仍然存在一些挑战。①构建具有高底物选择性和催化效率的新型纳米酶是一大挑战。②对纳米酶的研究主要集中在模拟氧化还原酶，如氧化酶，过氧化物酶，过氧化氢酶和超氧化物歧化酶，而对其他酶的研究较少，特别是对于异氰酸酯酶和立体选择性纳米酶。因此，还有很多未知的研究领域需要开发。③尽管研究人员已经在研究纳米酶的催化机理上做了很多努力，但到目前为止，仅报道了几种机理，许多催化机理仍不清楚。因此，探索纳米酶的催化动力学和机理也是挑战。④纳米材料可能具有类多酶的活性，而这些活性有时会相互干扰。如何平衡和利用纳米酶的这些独特特性仍然是研究热点。⑤纳米酶的最新研究主要集中在传感上，检测领域的实际应用才刚刚实现。所以，后期需要开发具有实际应用的纳米酶体系。⑥尽管纳米酶已显示出在癌症治疗中的潜力，但其自身的生物安全性仍是人们高度关注的问题。同样，对于用于细胞保护的纳米酶，其生物安全性和潜在毒性仍具有挑战性。与天然酶相比，目前对纳米酶应用的研究还很有限。这些未解决的问题，都将成为纳米酶的下一个研究领域。纳米材料、纳米探针、纳米器件体内的安全性仍面临争议。我们还缺少系统的实验与理论方法，定量地研究纳米材料及器件等的结构、力学、形变等，建立理论模型也面临巨大的挑战。

发展对策是：根据纳米生物检测的发展趋势，合理布局具体的研发方向与研究内容，突出纳米材料及器件的可控制备工艺及技术的研发，突出临床转化及应用导向，突出科学前沿的研究及专利、标准导向，形成并保持一批强有力的研发团队，引进企业，参与国际竞争。

参考文献

[1] Chao Jie, Zhang Honglu, Xing Yikang, et al. Programming DNA origami assembly for shape-resolved nanomechanical imaging labels. Nature Protocols, 2018, 13（7）: 1569-1585.

[2] Zhang Jingpu, Liu Yanlei, Zhi Xiao, et al. DNA-templated silver nanoclusters locate microRNAs in the nuclei of gastric cancer cells. Nanoscale 2018; 10: 11079-11090.

[3] Zhu Dan, Liu Wei, Cao Wenfang, et al. Multiple Amplified Electrochemical Detection of MicroRNA-21 Using Hierarchical Flower-like Gold Nanostructures Combined with Gold-enriched Hybridization Chain Reaction. Electroanalysis, 2018, 30（7）: 1349-1356.

[4] Zhang J, Li C, Zhi X, et al. Hairpin DNA-Templated Silver Nanoclusters as Novel Beacons in Strand Displacement Amplification for MicroRNA Detection. Analytical Chemistry 2016: 88（2）, 1294-1302.

[5] Zhang Ying, Shuai Zhenhua, Zhou Hao, et al. Single-Molecule Analysis of MicroRNA and Logic Operations Using a Smart Plasmonic Nanobiosensor. Journal of the American Chemical Society, 2018, 140（11）: 3988-3993.

[6] Meng Yang, Xiao Zhi, Yanlei Liu, et al. High-purified Isolation and Proteomic Analysis of Urinary Exosomes from Healthy Persons. Nano Biomed Eng, 2017, 9（3）: 221-227.

[7] Yu Xiaocheng, Pentok Myima, Yang Haowen, et al. An aptamer-based new method for competitive fluorescence detection of exosomes. Nanoscale 2019, 11: 15589-15595.

[8] Huang Rongrong, He Lei, Xia Yanyan, et al. A Sensitive Aptasensor Based on a Hemin/G-Quadruplex-Assisted Signal Amplification Strategy for Electrochemical Detection of Gastric Cancer Exosomes. Small 2019, 15: 1900735.

[9] Wanlei Gao, Ting Huang, Haojun Yuana, et al. Highly sensitive detection and mutational analysis of lung cancer circulating tumor cells using integrated combined immunomagnetic beads with a droplet digital PCR chip. Talanta, 2018, 185: 229-236.

[10] Chen Y, Zhang Y, Pan F, et al. Breath Analysis Based on Surface-Enhanced Raman Scattering Sensors Distinguishes Early and Advanced Gastric Cancer Patients from Healthy Persons. Acs Nano, 2016, 10（9）, 8169-8179.

[11] Chen Y S, Cheng S L, Zhang A M, et al. Salivary Analysis Based on Surface Enhanced Raman Scattering Sensors Distinguishes Early and Advanced Gastric Cancer Patients from Healthy Persons. Journal of Biomedical Nanotechnology, 2018, 14: 1773-1784.

[12] Fan Weihua, Qiao Miaomiao, Jin Yan, et al. High efficiency single-cell capture based on microfluidics for single cell analysis. Journal of Micromechanics and Microengineering, 2019, 29: 035004.

[13] Lin S, Zhi X, Chen D, et al. A flyover style microfluidic chip for highly purified magnetic cell separation. Biosensors & Bioelectronics, 2019, 129: 175-181.

[14] Gao Wanlei, Zhang Xiaofen, Yuan Haojun, et al. EGFR point mutation detection of single circulating tumor cells for lung cancer using a micro-well array. Biosensors & Bioelectronics, 2019, 139: 111326.

[15] Chang Jie, Zhang Amin, Huang Zhicheng, et al. Monodisperse Au@Ag core-shell nanoprobes with ultrasensitive SERS-activity for rapid identification and Raman imaging of living cancer cells. TALANTA, 2019, 198: 45-54.

[16] Zhi Xiao, Liu Yanlei, Lin Lingnan, et al. Oral pH sensitive GNS@ab nanoprobes for targeted therapy of Helicobacter pylori without disturbance gut microbiome. Nanomedicine NBM, 2019, 20: 102019.

[17] Shan Gao, Lin Kang, Min Deng, et al. A Giant Magnetoimpedance-Based Microfluidic System for Multiplex Immunological Assay. Nano Biomed Eng, 2016, 8 (4): 240-245.

[18] Qin W, Wang K, Xiao K, et al. Carcinoembryonic antigen detection with "Handing"-controlled fluorescence spectroscopy using a color matrix for point-of-care applications. Biosensors & Bioelectronics, 2017, 90: 508-515.

[19] Hou Yafei, Wang Kan, Xiao Kun, et al. Smartphone-Based Dual-Modality Imaging System for Quantitative Detection of Color or Fluorescent Lateral Flow Immunochromatographic Strips. Nanoscale Research Letters, 2017, 12: 291.

[20] Lu Wenting, Wang Kan, Xiao Kun, et al. Dual Immunomagnetic Nanobeads-Based Lateral Flow Test Strip for Simultaneous Quantitative Detection of Carcinoembryonic Antigen and Neuron Specific Enolase. Sci Rep, 2017, 7: 42414.

[21] Yan W, Wang K, Xu H, et al. Machine Learning Approach to Enhance the Performance of MNP-Labeled Lateral Flow Immunoassay. Nano-Micro Letters, 2019, 11: 7.

[22] Lixin Hong, Kan Wang, Wenqiang Yan, et al. High performance immunochromatographic assay for simultaneous quantitative detection of multiplex cardiac markers based on magnetic nanobeads. Theranostics, 2018, 8 (22): 6121-6131.

[23] Wu Weijie, Wang Xun, Shen Mengfei, et al. AIEgens Barcodes Combined with AIEgens Nanobeads for High-sensitivity Multiplexed Detection. THERANOSTICS 2019; 9: 7210-7221.

[24] Yang Zhiwen, Gao Mengyu, Wu Weijie, et al. Recent advances in quantum dot-based light-emitting devices: Challenges and possible solutions. Materials Today, 2018, 24: 69-73.

[25] Jiang H, Qin Z J, Zheng Y K, et al. Aggregation-induced electrochemiluminescence by metal-binding protein responsive hydrogel scaffolds. Small, 2019, 15 (18): 1901170.

[26] Huang Yi, Zhong Shuncong, Shi Tingting, et al. Trapping waves with tunable prism-coupling terahertz metasurfaces absorber. Optics Express, 2019, 27: 25647-25655.

[27] Hu Y, Cheng H, Zhao X, et al. Surface-Enhanced Raman Scattering Active Gold Nanoparticles with Enzyme-Mimicking Activities for Measuring Glucose and Lactate in Living Tissues. ACS Nano, 2017, 11: 5558-5566.

[28] Liu Y, Ding D, Zhen Y, Guo R. Amino acid-mediated "turn-off/turn-on" nanozyme activity of gold nanoclusters for sensitive and selective detection of copper ions and histidine. Biosens Bioelectron, 2017, 92: 140-146.

[29] Maji S K, Mandal A K, Nguyen K T, et al. Cancer cell detection and therapeutics using peroxidase-active nanohybrid of gold nanoparticle-loaded mesoporous silica-coated graphene. ACS Appl Mater Interfaces, 2015, 7: 9807-9816.

[30] Zou D, Wu WJ, Zhang J P, et al. Multiplex detection of miRNAs based on aggregation-induced emission luminogen encoded microspheres. RSC Advances, 2019, 9: 39976-39985.

撰稿人：崔大祥

纳米组织工程和再生医学现状与展望

一、引言

组织工程和再生医学是一门研究如何促进创伤与缺损组织器官的生理性修复，以及如何进行组织器官再生与功能重建的学科。它是继细胞生物学和分子生物学之后，生命科学发展史上的又一个里程碑，标志着医学将走出器官移植的范畴，步入制造组织和器官的新时代。具体来说就是应用生命科学、临床医学、材料科学、计算机科学和工程学等学科的原理和方法，研究和开发用于替代、修复、重建或再生人体各种组织器官的理论和技术的新型学科和前沿交叉领域。

近年来，纳米技术在推动组织工程和再生医学领域的发展方面起着重要的作用，主要包括多种运用形式，像纳米颗粒/药物调控干细胞行为、支架材料的纳米化、纳米颗粒/药物促进组织再生等方面。事实证明，当生物材料其中组分或结构精控到纳米尺度这个范围内时，能明显改善某些方面的特性并为之所用。

1. 控制干细胞行为

纳米技术主要可以通过纳米颗粒自身、与生物材料结合两种方式来控制干细胞行为。纳米材料自身能通过多种模式来控制干细胞命运和提高治疗效力，主要包括：①作为活性因子载体；[1] ②作为基因载体；[2, 3] ③自身具有的生物活性、理化性质因素。[4] 纳米材料作为载体能在时间、空间上控制活性因子的释放，进而刺激干细胞定向分化和旁分泌效应。组织工程生物材料自身的表面界面尤其是在纳米尺度下，即纳米拓扑结构学（Nanotopography），包括纳米材料自身某一维度形成的界面、纳米颗粒表面进行涂层得到的纳米阵列、经生物大分子等表面修饰/吸附所形成纳米尺度下的表面结构，对控制和影响干细胞的行为也起着重要的作用。[5-8] 纳米拓扑结构通过影响干细胞的黏附行为，决定着一系列干细胞的命运，包括细胞生长、细胞迁移、细胞骨架重排、细胞分化等。[9]

2. 生物支架仿生设计

模拟自然组织的纳米结构和功能是新一代仿生生物材料最重要的方向之一，也是解决目前一些瓶颈问题的有效突破口。为了实现仿生构造，就必须了解生物组织的组成单元。生物体内存在大量的纳米结构，主要包含纳米尺度范围内的组成部分和空间构造，这种精细结构具有优良的支持和连接等性能，并且提供大量的细胞接触点，利于细胞生长和物质运输。像天然细胞外基质（ECM）不仅为细胞提供机械支撑，还能与细胞相互作用，来调控细胞功能像黏附、迁移、增殖和分化等，这些功能在很大程度上由多层次微纳米结构来实现。另外，结缔组织的胶原纤维和弹性纤维直径从十纳米到几百纳米不等，为细胞生长提供支撑和营养。这些蛋白纤维通过相互缠绕形成纳米尺度网孔，为组织提供拉伸力和弹性。这些纳米纤维上的黏附蛋白如纤黏蛋白和层粘连蛋白为细胞黏附和迁移提供特定的纳米界面结合域。

3. 控制活性分子的释放

药物递送系统通过可控的方式长时间释放有效浓度的药物，其优势主要体现在两方面[10]：①克服生物大分子本身治疗上缺陷，如血循环时间短、稳定性差、存在免疫原性等；②将治疗药物的活性最大化而降低其毒副作用。在组织工程和再生医学方面，纳米尺度下的药物递送系统可通过全身和局部给药的方式进行。全身给药方式主要体现在对疾病部位的主动 / 被动靶向作用，全身给药途径是通过血液循环输送路径来实现，局部给药可通过纳米颗粒自身或其与生物支架材料复合来实现。

二、国内研究进展

我国学者在组织工程和再生医学方面，已逐渐将纳米技术融入研究中，过去五年已取得了很大的进展，其中代表性主要概括为以下几个方面：骨组织工程与再生、心血管组织工程与再生、干细胞与组织再生、其他方面如脑神经、伤口、抗菌等。

（一）骨组织工程与再生

骨骼的基本单元是由纳米尺度结构所构成的，通过有机（纳米胶原纤维）和无机（纳米羟基磷灰石）两种主要组分，形成从纳米级到宏观的多层次结构，包括宏观结构（松质骨和皮质骨）、微观结构（小梁），亚微观结构（片层），纳米结构（纤维状胶原蛋白和嵌入的矿物质）和亚纳米结构（如矿物质和蛋白质）[11]，正是这种特殊结构和组成赋予了骨骼在受到机械刺激和损伤信号时具有自我重塑和自我再生能力。因此，具有特殊生物效应的纳米结构材料可以仿生构造天然骨组织，从而可以模拟骨骼再生的微环境，成为骨修复再生的理想材料。目前已有大量研究报道纳米结构材料和骨组织再生之间存在着密切的联系，主要有以下四种方式：①纳米生物材料组分可以持续为骨生物矿化提供营养；②具

有宏观 / 微观 / 纳米多孔结构的多层次结构纳米材料[12]，允许细胞渗透、营养 / 代谢物运输、骨长入和血管化；③材料的纳米特性介导细胞行为（如细胞黏附、细胞分化）、骨整合、增强骨强度；④纳米材料的复合可以改变一些生长因子释放的方式，从而赋予支架材料招募内源性细胞的能力，并加速新骨和血管的形成。

骨组织中含有 I 型胶原纳米纤维与羟基磷灰石纳米晶体组装（长 40 ~ 60 nm，宽 20 nm，厚 1.5 ~ 5 nm）形成了清晰的骨骼结构，骨再生在很大程度上依赖于这种无机纳米晶体与有机纳米纤维的装配过程，即所谓的“生物矿化”。通过模拟或介导体内生物矿化的过程，刘昌胜课题组选用由无水磷酸四钙和磷酸二钙用于生物活性骨陶瓷材料的制备，其能够水解成结晶度低、溶解度高的纳米羟基磷灰石晶体，具有良好机械性能。同时，纳米晶体的高生物吸收能力使其生物矿化成羟基磷灰石 / 胶原骨基质。这种过程也可以与其他功能金属离子（如 Si、Mg、Sr）结合，从而获得高的骨再生活性。[13, 14] 利用这种仿生机制，他们组在国内首次对磷酸钙骨陶瓷应用于临床研究。此外，磷酸钙纳米颗粒具有良好骨传导、可吸收和生物相容性，被认为是用于骨修复纳米复合水凝胶的理想填料，他们还使用在甲基丙烯酸二甲氨基乙酯和 2- 羟乙基甲基丙烯酸酯基质的自由基聚合过程中，通过原位生长磷酸钙纳米颗粒，开发了一种可注射的纳米复合水凝胶促进骨组织再生。[15] 另外，清华大学崔福斋课题组将具有纳米结构组分的致密矿化胶原支架进行体内移植，发现支架具有很好的促进骨再生和骨传导的能力，并与周围颅骨组织发生骨整合。[16]

仿生模拟天然骨组织高度有序的层次结构（微纳米结构）来发挥其强大的自我再生潜能也是目前常用的研究策略。中科院上海硅酸盐研究所常江课题组制备了三种表面拓扑结构的羟基磷灰石生物陶瓷支架，分别是纳米棒，纳米片和微纳米杂交界面，研究发现三种纳米拓扑结构均可以促进脂肪干细胞黏附、延伸、增殖和成骨分化，还能增强血管生成因子的表达，其中微纳米拓扑结构能显著激活 Akt 信号通路，明显加速大鼠颅骨缺损体内成骨和血管化。[17] 在另一项研究中他们利用光刻技术和水热技术结合在一起来制备羟基磷灰石生物陶瓷，这种陶瓷具有明确的、有图案的层次表面，包含不同的微图案和纳米结构，可以促进巨噬细胞向 M1 或 M2 型极化，促使人骨髓间充质干细胞的成骨基因和人脐静脉血管内皮细胞的血管再生基因的表达，并且进一步调节免疫微环境，从而加速骨组织的再生。[18] 四川大学张兴栋课题组制备了由微晶须和纳米颗粒组成的双相磷酸钙生物陶瓷，促进骨髓间充质干细胞发挥免疫调节功能，通过对比格犬的移植 12 周后发现材料明显促进了骨再生，与传统的光滑表面控制型材料相比，该材料表现出更多的骨替代，且能承受更大的载荷，与邻近的天然宿主骨的弹性更接近。[19] 他们课题组研发的多孔磷酸钙生物陶瓷不仅具有良好的生物相容性，在一定条件下还表现出骨诱导性，即不用外加生长因子或活体细胞就可以诱导骨组织再生，在治疗骨缺损方面有很好的应用前景，是目前全球首个硬组织诱导性生物材料产品，自 2013 年临床应用至今已逾数万例，疗效良好。北京航空航天大学樊余波课题组报道了一种新型的可注射微粒子 / 纳米纤维水凝胶，它是通过明胶纳米纤维微粒子的自组装和交联来制备得到，很好地模拟了细胞外基质的纳米纤维结构及相互连接的微孔结构，该水凝胶明显促进了成骨基因的表达以及骨髓间充质干细胞的体外矿化，对大鼠颅骨修复 8 周后，该水凝胶的骨再生率显著提高，说明微孔和纳米纤维结构在骨再生中起到了重要作用。[20] 同样地，西南交通大学周绍兵课题组采用电纺纳米纤维与海藻酸钙微球结合制备纳微米交变多层支架，同时微球中负载大鼠来源的骨髓间充质干细胞和生长因子，体内异位骨形成结果表明，这种支架材料具有促进异位骨形成的活性，且具有生长因子和干细胞的协同作用。[21]

引导干细胞定向成骨对于骨再生具有重要意义，骨形态发生蛋白（BMP）可诱导干细胞定向成骨分化，在组织工程应用中起着至关重要的作用，特别是骨形态发生蛋白 -2（BMP-2）是一种有效的纳米尺寸的促骨生长因子。但是它是一种不稳定的蛋白质，限制了其生物活性的充分发挥。最近，刘昌胜课题组针对如何提高 BMP-2 的骨再生生物学功能进行了系统的研究。他们发现不同金属阳离子掺入（Ca^{2+}、Mg^{2+}、Si^{4+} 和 Sr^{2+}）支架材料中可以通过调节 BMP-2 的构象来调节 BMP-2 的生物活性，促进成骨细胞的定向分化。比如 Ca^{2+} 作为骨组织的主要阳离子，能稳定 β - 折叠的结构，提高对 BMP 受体的识别能力，从而提高成骨活性。[22] 另外，常江课题组将 Si 和 Sr 离子负载到生物陶瓷 / 海藻酸钠水凝胶支架中发现负载离子后可以提高人骨髓间充质干细胞的干性，能够促进其向成骨方向分化，并且该水凝胶在体内促进了成骨和血管化[23]，因此有效稳定生长因子的纳米结构是实现有效骨再生的关键。

血管网络的时空形成对于促进骨再生是至关重要的。血管网络可以为细胞提供足够的营养和氧气来维持新形成的组织和细胞的活力，不充分的血管化可能导致细胞或组织的死亡，阻碍骨形成或减少新形成的骨量。血管内皮生长因子（VEGF）具有诱导血管新生的能力，是增加骨血管形成的重要因素，VEGF 在促进内皮细胞增殖、迁移、存活和体外血管生成以及在体内形成新血管方面具有巨大的潜力。刘昌胜课题组最近合成了 2-N, 6-O-巯基壳聚糖，并与 VEGF 协同作用促进血管生成和血管形成，促进骨有效再生。[24] 中科院上海硅酸盐吴成铁课题组利用营养元素铕掺入介孔氧化硅纳米球加速移植材料的血管化，并通过调节免疫微环境来加速组织再生的过程，结果表明该材料可以明显促进血管化以及促进颅骨缺损部位新骨形成。[25]

（二）心血管组织工程与再生

心血管组织是复杂的动态组织，可以根据所处的血流动力学环境生长或调整结构，正是这种特性使得在疾病末期或严重损伤的情况下，用人工替代物替换这些组织变得非常具有挑战性。有效的心血管组织重构需要有合适的细胞来源，细胞外基质的建立，对于心肌组织来说还需要合适的电信号刺激，构建强健的收缩束以及血管网络等。为了制备功能性的支架材料，研究者将各种各样的纳米材料，包括纳米纤维、介孔复合材料、纳米颗粒，纳米拓扑结构和纳米载体递送系统（基因递送，生长因子递送或活性多肽递送等）等引入心血管组织替代物的构建中。这些技术的引入通过模拟细胞外基质的拓扑结构或组成促进替代组织微环境重建，控制细胞行为、命运等来加快组织重塑，主要表现为促内皮细胞黏附、迁移，抑制血小板黏附提高长期通畅性，仿生促心肌功能等方面。

纳米尺度特性在血管组织工程支架中的重要性主要体现在它能更准确地描述血管细胞外基质（ECM）的结构。血管细胞外基质是由直径在 50 ~ 500 nm 的纳米纤维组成的复合材料，这些纤维主要由胶原和弹性蛋白组成，纤维表面被纳米级黏附蛋白（如层粘连蛋白和纤维连接蛋白）修饰。血管细胞外基质对细胞具有高度的指示作用，已被证明可以指导或调节细胞的形状、生长、迁移和分化。为了更好地模拟天然细胞外基质的结构，研究者们致力于开发在支架内产生纳米级特征的技术。常用的制备纳米纤维的技术主要是静电纺丝，相分离和自组装等。南开大学孔德领课题组采用湿法纺丝和静电纺丝两种技术结合制备了双层微纳米结构的人工血管，内层通过湿法纺丝制备圆周排布的微米纤维，外层通过静电纺丝制备无规则排布的纳米纤维，外层的无规则纳米纤维起到了很好的机械支撑的作用，有效地防止了移植后的血液渗透。[26] 将纳米递送系统整合到组织工程支架的制备过程中，通过生物活性分子的递送（基因或生长因子等）来最大限度地提高组织工程支架的再生潜能也是一个有吸引力的策略。孔德领课题组还将静电纺丝胶原纳米纤维作为载体分别装载血管祖细胞的趋化因子 DKK3[27] 或组蛋白脱乙酰酶 7- 衍生肽[28]，研究表明将两种药物随着胶原纤维降解缓慢释放，均能持续释放达 30 天以上，在体内起到长期调控血管再生的目的。但是生长因子由于价格昂贵，且不稳定难以储存和运输，因此研究者都在努力寻求能够模拟生长因子功能的小分子进行替代，从生长因子结合位点的天然序列中获得的多肽具有相同的氨基酸序列，是极具潜力的候选。南开大学杨志谋课题组将类胰岛素生长因子源的多肽组装成纳米纤维水凝胶，其可以形成有利的二级结构，激活类胰岛素生长因子下游信号通路，具有显著的促进血管化的作用。[29] 此外，利用纳米材料的酶催化反应特性，也可以提高生物材料的性能。西南交通大学黄楠课题组通过将 nano-MOF 通过聚多巴胺黏附到金属支架表面，通过催化血液中的一氧化氮供体分解产生一氧化氮调控内皮细胞黏附和增殖，起到了很好的促进材料表面快速内皮化的作用。[30] 再有，天然血管内皮细胞可以通过酶反应持续产生内源性抗血小板物质的现象，通过还原氧化石墨烯纳米材料负载三磷酸腺苷双磷酸酶和 5'- 核苷酸酶双酶进行仿生级联，可以将双磷酸腺苷转化为单磷酸腺苷，进而将单磷酸腺苷转化为腺苷，通过这种方式有效提高了材料移植后的通畅率。[31] 也可以通过对血管支架表面进行纳米尺度图案化修饰来模拟基底膜的结构对细胞行为进行指导。比如，通过修饰的冷冻铸造技术制备了管腔表面为片状纳米形貌的小口径人工血管移植物，设计的纳米片层结构有效地抑制血小板的黏附和激活，诱导内皮细胞取向生长，并且保持了新生血管的长期通畅性。[32]

心血管组织工程除了血管的修复再生外，保持心肌细胞功能也是必需的。理想的用于心肌组织生物材料必须是导电的、机械稳定的，与天然心肌组织有相似弹性的材料。这种材料能够传播电脉冲信号并将其转化为同步的收缩，通过将血液泵入器官来维持血液循环，因此在心脏组织构建中维持其自发的收缩活性是十分必要的。导电纳米材料，包括导电聚合物，碳纳米管，碳纳米纤维，石墨烯，金纳米颗粒等，由于能够很好地模拟心肌细胞外基质，支持心肌细胞在宿主心肌内进行电机械信号传导而被广泛研究。军事医学科学院王常勇课题组将氧化石墨烯纳米颗粒掺入凝胶中提高了材料的导电性和力学性能，提高了心肌细胞连接蛋白 Cx43 的表达和缝隙连接相关蛋白的表达，并且更好地保持了心肌功能。[33] 天津大学刘文广课题组设计了一种导电注射水凝胶来携带脂肪源干细胞和脂质体/质粒 DNA-eNOs（内皮型一氧化氮合酶）纳米复合物，并将这种组合系统注射到心肌梗死小鼠心脏，有效减小了梗死面积，纤维化面积，提高了血管密度和心肌功能。[34]

（三）干细胞与组织再生

干细胞是具有增殖和分化潜能的细胞，具有较高的端粒酶活性，能够产生高度分化的功能细胞，替代和修复死亡和受损的细胞。同时干细胞可以激活处于休眠和抑制状态的细胞，发挥旁分泌作用（分泌神经营养因子、抗凋亡因子等），参与多种免疫调节，促进细胞间电能力、电传导的恢复（如间充质干细胞分泌连接蛋白帮助细胞间连接、促进离子通道的开放等），因此利用干细胞进行组织再生具有很好的前景和价值。

纳米材料因其独特的理化性质或通过修饰、包覆等手段额外地附加功能性活性分子使其在调控干细胞行为方面起着越来越重要的作用，包括示踪干细胞体内的命运和分布、诱导干细胞定向分化、促进干细胞疾病“归巢”、刺激干细胞旁分泌行为和调控干细胞周围组织微环境等方面，因而可辅助干细胞协同促进组织再生。概括来讲，纳米技术在干细胞应用主要是标记示踪干细胞命运、纳米颗粒调控干细胞行为和与生物材料复合构建。

与传统探针相比，纳米探针不仅具有良好的生物相容性和稳定性[35]，而且可作为载体大量负载各种功能小分子，有效提高纳米材料的靶向性和延长在体内的循环时间，并可显著提高成像清晰度。代表性的纳米探针像量子点[36]、硅基探针[37, 38]、碳点[39]、超顺磁氧化铁颗粒等。中科院苏州纳米所王强斌课题组利用 Ag_2S 量子点标记间充质干细胞，体内示踪考察干细胞“归巢”到伤口的能力，利用 Ag_2S 量子点近红外 II 区（NIR-II ）荧光成像方式，发现干细胞会随时间慢慢募集到伤口边缘处，同时，将趋化细胞因子（SDF-1α）移植到伤口处，发现干细胞会更快地归巢到伤口区，成像伤口处均匀分布的特点，具有更好的促伤口恢复的能力。[40] 荧光成像纳米探针主要存在的问题之一是荧光分子容易淬灭（Quenching），相对于传统荧光成像而言，AIE 材料最大的特点是在单分子分散状态下，荧光较弱甚至不发光，而在聚集状态下，可以发出较强的光。孔德领课题组用有机纳米点包裹 AIE 分子，结合 AIE 分子和纳米颗粒的优点，制备成像用的纳米探针，能够长期精确地示踪移植到体内间充质干细胞的行为，为干细胞治疗监测、细胞优化给药等方面提供了重要的信息。[41] 干细胞注射后存活效率低，纳米探针标记并不能反映体内存活的干细胞，为此，王强斌课题组利用 Ag_2S 量子点和化学发光荧光素酶（Rluc）标记间充质干细胞，利用双模式成像方式，可实现高灵敏示踪活的干细胞在体内命运。[42]

很多纳米颗粒本身或通过附加功能分子后能够主动调控干细胞的增殖、分化、分泌等行为。[43] 有研究表明，石墨烯和氧化石墨烯纳米颗粒是介导干细胞生长和分化的理想材料。[44] 其中石墨烯和氧化石墨烯纳米颗粒的不同表面特性对调节小鼠诱导多能干细胞增殖和分化具有不同的特征。东南大学顾宁课题组利用氧化铁纳米颗粒标记骨髓来源间充质干细胞，发现氧化铁纳米颗粒能够主动促进成骨的分化，并进一步研究揭示了其机制主要是由于活化丝裂原活化蛋白激酶（mitogen-activated protein kinase）信号通路所导致。[45] 而在纳米材料上负载具有生物活性的分子（如化学小分子药物、细胞因子、核酸类药物、多肽类药物等），将纳米颗粒作为载体，实现对负载物的缓释和控释，可以灵活地来增强干细胞的增殖、分化、旁分泌等功能。

将干细胞与纳米尺度生物支架材料复合应用也是主要的设计方式。顾宁课题组还利用静电纺丝技术构建了纳米尺度的聚合物支架材料，将这些支架材料与胶原 I 复合构建之后，能明显地促进脂肪来源间充质干细胞的定向成骨分化能力。[46] 浙江大学高长有课题组分别制备了由聚乳酸 / 聚乙醇酸（PLGA）和聚乳酸 / 纳米羟基磷灰石（nHAP/PLA）组成的多孔支架，并通过评价其与人骨髓源性间充质干细胞（hMSCs）的生物相容性，发现 nHAP/PLA 支架有利于 hMSCs 的黏附、基质沉积和成骨分化，在体内移植中，HPM 和 PM 构建物均导致大鼠缺损区矿化和成骨。[47] 复旦大学丁建东课题组将人源的间充质干细胞培养在 RGD 修饰的不同尺寸微米和纳米阵列上，首次探究材料对间充质干细胞其成骨成脂分化的影响，结果表明，纳米材料可以显著调控间充质干细胞的分化。[48]

（四）其他方面

纳米技术在脑神经方面展现出应用的多样性。比如，中科院遗传与发育生物学研究所戴建武课题组发现紫杉醇药物能够促神经干细胞的分化，其机制主要是通过诱导 Wnt/β-catenin 信号通路活化，将脂质体 - 紫杉醇纳米药物复合到胶原支架上后，能够显著提高药物控制释放能力，进一步将其移植到脊髓损伤模型后，能够实现促神经干细胞的分化、提高运动与感知、神经元再生和轴突延伸能力。[49] 另外，β - 淀粉样蛋白错误折叠形成聚集体是神经退行性疾病的显著标志，中科院大连化学物理研究所曲晓刚课题组合成了二氧化铈 / 多金属氧酸盐纳米复合材料，展现出蛋白水解酶和超氧化歧化酶（SOD）活性，这种人造纳米酶能够有效降解 β - 淀粉样蛋白聚集体和降低细胞内活性氧的水平，还能有效抑制 β - 淀粉样蛋白诱导的胶质细胞的活化，起到保护神经毒性的功能。[13] 纳米酶还在急性脑创伤方面展现出很好的保护作用，比如，通过合成出三金属（Pt/Pd/Mo）纳米酶具有清除活性氧和活性氮（reactive nitrogen species）活性，而中性环境对于材料发挥

酶活性来清除 · OH、$^1O_2$ 和 · NO 自由基是重要的，通过这些酶活性能够明显地提高脑损伤小鼠的存活率、缓解神经炎症、提高记忆能力等。[50]

纳米技术在皮肤、抗菌、抗炎、伤口愈合（wound healing）等方面也有大量的应用。皮肤是一道很难逾越的天然生物屏障，纳米尺度的颗粒透皮递送也是重要的应用方向。戴建武课题组研究了不同表面修饰的金纳米颗粒，发现带负电的金纳米颗粒透皮效率更高，将促血管新生因子 VEGF 连到这种金颗粒上，可以在皮肤损伤模型中实现药物高效透皮递送效果。[51] 曲晓刚课题组合成金属 – 有机框架（MOF）二维材料，结合葡萄糖氧化物酶可将葡萄糖转化为葡萄糖酸和 H_2O_2，能将反应体系从中性 pH 降低到酸性条件，进而激活 MOF 纳米酶材料的过氧化物酶活性，基于这一系列级联反应产生的自由基，体外和体内研究展示很好的抗菌效果。[52] 中科院理化所王树涛课题组研制了一种由亲水微米纤维网络与疏水纳米纤维阵列复合的伤口敷料，该敷料可以单向地将生物流体从疏水侧泵到亲水侧，有效地泵出伤口周围多余生物流体。在大鼠皮肤缺损伤口感染模型中，亲疏水复合敷料显示出相比传统敷料更快的伤口愈合速率，这种亲疏水复合敷料为未来伤口敷料设计与应用提供了新思路。[53]

三、国内外研究进展比较

纳米技术已深入组织工程和再生医学上的各个领域，近五年来发表的研究论文数量达到几万篇。为此，我们重点梳理了一些最顶尖杂志发表的相关论文，这些论文一方面在领域内具有代表性，另一方面一定程度上也会引领未来的发展方向。因此，我们对这些研究进展进行了国内外的比较。

（一）骨骼及关节组织工程与再生

在骨及关节组织工程及再生医学领域，来自美国加州大学圣地亚哥分校的华裔科学家张良方课题组开发了基于纳米粒子的广谱抗炎策略，用于类风湿关节炎的治疗。通过将嗜中性粒细胞膜融合到聚合物核上，研究人员制备了嗜中性粒细胞膜包被的纳米颗粒，该颗粒继承了源细胞的抗原性外部性质和相关的膜功能，这使其成为靶向嗜中性粒细胞的生物分子的理想诱饵。结果表明，这些纳米粒子可以中和促炎细胞因子，抑制滑膜炎症，靶向软骨基质深处，并提供强大的软骨保护作用，防止关节损伤（见图 1）。[54] 对于骨及关节组织工程领域，水凝胶这种生物材料显示出了极佳的生物相容性及仿生性能。但是与合成水凝胶相比，软骨，肌腱，肌肉和心脏瓣膜等生物组织具有非凡的抗疲劳特性。例如，一般人的膝关节需要保持每年 100 万次 4 至 9 兆帕的峰值应力，长时间的载荷循环后其断裂能高于 1000J/m^2。最近，研究人员将部分注意力集中到了提高水凝胶的机械性及抗疲劳等性能上，这有助于将水凝胶真正用于软骨及关节滑膜的替换及移植中去。策略之一是调控

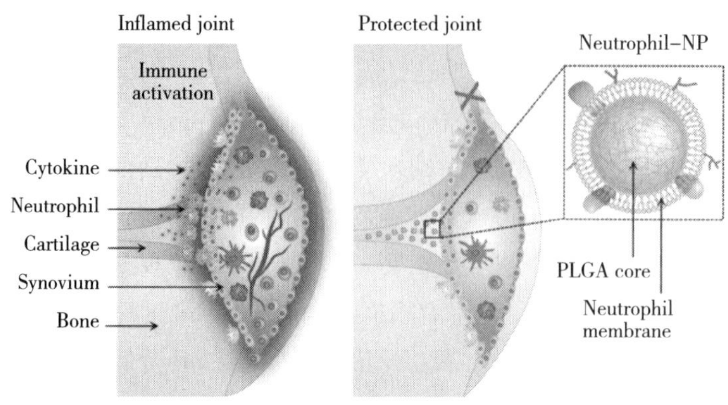

图 1　中性粒细胞膜包被的纳米颗粒抑制滑膜炎症并减轻炎症性关节炎的关节损伤

水凝胶纳米级结构以改善各项性能。哈佛大学的 D. J. Mooney 课题组通过调节藻酸盐水凝胶的纳米级结构开发了一种具有可调节应力松弛的水凝胶，这种水凝胶更快的松弛度增强了充质干细胞（MSCs）的细胞扩散，增殖和成骨分化。[55]

（二）心血管组织工程与再生

对于心血管再生领域，研究人员希望通过纳米技术将治疗性分子特异性递送到靶部位，以促进心血管的再生。美国宾夕法尼亚大学 J. A. Burdick 课题组开发了一种靶向心肌细胞的基于 MicroRNA 的可注射的透明质酸水凝胶。用于将 miR-302 模拟物局部和持续递送至心脏，其中 miR-302 / 367 簇可调节产前和产后心脏中的心肌细胞增殖。实验显示，复合水凝胶可以持续地促进心肌细胞增殖，有效地促进心肌梗死后的心脏再生。[56] 同样，基于核酸可以调控细胞功能的治疗策略，休斯敦卫理公会研究所的 E. Tasciotti 及其同事通过金属硅化学刻蚀制造了可生物降解纳米针，这种多孔硅纳米针以高达 90% 的效率共同递送 DNA 和 siRNA，并且在体内纳米针可以转染 VEGF-165 基因，诱导持续的新血管形成，并在肌肉目标区域增加了六倍的局部灌注血液量（见图 2）。[57] 美国加州大学圣地亚哥分校的华裔科学家张良方课题组采用了细胞膜伪装术，将纳米材料用血小板膜进行掩蔽，血小板掩蔽的 PLGA 纳米颗粒具有类似血小板的优良免疫相容性，并具有了对受损的人类和啮齿动物的脉管系统的选择性黏附，以及增强的与黏附血小板的病原体结合的模拟血小板的特性。在实验性冠状动脉再狭窄的大鼠模型中，血小板模拟纳米颗粒递送时显示出增强的治疗功效。[58] 北卡罗来纳州立大学的程柯教授课题组研究发现，血小板可以增强心脏干细胞（CSC）向心肌梗死损伤部位的血管输送，开发了表面修饰有血小板纳米囊泡的 CSCs，修饰的 CSCs 选择性结合内皮剥落的大鼠主动脉，并且在大鼠和猪的急性心肌梗死模型中，修饰的 CSCs 增加了心脏的保留并减小了梗死面积，具有天然靶向和修复能力。同时这种方法不需要额外的遗传改造，具有广阔的应用前景。[59]

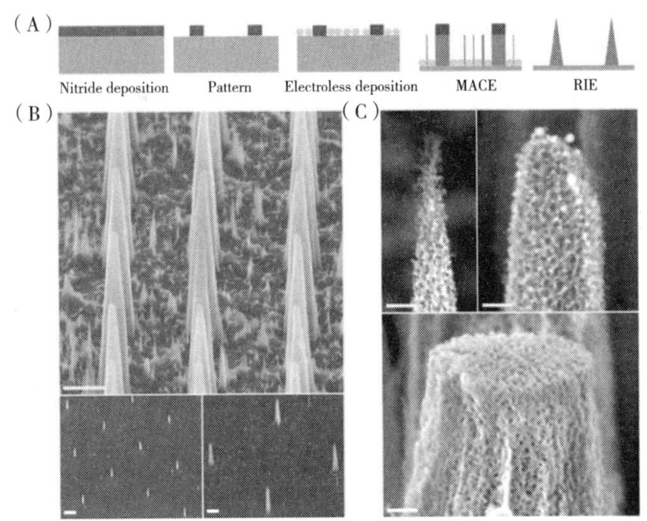

图 2　结合了常规微细加工和金属辅助化学蚀刻（MACE）的纳米针合成示意图及形貌

（A）RIE，反应离子蚀刻;（B、C）扫描电镜图显示了多孔硅纳米针的形貌。

（三）干细胞与组织再生

在干细胞治疗领域中，为了开发一种创新的方法来提高移植的干细胞的存活率并更好地控制体内的干细胞命运。斯坦福大学 J. C. Wu 课题组将胶原 – 树状大分子生物材料与生存肽类似物交联，该黏附物黏附在细胞外基质上并缓慢释放肽，从而显著延长了缺血性损伤小鼠模型中的干细胞存活，有效地克服了细胞递送后数周内急性供体细胞死亡这一临床应用的关键障碍。[60] 新泽西州立大学罗格斯分校的 Ki-Bum Lee 报道了一种基于生物可降解的 MnO_2 杂化纳米 3D 支架，以改善人类患者来源的神经干细胞（NSC）的移植的存活率，并以高度选择性和有效的方式控制已移植 NSC 的分化。[34] 格拉斯哥大学 M. J. Dalby 教授课题组开发了一种纳米生物反应器，反应器可以提供纳米级振幅的震动，将间充质干细胞（MSC）分化成 3D 矿化的组织。研究人员通过从植入胶原蛋白凝胶的 MSC 中产生矿化的基质来显示这一点，其刚度比诱导体外成骨所需的凝胶的刚度低一个数量级（见图 3）。[61] 干细胞治疗中控制细胞黏附、增殖和分化等细胞行为十分重要。组织工程的关键也取决于细胞及其周围环境之间的精确相互作用，以及三维组织的层次结构。其中，整合素介导的细胞基质黏附是细胞检测外环境的几何形状和刚度并影响重要细胞生物过程的关键。因此，整联蛋白结合肽 Arg-Gly-Asp（RGD）被广泛应用于组织工程的细胞黏附之中。最近，对于 RGD 多肽介导细胞的黏附变得更加细致而智能，精确到了纳米层级。佐治亚理工学院 A. J. García 课题组在水凝胶中浸入了 RGD 肽。RGD 可以发出信号使细胞黏附并在新组织上生长。将另一个保护分子连接到 RGD 肽上即可使其活性关闭。当用紫外线照射到水凝胶上时，保护基团断开导致分子伪装消失，然后 RGD 肽即被激活调节生物材料

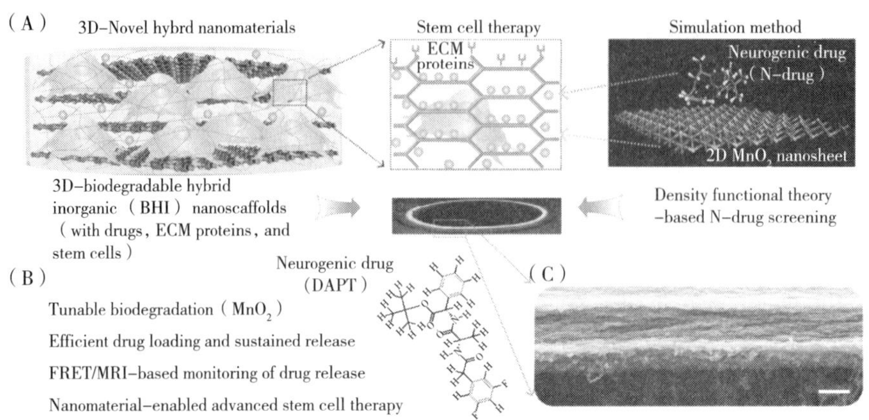

图 3 用于高级干细胞治疗的可生物降解的杂化无机纳米支架

(A)支架示意图。(B)具有独特的优势包括：氧化还原介导的可调生物降解；有效地载药和可持续释放；FRET / MRI 可监测的药物释放以及纳米材料使先进的干细胞移植成为可能。(C)纳米支架的扫描电子显微镜图像

的细胞黏附，炎症和血管形成。[62] 新加坡国立大学的 M. P. Sheetz 课题组为了了解形成黏附所需的纤维几何形状，用 RGD 肽在单个、交叉或成对的阵列中对各种线宽和排列的纳米线进行了图案化研究。结果显示，在纤维状细胞外基质网中，稳定的整联蛋白纳米簇在细的（≤ 30nm）基质纤维之间架桥，并导致下游细胞的运动和生长[63]，这对于我们了解细胞黏附及下游行为，进而设计组织工程组件有重要指导作用。

（四）脑神经修复与再生

在脑神经修复再生领域，近五年来发展迅速。来自美国西北大学的 William L. Klein 课题组研究开发了一种可以针对记忆丧失早期标志物 Aβ 寡聚体的敏感分子核磁共振成像对比探针。研究人员将特异性抗体附着到磁性纳米结构中，显示该复合物可以与细胞中的 Aβ 寡聚体结合，产生核磁共振信号，可以用于检测早期阿尔茨海默氏病的诊断和疾病管理[64]。韩国东国大学的 Jongpil Kim 教授开发了一种可以通过重编程治疗帕金森症的系统。该系统由电磁金纳米颗粒和电磁场组成，当电磁金纳米颗粒暴露在电磁场条件下时可产生电磁能量促进体内或体外的细胞进行有效的直接谱系重编程，最终转化为 iDA 神经元。体内实验证明，通过电磁场诱导重编程无创地缓解小鼠帕金森病模型中的症状。[65] 美国约翰霍普金斯大学的 Han Seok Ko 课题组开发了一种治疗帕金森症的石墨烯量子点（GQDs），其可以抑制 α - 突触核蛋白（α -syn）的原纤维化，触发 α -syn 的聚集，其中 α -syn 聚集体的积累和传播已经被证明与帕金森症的产生和发展密切相关。此外 GQDs 还可以穿透了血脑屏障，挽救神经元死亡和突触损失，减少路易体和路易神经突的形成，减轻线粒体功能障碍。[66] 同样地，来自意大利高等研究院的 Denis Scaini 也使用了基于石墨烯技术的单层石墨烯（SLG）和多层石墨烯（MLG）通过改变培养细胞中的膜

相关功能来增加神经元放电来增强神经细胞的活性。[67] 韩国 Byung Gon Kim 课题组开发了一种可注射咪唑－聚（有机磷腈）（I-5）水凝胶，这是一种具有热敏性的溶胶－凝胶转变行为的水凝胶，它的施用几乎完全消除了在临床相关的大鼠脊髓损伤模型中囊性腔，此项结果表明，炎症细胞与可注射生物材料之间的动态相互作用可以诱导有益的细胞外基质重塑，从而刺激中枢神经系统损伤后的组织修复。[68]

（五）抗炎

免疫细胞像中性粒细胞和巨噬细胞与多种炎性疾病有关，包括急性肺损伤、肾损伤、败血症和缺血－再灌注损伤等。伊利诺伊大学 A. B. Malik 课题组开发了一种使用载有药物的白蛋白纳米颗粒的方法，该方法可将药物有效地递送到黏附于发炎内皮表面的嗜中性粒细胞中。其中负载的药物可阻断白细胞中 β2 整合素信号传导，使黏附的中性粒细胞脱离并引起其释放进入循环系统，以此来减轻或治疗疾病。[69] 上海应物所樊春海课题组研究显示，具有矩形、三角形和管状形状的放射性标记的 DNA 折纸纳米结构（DONs）在健康小鼠和横纹肌溶解性 AKI 小鼠的肾脏中优先积累，并且矩形 DONs 具有肾脏保护特性，其与抗氧化剂 N- 乙酰半胱氨酸，可改善造影剂引起的横纹肌溶解性并保护肾脏功能免受肾毒性药物的侵害（图 4）。[70] 除中性粒细胞外，巨噬细胞在调节炎症中同样起着重要作用，

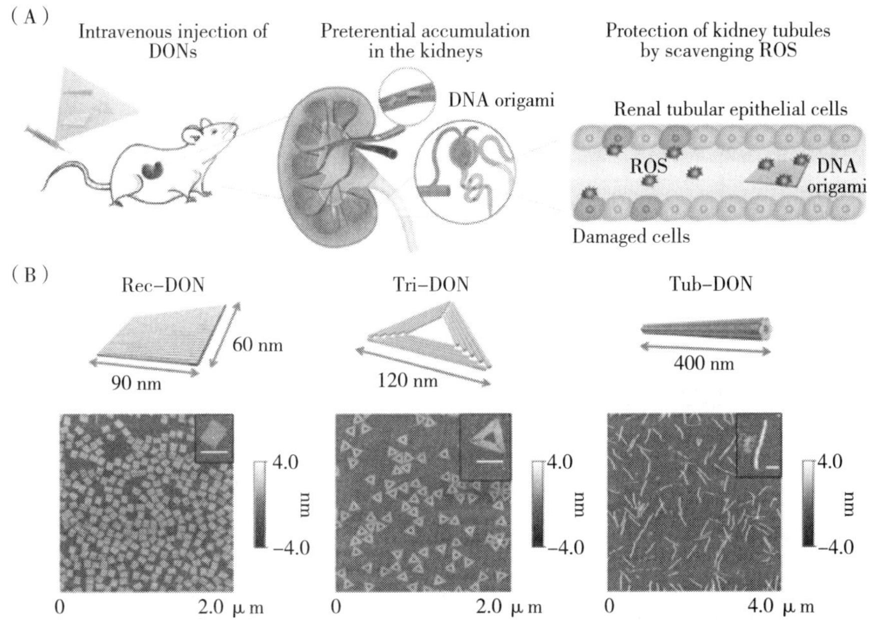

图 4　肾脏中优先积累的 DNA 折纸纳米结构（DONs）可以预防急性肾损伤

（a）显示了三种不同的 DON（Rec-DON，Tri-DON 和 Tub-DON）静脉注射后选择性肾脏积聚。当将其应用于横纹肌溶解引起的急性肾损伤的小鼠模型中时，DON 可以清除 ROS 和局部缓解氧化应激，保护肾脏结构并缓解 AKI。（b）三个 DON 示意图和相应的 AFM 图片。比例尺，100 nm

因为它们具有促炎（M1）和促再生（M2）双表型。研究人员发现，偶联了 IL-4 的金纳米颗粒（AuNPs）可以指导 M2aMφ 极化，从而增强缺血性损伤后功能性骨骼肌的再生。证明金纳米颗粒可用于传递细胞因子，以指导体内肌肉损伤后 M2 巨噬细胞极化。极化位移即可促进再生并增加肌肉力量。[71]

（六）抗菌

纳米技术在抗菌研究方面近五年发展很快。北卡罗来纳州立大学 O. D. Velev 课题组开发了注入银离子并涂有阳离子聚电解质层的木质素纳米颗粒用于体内的抗菌消炎。银纳米粒子具有优秀的抗菌性能，聚电解质层促进颗粒与细菌细胞膜的黏附，并且与银离子一起可以杀死各种细菌。同时，这种复合纳米粒子相比银纳米粒子具有环境的持久性和可生物降解性。[72]与银纳米颗粒类似，牛津大学 Roel P. A. Dullens 课题组单分散超顺磁性镍胶体纳米晶体簇（SNCNCs）。SNCNC 由镍纳米粒子的快速爆发形成，镍纳米粒子缓慢自组装成簇。这些簇显示不仅具有结合革兰氏阳性菌和革兰氏阴性菌的能力，还可以通过磁性提取 99.99%的孢子，为去除微生物提供了一种有希望的方法。[73]以色列的 Ehud Gazit 课题组也报道了一种自组装的二苯丙氨酸纳米组件的抗菌消炎活性，二苯丙氨酸纳米组件可以完全抑制细菌生长，将组装体整合到琼脂 – 明胶薄膜组织支架中，成功开发了具有固有抗菌功能的组织支架，为设计和开发增强型抗菌生物材料的替代方法奠定了基础。[74]哈佛大学和麦吉尔大学的研究团队共同研发出一种活性黏合剂敷料用于促进伤口愈合。敷料中不溶于水的温度敏感性的水凝胶，在 32℃左右有收缩能力。这种合成的混合水凝胶可以通过藻酸盐水凝胶和组织之间的强键，将收缩 PNIPAm 成分的力传递到下层组织，以此来收缩伤口附近皮肤。同时，嵌入水凝胶中的银纳米粒子向伤口处提供抗菌保护。[75]扬州大学高利增与中科院生物物理所阎锡蕴课题组合作将含硫有机物通过水热方法合成纳米 Fe-S 纳米酶，与大蒜来源的有机含硫化合物相比，在多种抗病原耐药菌活性上展现出 500 倍以上的提高效果。[76]

四、未来发展趋势和展望

通过对以上国内外研究进展比较发现，我国学者在这一领域最顶尖杂志发表论文相比肿瘤诊疗领域偏少。可喜的是，尽管总体所占比例不大，但最近两年呈现出加速状态，相信未来我国会有越来越多的学者在这一领域能够做出标志性的成果。

我国每年外源性创伤和内源性疾病造成的组织、器官缺损或功能障碍的病人，位居世界各国之首。我国每年约三百万人死于心脑血管疾病，占总死因的 43%，是导致死亡的第一病因；我国现有糖尿病患者五千万人，增长率居全球首位；我国每年骨缺损和骨损伤患者近三百万例；每年因在事故中烧伤的病人，需住院治疗的人数约为一百二十万例；需肾

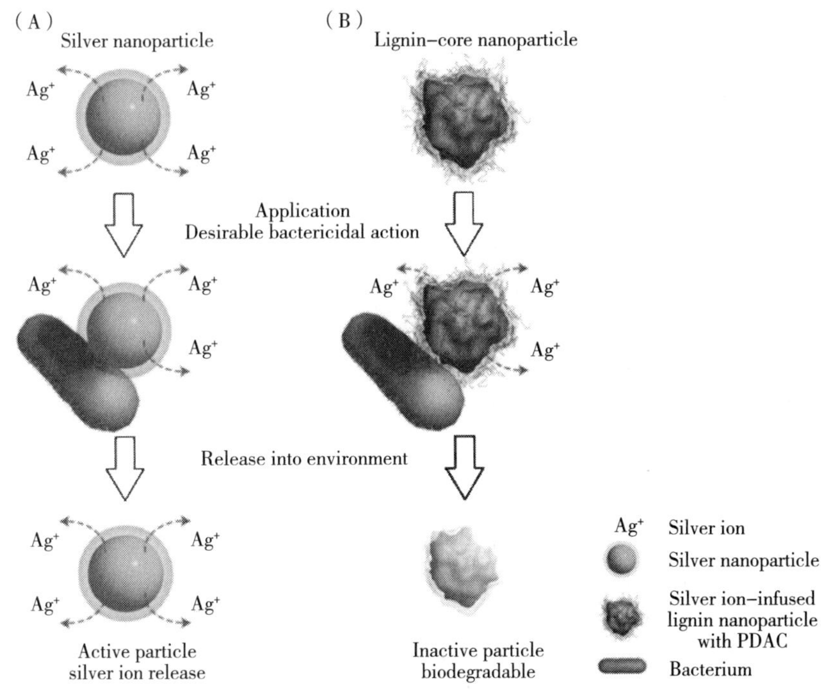

图 5　一般使用周期和杀菌作用原理的示意图

（A）银纳米颗粒（AgNPs）;（B）环境友好型木质素核心纳米颗粒（EbNPs）[77]

移植病人六万例以上，等等。以上情况说明，组织、器官缺损或功能障碍在我国有着极高发病率，不仅极大影响着人们健康，而且每年的直接医疗花费需要数千亿元，间接花费更是无法估算，给我国国民经济发展与社会稳定带来极大负担。

组织工程和再生医学具有良好的发展前景和广阔的应用市场，其商业利润同样非常诱人。在今后的几十年中，组织工程将成为临床医学的一个重要组成部分，并可能并列于目前的药物治疗方法。因此，这方面已经成为最活跃的研究领域之一及科技竞争的焦点，国际性的产业化竞争热潮也逐渐显现，掌握了其中的关键技术就占领了生命医学前沿技术的制高点。组织工程生物材料终极目标是需要生物材料的组成、结构和功能完全替代原有组织。为实现这一目标，未来生物材料其材料设计结构会精细到单分子层面，来实现植入材料与组织微环境的完美交融。基于以上三点，以纳米材料为基质材料和 / 或将基质表面进行修饰得到的配体或团簇在纳米尺度下分布，通过纳米材料控制活性因子的释放，实现材料与组织微环境纳米尺度下的相互作用，调控细胞的增殖、黏附、迁移、分化等行为，来构建组织工程生物材料，其全方位的纳米化思维设计和组装将是重要的研究思路。更重要的是，这种多层次复杂的组织构建能通过“纳米技术”这一核心关键词集中体现和概括，随着技术发展，未来衍生出“纳米组织工程学”也许会成为一热门新兴学科和朝阳产业。

参考文献

[1] Shrestha S, Diogenes A, Kishen A. Temporal-controlled release of bovine serum albumin from chitosan nanoparticles: effect on the regulation of alkaline phosphatase activity in stem cells from apical papilla. J Endod, 40: 1349-1354, doi: 10.1016/j.joen.2014.02.018 (2014).

[2] Park J S, Yang H N, Yi S W, et al. Neoangiogenesis of human mesenchymal stem cells transfected with peptide-loaded and gene-coated PLGA nanoparticles. Biomaterials, 76, 226-237, doi: 10.1016/j.biomaterials.2015.10.062 (2016).

[3] Deng W, et al. Angelica sinensis polysaccharide nanoparticles as novel non-viral carriers for gene delivery to mesenchymal stem cells. Nanomedicine, 9: 1181-1191, doi: 10.1016/j.nano.2013.05.008 (2013).

[4] Von der Mark K, Bauer S, Park J, et al. Another look at "Stem cell fate dictated solely by altered nanotube dimension". Proc Natl Acad Sci U S A, 106: E60; author reply E61, doi: 10.1073/pnas.0903663106 (2009).

[5] Teo B K, et al. Nanotopography modulates mechanotransduction of stem cells and induces differentiation through focal adhesion kinase. ACS Nano, 7: 4785-4798, doi: 10.1021/nn304966z (2013).

[6] Yim E K, Darling E M, Kulangara K, et al. Nanotopography-induced changes in focal adhesions, cytoskeletal organization, and mechanical properties of human mesenchymal stem cells. Biomaterials, 31: 1299-1306, doi: 10.1016/j.biomaterials.2009.10.037 (2010).

[7] Chen W, et al. Nanotopography influences adhesion, spreading, and self-renewal of human embryonic stem cells. ACS Nano, 6: 4094-4103, doi: 10.1021/nn3004923 (2012).

[8] Krishna L, et al. Nanostructured scaffold as a determinant of stem cell fate. Stem Cell Res Ther, 7: 188, doi: 10.1186/s13287-016-0440-y (2016).

[9] Driscoll M K, Sun X, Guven C, et al. Cellular contact guidance through dynamic sensing of nanotopography. ACS Nano, 8: 3546-3555, doi: 10.1021/nn406637c (2014).

[10] Ekladious I, Colson Y L, Grinstaff M W. Polymer-drug conjugate therapeutics: advances, insights and prospects. Nat Rev Drug Discov, doi: 10.1038/s41573-018-0005-0 (2018).

[11] McMahon R E, Wang L, Skoracki R, et al. Development of nanomaterials for bone repair and regeneration. J Biomed Mater Res B Appl Biomater, 101: 387-397, doi: 10.1002/jbm.b.32823 (2013).

[12] Lee J H, et al. Reduced graphene oxide-coated hydroxyapatite composites stimulate spontaneous osteogenic differentiation of human mesenchymal stem cells. Nanoscale, 7: 11642-11651, doi: 10.1039/c5nr01580d (2015).

[13] Guan Y J, et al. Ceria/POMs hybrid nanoparticles as a mimicking metallopeptidase for treatment of neurotoxicity of amyloid-beta peptide. Biomaterials, 98: 92-102, doi: 10.1016/j.biomaterials.2016.05.005 (2016).

[14] Zhang W J, et al. Strontium attenuates rhBMP-2-induced osteogenic differentiation via formation of Sr-rhBMP-2 complex and suppression of Smad-dependent signaling pathway. Acta Biomaterialia, 33: 290-300, doi: 10.1016/j.actbio.2016.01.042 (2016).

[15] Kuang L, et al. Self-Assembled Injectable Nanocomposite Hydrogels Coordinated by in Situ Generated CaP Nanoparticles for Bone Regeneration. ACS Appl Mater Interfaces, 11: 17234-17246, doi: 10.1021/acsami.9b03173 (2019).

[16] Wang S, et al. A high-strength mineralized collagen bone scaffold for large-sized cranial bone defect repair in sheep. Regen Biomater, 5: 283-292, doi: 10.1093/rb/rby020 (2018).

[17] Lin K, et al. Tailoring the nanostructured surfaces of hydroxyapatite bioceramics to promote protein adsorption, osteoblast growth, and osteogenic differentiation. ACS Appl Mater Interfaces, 5: 8008-8017, doi: 10.1021/am402089w (2013).

[18] Yang C, et al. Stimulation of osteogenesis and angiogenesis by micro/nano hierarchical hydroxyapatite via macrophage immunomodulation. Nanoscale, 11: 17699–17708, doi: 10.1039/c9nr05730g(2019).

[19] Zhu Y, et al. Bone regeneration with micro/nano hybrid–structured biphasic calcium phosphate bioceramics at segmental bone defect and the induced immunoregulation of MSCs. Biomaterials, 147: 133–144, doi: 10.1016/j.biomaterials.2017.09.018(2017).

[20] Hou S, et al. Simultaneous nano– and microscale structural control of injectable hydrogels via the assembly of nanofibrous protein microparticles for tissue regeneration. Biomaterials, 223: 119458, doi: 10.1016/j.biomaterials.2019.119458(2019).

[21] Ding S, et al. A nano–micro alternating multilayer scaffold loading with rBMSCs and BMP–2 for bone tissue engineering. Colloids Surf B Biointerfaces, 133: 286–295, doi: 10.1016/j.colsurfb.2015.06.015(2015).

[22] Zhang J, et al. Magnesium modification of a calcium phosphate cement alters bone marrow stromal cell behavior via an integrin–mediated mechanism. Biomaterials, 53: 251–264, doi: 10.1016/j.biomaterials.2015.02.097(2015).

[23] Xing M, Wang X, Wang E, et al. Bone tissue engineering strategy based on the synergistic effects of silicon and strontium ions. Acta Biomater, 72: 381–395, doi: 10.1016/j.actbio.2018.03.051(2018).

[24] Cao L, Wang J, Hou J, et al. Vascularization and bone regeneration in a critical sized defect using 2–N, 6–O–sulfated chitosan nanoparticles incorporating BMP–2. Biomaterials, 35: 684–698, doi: 10.1016/j.biomaterials.2013.10.005(2014).

[25] Shi M, et al. Europium–doped mesoporous silica nanosphere as an immune–modulating osteogenesis/angiogenesis agent. Biomaterials, 144: 176–187, doi: 10.1016/j.biomaterials.2017.08.027(2017).

[26] Zhu M, et al. Circumferentially aligned fibers guided functional neoartery regeneration in vivo. Biomaterials, 61: 85–94, doi: 10.1016/j.biomaterials.2015.05.024(2015).

[27] Issa Bhaloo S, et al. Binding of Dickkopf–3 to CXCR7 Enhances Vascular Progenitor Cell Migration and Degradable Graft Regeneration. Circ Res, 123: 451–466, doi: 10.1161/CIRCRESAHA.118.312945(2018).

[28] Pan Y, et al. Histone Deacetylase 7–Derived Peptides Play a Vital Role in Vascular Repair and Regeneration. Adv Sci(Weinh), 5: 1800006, doi: 10.1002/advs.201800006(2018).

[29] Shang Y, et al. Supramolecular Nanofibers with Superior Bioactivity to Insulin–Like Growth Factor–I. Nano Lett, 19: 1560–1569, doi: 10.1021/acs.nanolett.8b04406(2019).

[30] Fan Y, et al. Immobilization of nano Cu–MOFs with polydopamine coating for adaptable gasotransmitter generation and copper ion delivery on cardiovascular stents. Biomaterials, 204: 36–45, doi: 10.1016/j.biomaterials.2019.03.007(2019).

[31] Huo D, et al. Construction of Antithrombotic Tissue–Engineered Blood Vessel via Reduced Graphene Oxide Based Dual–Enzyme Biomimetic Cascade. ACS Nano, 11: 10964–10973, doi: 10.1021/acsnano.7b04836(2017).

[32] Wang Z, et al. Remodeling of a Cell–Free Vascular Graft with Nanolamellar Intima into a Neovessel. ACS Nano, 13: 10576–10586, doi: 10.1021/acsnano.9b04704(2019).

[33] Zhou J, et al. Injectable OPF/graphene oxide hydrogels provide mechanical support and enhance cell electrical signaling after implantation into myocardial infarct. Theranostics, 8: 3317–3330, doi: 10.7150/thno.25504(2018).

[34] Yang L, et al. A biodegradable hybrid inorganic nanoscaffold for advanced stem cell therapy. Nature Communications, 9, doi: 10.1038/s41467-018-05599-2(2018).

[35] Cmiel V, et al. Rhodamine bound maghemite as a long–term dual imaging nanoprobe of adipose tissue–derived mesenchymal stromal cells. European Biophysics Journal Ebj, 2016, 46: 1–12.

[36] Li J, et al. Multifunctional Quantum Dot Nanoparticles for Effective Differentiation and Long–Term Tracking of Human Mesenchymal Stem Cells In Vitro and In Vivo. Advanced Healthcare Materials, 2016, 5: 1049–1057.

[37] Huang X, et al. Long–term multimodal imaging of tumor draining sentinel lymph nodes using mesoporous silica–based nanoprobes. Biomaterials, 33: 4370–4378, doi: 10.1016/j.biomaterials.2012.02.060(2012).

[38] Huang X, et al. Mesenchymal stem cell-based cell engineering with multifunctional mesoporous silica nanoparticles for tumor delivery. Biomaterials, 34: 1772-1780, doi: 10.1016/j.biomaterials.2012.11.032(2013).

[39] Shao D, et al. Carbon dots for tracking and promoting the osteogenic differentiation of mesenchymal stem cells. Biomater Sci, 2017, 5: 1820-1827.

[40] Chen G, et al. In vivo real-time visualization of mesenchymal stem cells tropism for cutaneous regeneration using NIR-II fluorescence imaging. Biomaterials, 53: 265-273, doi: 10.1016/j.biomaterials.2015.02.090(2015).

[41] Ding D, et al. Precise and long-term tracking of adipose-derived stem cells and their regenerative capacity via superb bright and stable organic nanodots. Acs Nano, 2018, 8: 12620-12631.

[42] Chen G, et al. Revealing the Fate of Transplanted Stem Cells In Vivo with a Novel Optical Imaging Strategy. Small, 14, doi: 10.1002/smll.201702679(2018).

[43] Tung J C, Paige S L, Ratner B D, et al. Engineered biomaterials control differentiation and proliferation of human-embryonic-stem-cell-derived cardiomyocytes via timed Notch activation. Stem Cell Reports, 2014, 2: 271-281.

[44] Wong C L, et al. Origin of enhanced stem cell growth and differentiation on graphene and graphene oxide. Acs Nano, 2011, 5: 7334-7341.

[45] Wang Q, et al. Response of MAPK pathway to iron oxide nanoparticles in vitro treatment promotes osteogenic differentiation of hBMSCs. Biomaterials, 86: 11-20, doi: 10.1016/j.biomaterials.2016.02.004(2016).

[46] Chen H, et al. Enhanced Osteogenesis of ADSCs by the Synergistic Effect of Aligned Fibers Containing Collagen I. ACS Appl Mater Interfaces, 8: 29289-29297, doi: 10.1021/acsami.6b08791(2016).

[47] Li D, et al. Enhanced biocompatibility of PLGA nanofibers with gelatin/nano-hydroxyapatite bone biomimetics incorporation. Acs Applied Materials & Interfaces, 2014, 6: 9402.

[48] Wang, X., Li, S., Yan, C., Liu, P. & Ding, J. Fabrication of RGD micro/nanopattern and corresponding study of stem cell differentiation. Nano Letters 15, 1457(2015).

[49] Li X, et al. A collagen microchannel scaffold carrying paclitaxel-liposomes induces neuronal differentiation of neural stem cells through Wnt/beta-catenin signaling for spinal cord injury repair. Biomaterials, 183: 114-127, doi: 10.1016/j.biomaterials.2018.08.037(2018).

[50] Mu X, et al. Redox Trimetallic Nanozyme with Neutral Environment Preference for Brain Injury. ACS Nano, 13: 1870-1884, doi: 10.1021/acsnano.8b08045(2019).

[51] Chen Y, et al. Transdermal Vascular Endothelial Growth Factor Delivery with Surface Engineered Gold Nanoparticles. ACS Appl Mater Interfaces, 9: 5173-5180, doi: 10.1021/acsami.6b15914(2017).

[52] Liu X P, et al. Two-Dimensional Metal-Organic Framework/Enzyme Hybrid Nanocatalyst as a Benign and m Self-Activated Cascade Reagent for in Vivo Wound Healing. Acs Nano, 13: 5222-5230, doi: 10.1021/acsnano.8b09501(2019).

[53] Shi L X, Liu X, Wang W S, et al. A Self-Pumping Dressing for Draining Excessive Biofluid around Wounds. Advanced Materials, 31, doi: ARTN 1804187 10.1002/adma.201804187(2019).

[54] Zhang Q, et al. Neutrophil membrane-coated nanoparticles inhibit synovial inflammation and alleviate joint damage in inflammatory arthritis. Nat Nanotechnol, 13: 1182-1190, doi: 10.1038/s41565-018-0254-4(2018).

[55] Chaudhuri O, et al. Hydrogels with tunable stress relaxation regulate stem cell fate and activity. Nature materials, 15: 326-334, doi: 10.1038/nmat4489(2016).

[56] Wang L L, et al. Sustained miRNA delivery from an injectable hydrogel promotes cardiomyocyte proliferation and functional regeneration after ischaemic injury. Nat Biomed Eng, 1: 983, doi: 10.1038/s41551-017-0157-y(2017).

[57] Chiappini C, et al. Biodegradable silicon nanoneedles delivering nucleic acids intracellularly induce localized in vivo neovascularization. Nature materials, 14: 532-539, doi: 10.1038/nmat4249(2015).

[58] Hu C M J, et al. Nanoparticle biointerfacing by platelet membrane cloaking. Nature, 526: 118, doi: 10.1038/

nature15373 (2015) .

[59] Tang J N, et al. Targeted repair of heart injury by stem cells fused with platelet nanovesicles. Nature Biomedical Engineering, 2: 17–26, doi: 10.1038/s41551–017–0182–x (2018) .

[60] Lee A S, et al. Prolonged survival of transplanted stem cells after ischaemic injury via the slow release of pro-survival peptides from a collagen matrix. Nat Biomed Eng, 2: 104–113, doi: 10.1038/s41551–018–0191–4 (2018).

[61] Tsimbouri P M, et al. Publisher Correction: Stimulation of 3D osteogenesis by mesenchymal stem cells using a nanovibrational bioreactor. Nature biomedical engineering, 1: 1004, doi: 10.1038/s41551–017–0155–0 (2017) .

[62] Lee T T, et al. Light–triggered in vivo activation of adhesive peptides regulates cell adhesion, inflammation and vascularization of biomaterials. Nature materials, 14: 352–360, doi: 10.1038/nmat4157 (2015) .

[63] Changede R, Cai H, Wind S J, et al. Integrin nanoclusters can bridge thin matrix fibres to form cell–matrix adhesions. Nature materials, doi: 10.1038/s41563–019–0460–y (2019) .

[64] Viola K L, et al. Towards non–invasive diagnostic imaging of early–stage Alzheimer's disease. Nature nanotechnology, 10: 91–98, doi: 10.1038/nnano.2014.254 (2015) .

[65] Yoo J, et al. Electromagnetized gold nanoparticles mediate direct lineage reprogramming into induced dopamine neurons in vivo for Parkinson's disease therapy. Nature nanotechnology, 12: 1006–1014, doi: 10.1038/nnano.2017.133 (2017).

[66] Kim D, et al. Graphene quantum dots prevent alpha–synucleinopathy in Parkinson's disease. Nature Nanotechnology, 13: 812, doi: 10.1038/s41565–018–0179–y (2018) .

[67] Pampaloni N P, et al. Single–layer graphene modulates neuronal communication and augments membrane ion currents. Nature Nanotechnology, 13: 755, doi: 10.1038/s41565–018–0163–6 (2018) .

[68] Hong L T A, et al. An injectable hydrogel enhances tissue repair after spinal cord injury by promoting extracellular matrix remodeling. Nat Commun, 8: 533, doi: 10.1038/s41467–017–00583–8 (2017) .

[69] Wang Z J, Li J, Cho J, et al. Prevention of vascular inflammation by nanoparticle targeting of adherent neutrophils. Nature Nanotechnology, 9: 204–210, doi: 10.1038/Nnano.2014.17 (2014) .

[70] Jiang D, et al. DNA origami nanostructures can exhibit preferential renal uptake and alleviate acute kidney injury. Nat Biomed Eng, 2: 865–877, doi: 10.1038/s41551–018–0317–8 (2018) .

[71] Raimondo T M, Mooney D J. Functional muscle recovery with nanoparticle–directed M2 macrophage polarization in mice. Proceedings of the National Academy of Sciences of the United States of America, 115: 10648–10653, doi: 10.1073/pnas.1806908115 (2018) .

[72] Richter A P, et al. An environmentally benign antimicrobial nanoparticle based on a silver–infused lignin core. Nature Nanotechnology, 10: 817, doi: 10.1038/Nnano.2015.141 (2015) .

[73] Peng B, Zhang X L, Aarts D G A L, et al. Superparamagnetic nickel colloidal nanocrystal clusters with antibacterial activity and bacteria binding ability. Nature Nanotechnology, 13: 478, doi: 10.1038/s41565–018–0108–0 (2018) .

[74] Schnaider L, et al. Self–assembling dipeptide antibacterial nanostructures with membrane disrupting activity. Nature Communications, 8, doi: 10.1038/s41467–017–01447–x (2017) .

[75] Blacklow S O, et al. Bioinspired mechanically active adhesive dressings to accelerate wound closure. Science Advances, 5, eaaw3963, doi: 10.1126/sciadv.aaw3963 (2019) .

[76] Xu Z B, et al. Converting organosulfur compounds to inorganic polysulfides against resistant bacterial infections. Nature Communications, 9, doi: ARTN 3713 10.1038/s41467–018–06164–7 (2018) .

[77] Richter A P, et al. An environmentally benign antimicrobial nanoparticle based on a silver–infused lignin core. Nature nanotechnology, 10: 817–823, doi: 10.1038/nnano.2015.141 (2015) .

撰稿人：黄兴禄　刘奇奇　张祥云　朱明盛　张　然　孔德领

纳米自组装生物技术现状与展望

一、引言

分子自组装是描述分子通过非共价键（如氢键、疏水作用、静电作用、范德华力等）自发组织形成特定结构的组装体，其组装体具有独特的功能效应。在生物世界中，分子自组装是普遍存在的，它在生命的出现、维持和进化中扮演了十分重要的角色。[1]研究分子自组装对当前纳米技术的发展至关重要，并且可以为设计自发组装和逐步组装的分子构筑模块提供重要的指导。从自然界生物分子进化开始，经过分子间无数次的自组装和解组装的更替，最终产生大量复杂而有趣的生物分子系统。例如，脂质双层膜和囊泡作为亚细胞器的屏障和运输载体，高度有序的核酸分子作为遗传信息载体，以及蛋白质作为生命的物质基础，承担了生物体的生命活动等。因此受到自然的启发，通过自然选择和进化可以为生物分子自组装设计出化学互补和结构相容的成分。

由Cram和Lehn在20世纪70年代提出的超分子化学，为基于多功能分子构筑模块“自下向上”构建高度有序的纳米结构提供了一个新的视角。具有不同功能和活性的单元都可以通过这种方式整合到一起，形成超分子结构，用于模拟复杂的生物功能。通过超分子化学手段，科学家设计并构建了具有不同结构功能的生物活性材料，它们在生命体中发挥着广泛而特定的作用。在过去的15年里，对DNA、RNA、磷脂以及多肽和蛋白质自组装纳米技术的研究已经取得了巨大的进展（图1），已广泛应用于催化、传感、治疗诊断以及药物递送等生物领域。

作为一种功能性生物大分子，DNA、RNA已被广泛用于分析化学、医学诊断和疾病治疗。近年来，DNA纳米技术得到了迅猛发展，并在核酸及小分子药物递送方面展现出巨大的潜力。DNA自组装纳米结构主要包括：Ned Seeman团队发展的瓦块（tile）自组装，Paul Rothemund博士发明的DNA折纸术（DNA origami），以及Chad Mirkin课题组发展的球形核酸（spherical nucleic acids）。从人类基因组的最初测序中，发现约98.5%的基因组

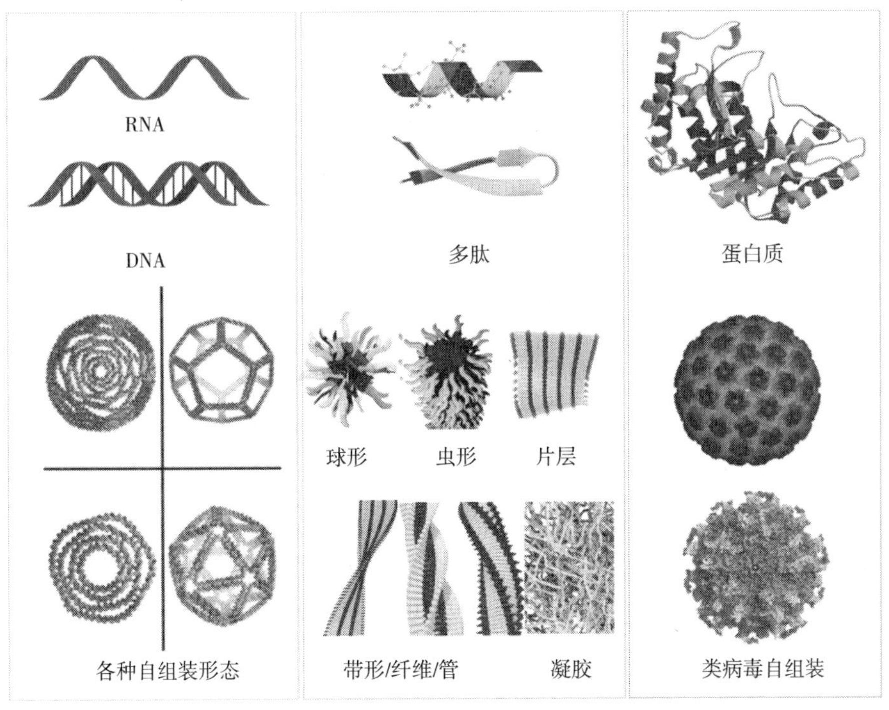

图 1　DNA/RNA、多肽及蛋白质等大分子及其自组装纳米结构

不编码蛋白质，而随后的研究表明，这些不编码蛋白质的 DNA 大部分与调节细胞活动的短链或长链非编码 RNA 有关。RNA 纳米技术首次由郭培宣教授在 1998 年证实概念。[2]并于 2014 年提出 RNA 药物或靶向 RNA 的药物将成为药物开发除了化学和蛋白质药物外的第三个里程碑[3]，使 RNA 药物越来越受到重视。

多肽是介于氨基酸和蛋白质之间的一类小分子化合物，由多种天然或者非天然氨基酸按照一定顺序排列，通过肽键缩合而成。多肽作为最重要的生物材料之一，广泛存在于生物体内，参与多种生命活动并具有重要的生物学功能。通常来说，在正常生理条件下，以单体形式存在的多肽分子往往会由于溶解性差、易于酶解等缺点，难以作为药物或诊断工具应用于临床。因此在过去的几十年中，自组装策略常被用来构建多肽纳米材料，因为其可以形成具有高稳定性（长效滞留、半衰期延长等）和多种生物效应的可控超分子组装结构，可用于高性能成像和治疗。最重要的是超分子策略可以将不同的功能肽结合在一个纳米系统中，从而实现疾病的智能化和多功能治疗。例如可以将具有靶向、自组装和特定生物功能的多肽序列，用于新型纳米材料的构建，通过上述功能单元的引入在生命系统中自组装构建各种形态的纳米结构，实现相应的独特生物效应，例如组装 / 聚集诱导滞留（AIR）效应等。基于肽段的自组装纳米结构已被广泛应用于药物传递、疾病诊断、免疫佐剂、生物成像和组织工程等领域。并且，对多肽自组装过程的探究也能帮助我们对生命体系中其他组装结构以及疾病相关的蛋白质组装的机理进行研究，如跨膜离子通道的形成、神经退行性疾病中 β–淀粉样蛋白的形成等。脂肽和短肽双亲分子作为一种有效的纳米生物材料构筑基元，具有优异的功能和生物相容性，近年来被广泛应用于控制基因和药物释放、皮肤护理、纳米制造、生物矿化、膜蛋白稳定、3D 细胞培养和组织工程等领域。这一系列的应用与其独特的纳米结构和生物相容性密切相关。一些多肽分子还具有抗微生物活性，同时对哺乳动物细胞保持良好生物相容性。这些优异的特性与它们对不同膜界面的选择性亲和力、高的界面吸附能力和纳米结构组装体的自发形成有关。

蛋白质的自组装和聚集在人体的许多功能中起着至关重要的作用。例如，胶原纤维网络提供了控制生物组织形态和机械性能功能的生物支架；自组装肌动蛋白原纤维是真核细胞运动、形态控制、细胞极性维持和转录调控等许多关键功能的重要组成部分；在血液凝固过程中，伤口的愈合则是通过纤维蛋白聚集成封闭的血块进行的，从而使组织得以修复；此外，还有一些疾病与错误的蛋白质聚集有关。蛋白质的错误折叠和随后的淀粉样纤维的组装是许多破坏性退化性疾病的病理特征，如帕金森病，老年痴呆症和Ⅱ型糖尿病等。同时生物体内也存在一些功能性淀粉样蛋白，大大拓宽了淀粉样纤维的应用。近年来淀粉样纳米纤维已成功应用于生物膜基本成分、细胞培养和药物递送水凝胶、生物传感器以及具有高生物相容性和独特生物识别能力的生物功能材料。淀粉样蛋白所有上述功能和应用都是由于其独特的结构特征产生的，使它们能够在从生物学到纳米技术等具有广泛基础和应用的科学领域中发挥重要的作用。

二、国内研究进展

（一）DNA/RNA 自组装生物技术

1. DNA 水凝胶

在过去的三十年里，DNA 分子由于其精确的碱基对识别、可设计的序列和可预测的二级结构，受到广泛的关注，已成功用于制备特定尺寸、精确寻址的二维和三维纳米结构。2006 年，罗和他的同事通过酶连接支链 DNA 支架构建了一个化学交联的 DNA 网络，该网络具有相对固定的交联点分布。[4] 这种水凝胶在再水化过程中，表现出惊人的形状记忆特性。但同样由于固定的三维交联网络结构，它可能不能作为好的基质提供 3D 细胞培养所必需的结构动态性。2009 年，刘冬生课题组仅利用短的双链或 i–motif 结构，即长度均小于持久性长度的刚性结构，制备了一种基于 DNA 自组装的新型纯超分子水凝胶。[5] 这种新型水凝胶是动态的，机械强度高，生物相容性好，具有特别优异的分子渗透性。它已成功地应用于三维细胞打印，被认为是未来三维细胞培养和组织工程最有前途的材料。[6]

（1）基于 DNA 自组装的杂交水凝胶

杂交 DNA 水凝胶是通过将短的 DNA 嫁接到聚合物骨架上，通过 DNA 自组装结构形成。与小分子、超分子相互作用不同，DNA 组装的二级结构更稳定。由于 DNA 序列设计的不同，这种水凝胶可以具有不同的刺激响应功能。

1996 年，Nagahara 和 Matsuda 报道了第一个聚丙烯酰胺 -DNA 水凝胶。近年来，多肽和蛋白质因其具有生物降解性和生物相容性而受到人们的广泛关注。2015 年，刘冬生课题组报道了一种叠氮化烷基点击化学法制备 DNA 接枝多肽的方法，并通过与 DNA 交联分子杂化制备了 DNA- 多肽水凝胶，该超分子水凝胶的机械强度显著提高。[7] 2014 年，刘冬生课题组以聚乙二醇改性人血清白蛋白（HSA）作为骨架制备蛋白 -DNA 水凝胶，该材料具有良好的细胞相容性。[8]

除了化学改性，DNA 单链也可以通过物理作用与聚合物相互作用。2009 年，王树研究员课题组将带正电荷的水溶性聚苯乙烯与 DNA 双链混合制备了物理水凝胶，共轭聚合物使水凝胶具有荧光性，可用于检测药物释放。[9] 通过合理的序列设计，刘冬生课题组将富含 GT 的 DNA 单链结构区域通过 π-π 作用有效地附加到碳纳米管表面预先吸附的富含胞嘧啶的 DNA 序列上；在 pH 触发条件下，可以制备出透明的 DNA/ 碳纳米管超分子水凝胶。[10] 这些策略为制备 DNA 超分子水凝胶提供了新的方法。

（2）基于 DNA 自组装的水凝胶

2009 年，刘冬生和同事报道了第一个由三个 37 mer 的 DNA 链通过逐步组装形成纯 DNA 超分子水凝胶；这三个序列部分互补，可以在 pH=8 下组装成一个 Y 型结构单元，然后通过粘端相互作用进一步组装形成 DNA 水凝胶。2011 年，刘冬生课题组报道了一种基于 DNA 自组装的纯 DNA 水凝胶，该系统由 Y 型支架和线型连接体构成，按适当比例混合在生理条件下可以自组装形成稳定水凝胶。[11] 2015 年，谭蔚泓课题组报道了一种基于 DNA 自组装的纳米水凝胶的制备，[12] 将含有三个黏性末端的 Y- 型单体 A（YMA）和一个黏性末端的 Y- 型单体 B（YMB）以不同的比例和 DNA 连接体混合自组装形成不同大小的 DNA 纳米水凝胶；同时在纳米凝胶结构中引入核酸适配体、二硫键以及治疗性反应寡核苷酸等不同功能单元，合成了具有靶向性和刺激响应性基因治疗功能的纳米水凝胶。2018 年，刘冬生和同事设计了一种可注射的 DNA 超分子水凝胶疫苗（DSHV）系统，可在体内和体外有效地激活 APCs，用于肿瘤免疫治疗。[13]

2. DNA 折纸技术

DNA 纳米技术已经可以在纳米级别构建复杂的三维纳米结构和人工分子装置，产生了各种可控功能和吸引人的应用。DNA 折纸纳米结构具有合理设计的几何形状，精确的空间寻址性，以及良好的生物相容性，已成为具有巨大前景药物传递候选材料之一。近年来，DNA 折纸纳米结构已被作为药物载体用于疾病治疗。

2018 年国家纳米科学中心赵宇亮院士和丁宝全研究员利用 DNA 折纸技术设计了一个自动化的 DNA“机器人”用于体内将治疗性凝血酶智能输送到肿瘤相关血管并诱导血管内血栓形成，有效阻断肿瘤血供，抑制肿瘤生长（图 2）。[14] 丁宝全课题组还利用 DNA

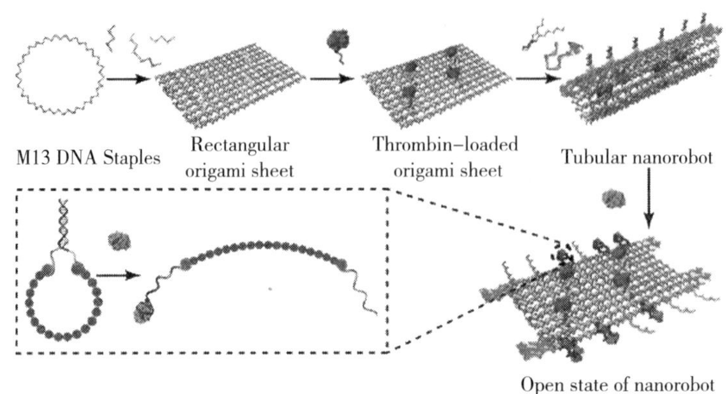

图 2 DNA 折纸技术制备的纳米机器人

折纸结构作为载体，在体内递送抗癌药物阿霉素。同时，他们还通过将 DNA 修饰金纳米棒（AuNR）定位到 DNA 折纸的表面，DNA-origami-AuNR 复合物具有双光子成像和光热消融功能，是一种很有前途的肿瘤热疗候选材料。这些 DNA-origami-AuNR 组装物被用作多功能纳米探针，可同时进行体内癌症诊断和治疗。[15] 除了作为纳米粒子的载体，丁宝全课题组还提出了一种基于折纸构建协同递送系统的通用策略，实现基因治疗和化疗的结合。该新型协同释放系统结构类似于风筝，可作为线性肿瘤治疗基因（p53）和化疗药物 Dox 的共载体，自组装形成的 DNA 纳米粒在体内外均能实现高效的基因递送，并能有效抑制肿瘤生长。[16] 此外，樊春海课题组开发了大量 DNA 折纸技术组装的纳米结构，在纳米生物传感和成像方面有着巨大的应用潜力。[17]

3. DNA 递送技术

基因和小分子药物的共递送策略是当前肿瘤治疗的新方向，在临床中被广泛使用。现有的纳米共载载体由于合成过程复杂，药物共载效率低以及生物安全性问题而受到限制。发展简单高效的共载策略，实现基因和小分子药物在单个纳米颗粒中的可控装载以及高效递送，仍然是药物协同治疗领域一个难题。国家纳米科学中心李乐乐课题组提出利用金属配位驱动自组装构建 DNA 纳米结构的新概念，即 Fe^{II} 离子和 DNA 配位驱动自组装形成 Fe-DNA 杂化纳米颗粒；通过调节 DNA 分子和金属离子的比例及浓度，可以精准调控金属 -DNA 纳米结构的尺寸和组分。[18] 同年，李乐乐课题组将核酸和 Dox 与铁离子通过配位驱动自组装形成核壳纳米颗粒结构，随后通过表面矿化有效提高其生物稳定性；该共载体系不仅具有高的药物共载效率，而且两种药物分子的担载比例精确可调；同时，铁离子的引入使得该体系可用于磁共振成像介导的活体示踪，实现了基因和小分子化疗药物的高效共载和磁共振成像介导的肿瘤协同治疗。[19]

4.RNA 自组装纳米生物技术

RNA 纳米技术是通过 RNA 分子自下而上自组装形成特定功能的 RNA 纳米结构。

RNA 纳米技术以短链 RNA 分子为构建模块，可以通过成熟的化学合成方法制备小 RNA 片段后再自下而上组装而成，因而可大规模工业化生产。RNA 纳米颗粒具有高度可溶性，不易聚集。2'– 修饰的 RNA 对 RNA 酶具有抗性，故其高度稳定。因其特有的优点，RNA 药物将成为药物开发的第三个里程碑，指日可待。2018 年第一个 RNA 靶向药物已由美国 FDA 批准应用。在 RNA 纳米颗粒中，其支架，靶向配体，功能性 miRNA 或 siRNA 分子可主要或全部由 RNA 组成。关于 RNA 的经典研究，主要集中于 RNA 分子内相互作用和 2D/3D 结构，而 RNA 纳米技术进一步扩展到 RNA 分子间相互作用和四级结构。其特点是，支链 RNA 可以具有不同的功能，同时在体外和体内都能保持它们的三级折叠和独立功能，因此，RNA 纳米颗粒可作为多功能递送平台。前期研究证明，将其注射到小鼠体内后，RNA 纳米粒子仍能保持完整，并与肿瘤强烈而特异地结合，而在正常器官中，其几乎没有可见的积累。其抑制乳腺癌、前列腺癌、胃癌、脑胶质癌，和结肠癌的实验已经在动物模型中获得成功。RNA 本身是无毒的，至今的毒理试验，还没发现其毒性和副作用。更重要的是，RNA 纳米粒子可耐受 70 ~ 100℃的高温。自组装 RNA 纳米粒子的负电荷减少并可与带负电的细胞膜非特异性结合。RNA 是阴离子聚合物（多核酸），其可以产生具有确切大小，结构和化学计量的均匀 RNA 纳米颗粒。尺寸为 10 ~ 30 nm 的 RNA 纳米颗粒既足以容纳治疗剂延缓肾脏排泄，又足够小使之得以通过受体介导的胞吞作用而有效地进入细胞。国内的 RNA 自组装技术的应用起步较晚，但近年发展迅速，例如田捷课题组通过 RNA 自组装构建和修饰制备分子探针，实现在体内的生物成像。[20]

（二）多肽自组装生物技术

多肽超分子自组装是基于多肽分子内和分子间多种非共价键作用力共同作用的结果，多肽自组装的引发方式多种多样，而这些条件在体外时也都可以轻松地完成和实现。然而，在早期对多肽自组装行为进行研究和表征中，人们往往把目光集中在了多肽的二级结构、微观形态和宏观性质的联系上，除少数研究者对体外诱导的多肽水凝胶进行了药物释放、细胞培养等体外表征手段加以验证之外，很少有人对如何引发多肽在体内进行自组装并加以应用进行探究。实际上，考虑多肽自组装材料的生物应用，通过宽泛的改变外界环境的方法（如涉及所有物理方法和酸碱度变化的体外诱导）是不太可行的，而基于体内化学反应的方法则更具可行性。化学反应可以产生性质完全不同的新的化合物，由于产物性质和反应物差异较大，其可能有能力引发分子自组装，进而将水溶液转化成凝胶。随着人们对多肽分子的组装条件、结构特点和理化性质的阐明，人们将目光转向了多肽的体内自组装，期望通过对多肽分子结构的巧妙设计和组装条件的精准把控，制备出一系列更为智能的多肽自组装材料，在近年来获得了一系列令人瞩目的研究成果。由王浩课题组提出的“原位自组装”策略通常是将外源性的分子引入特定的生理和病理环境下，在细胞、组织甚至活体生物内进行自组装，形成可控的高级有序结构。通过调控其在复杂生物环境下时空可控的组装，从而实现特定的功能。近年来王浩课题组设计了一系列具有各种功能的模块化多肽构建模块，例如将靶向、自组装和生物功能模块相结合，通过“体内自组装”策略，在生物体内原位构建功能性纳米材料，探索新的生物学效应（图 3）。体内自组装纳米药物具有组装诱导滞留效应，能够显著增强药物在靶点病灶部位的富集滞留，增强递送效率，提高药物利用率，同时降低药物在肝肾部位的积累，降低其毒副作用，为癌症等重大疾病的诊断和治疗提供了新思路和新策略。

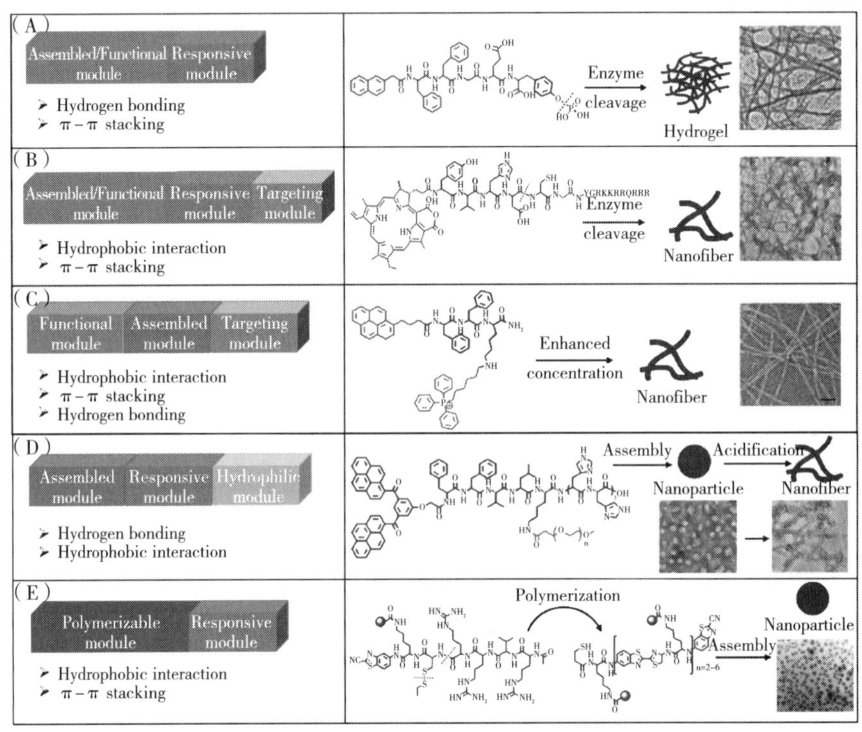

图 3　体内自组装多肽纳米技术相关的分子设计及自组装结构

与此同时，随着引发多肽超分子自组装的新方法的建立，多肽自组装材料的应用方向也不断被开发出来。除了早期的细胞培养、药物缓释等应用，近年来，人们更多关注于将多肽自组装的体内诱发方式与疾病的诊疗联系到一起。由于正常细胞内与病变细胞内的代谢水平有较大差异，各种活性分子、酶等表达水平也不同，人们期望构建出能够智能地识别这些差异的自组装多肽分子，并因此对病变细胞和组织进行针对性的诊疗。

1. 组装设计策略的创新

凝胶化是多肽超分子自组装最为直观和方便的验证方法，因此研究者们常常以多肽水溶液是否能成凝胶作为检验其自组装是否发生的一个重要指标。在小分子水凝胶中，分子间的弱相互作用和非共价相互作用能够使其分子自组装更加有序。然而，为了获得超分子水凝胶，通常需要外界刺激以改变其热力学平衡或化学平衡。据此，多肽自组装分为自发型自组装和触发型自组装。自发型自组装指的是多肽在溶剂中溶解后，可以自发组装形成组装体。如张曙光课题组报道的 RAD16 型多肽和能够自发组装形成纳米管、囊泡等结构的两亲性小分子多肽。与此相对应的是触发型多肽自组装，即需要通过外界环境的改变如 pH、温度、离子浓度、酶促反应等诱导发生的自组装。目前研究主要集中在触发型自组装，因为这一类组装行为具有可逆性，而且比较容易实现。目前，已经有研究者报道了多种触发型自组装多肽，包括温度敏感型、离子浓度敏感型、光敏感型、pH 敏感型、氧化－还原诱导型等。

早在 2004 年报道了第一例酶催化超分子水凝胶，通过碱性磷酸酶（一种生物体内的酶，可以将磷酸酯去磷酸化）将溶液转化成凝胶。虽然其反应的酸碱度与生理条件不相符，而且缺乏实际应用，但作为开创性工作，其极大促进了活体超分子自组装的发展。通过对前体分子的合理设计，完全可以实现其在生理条件下通过酶催化反应实现自组装，并在药物可控释放、调节细胞凋亡和组织工程等多个方面发挥巨大应用。十五年过去了，在多肽的体内自组装这一领域，已经呈现出了百花齐放的繁荣景象，多肽的体内自组装已经应用到很多领域。

（1）小分子代谢产物诱导

GSH 诱导自组装。2018 年杨志谋课题组设计了 FA-FFF-ss-EE 型多肽，其中 FA 为天然生物分子叶酸。[21] 该分子在谷胱甘肽的还原作用下，二硫键会被破坏形成 FA-FFF，而 FA-FFF 能够在溶液发生自组装形成黄色的支撑性水凝胶（最低成胶浓度 0.5%），其微观结构中也出现了纳米纤维构成的网络。2019 年，中国科学技术大学的梁高林课题组设计了一种基于钆的探针，Glu-Cys（StBu）-Lys（DOTA-Gd）-CBT。[22] 该探针在细胞内的 γ-谷氨酰胺转肽酶的作用下，水解成新的化合物，然后在 GSH 的作用下，缩合并自组装成含有钆的纳米粒子，从而加强核磁共振成像的对比度，达到了精准成像的目的。

ROS 诱导自组装。传统的活体内超分子自组装主要依赖细胞内的酶触发，由于酶受基因调控，因此不同肿瘤间以及肿瘤内外的酶的分布差异很大。为了克服这个缺点，2018 年国家纳米科学中心的高远教授带领其团队设计了活性氧触发的新型超分子自组装体系。[23] 他们将 BQA（喹唑啉酮衍生物）与四肽 GGFF 结合生成 BQA-GGFF，该组装前体分子在过氧化氢（H_2O_2）作用下发生氧化消除反应，并生成具有平面结构的 BQH-GGFF，从而在分子内形成氢键，进一步促进了分子间的 π-π 堆积，最终诱发自组装。这种活性氧响应的自组装可以精确地将多种恶性肿瘤细胞与相应正常细胞区分开。因此，新设计的自组装探针可以克服肿瘤异质性，在癌症诊断和治疗中具有潜力。

H2S 诱导自组装。国家纳米科学中心的高远课题组成功地利用硫化氢诱导了活体超分子自组装。[24] 他们将叠氮修饰的喹唑啉酮类分子和三肽相连，合成了组装前体分子，N_3-quinazolinone-FFG。该分子在硫化氢的作用下，叠氮基团会发生还原反应，生成氨基，从而使得新生成的分子形成分子内氢键，最终自组装，该方法进一步丰富了触发超分子自组装的手段。

pH 诱导自组装。淀粉样蛋白中有一段可以组装成 β - 折叠二级结构的多肽，即赖氨酸 - 亮氨酸 - 缬氨酸 - 苯丙氨酸 - 苯丙氨酸（KLVFF），受天然结构启发，王浩课题组通过分子设计，实现了肿瘤区域 pH 调控组装结构从球到纤维的转变，并发展了一系列的体内组装形貌调控手段。[25] 含有 BP，Lys-Leu-Val-Phe-Phe（KLVFF），pH 响应肽（His6）和亲水性聚（乙二醇）(PEG) 链的多肽衍生物最初自组装成纳米颗粒。在温和的酸性条件下，His 的质子化改变亲水 / 亲脂平衡，导致组装体形态转化为具有 β - 折叠结构的纳米纤维（NFs）。[26] 含有 RGD 的短肽的自组装也可以通过 Ca^{2+}、Mg^{2+} 等金属离子介导。

其他诱导自组装。近年来淀粉样蛋白纤维作为模板或构建块在生物医学、生物材料和纳米技术领域有序纳米材料中的应用越来越受到关注。苯丙氨酸二肽（FF）是阿尔茨海默病 β - 淀粉样蛋白的一个片段，是分子自组装最简单、最常见的序列之一。由于其分子结构简单，分子间相互作用明显，是研究和调控自组装结构的理想选择。FF 已经被发现能够自组装成各种复杂的结构，如六角形微管（NTs）、纳米线（NWs）和纳米纤维（NFs）。

含有 FF 的自组装肽与靶肽和荧光探针双芘作为功能模块相结合，所设计的分子可以在水溶液中形成纳米颗粒（NPs），通过受体结合协同诱导实现纳米粒子到纳米纤维的转变。[27] 何志明课题组报道了二茂铁（Ferrocene：Fc）的反应 FF（Fc-FF）将二次结构的构象由平面 β 片转变为扭曲 β 片。扭转的具体直径可以由抗衡离子、温度和溶剂控制。形成扭转结构的驱动力则来自 π - π 堆积、氢键的平衡以及 Fc-FF 分子的手性。[28] 闫学海课题组发现不同于 FF 诱导的微球，卟啉在带电二肽（$_{L}$-Lys-$_{L}$-Lys，KK）作用下，自组装形成有序排列的纤维束。根据 Onsager 理论，作者将纤维束的形成归因于旋转熵和平移熵之间的竞争，这些多肽调节自组装微球和纤维束可应用于仿生光采集系统。同时，闫学海课题组认为凝胶的成核生长与动力学密切相关。例如，在热处理或水的诱导下，基于苯丙氨酸三肽（FFF）的有机凝胶的微观结构可以由纳米纤维转变为纳米颗粒。[29]

（2）酶催化诱导

目前国内研究的多肽活体超分子自组装的主要触发手段都是通过酶催化反应。这一策略主要是通过酶催化反应，使得分子由亲水分子变成疏水分子，通过改变其水溶性，从而触发超分子自组装。

最常用的酶是碱性磷酸酶，2018 年，梁高林课题组将磷酸依托泊苷和 Nap-Phe-Phe-Tyr（H_2PO_3）-OH 分子一起，在碱性磷酸酶的作用下，自组装形成纳米线，从而达到了药物缓释的目的。[30] 2018 年，梁高林课题组将地塞米松和 Nap-FFKYp 通过共价相连，形成组装前体分子，在碱性磷酸酶的作用下，自组装形成纳米线，并且在酯酶的进一步作用下，地塞米松将会水解脱落，从而达到了在组装原位释放药物的目的。[31] 2018 年，杨志谋课题组报道了一类由碱性磷酸酶和谷胱甘肽共同诱导组装的多肽 NBD-GFFpY-ss-

ERGD。[32] 该多肽首先在碱性磷酸酶的作用下脱去磷酸基团，自组装形成纳米颗粒，之后在谷胱甘肽的作用下被还原，然后自组装形成纳米纤维。由于肝癌细胞中碱性磷酸酶和谷胱甘肽的表达量都远远高于正常组织细胞，因此实验结果显示该多肽分子在肿瘤细胞中的摄取要高于正常细胞，同时自组装后的纤维对肿瘤细胞具有一定的选择杀伤作用，在癌症的诊疗上具有重要的应用潜力。国家纳米科学中心研究员王浩和李莉莉研究员于 2017 年首次实现了在胞内通过转谷氨酰胺酶催化原位聚合构筑不同拓扑结构，从而形成无规卷曲、纳米颗粒和纳米凝胶等形貌可控的组装体。细胞内酶催化多肽聚合构建可控的拓扑结构，通过合理地设计多肽聚合单体，可以调控聚多肽的理化性质，并且组织水平实验进一步证实了这一原位聚合组装过程。此研究为功能化纳米生物材料的精准设计提供了基础。[33] 此外，王浩课题组将红紫素 18（P18）与细胞穿膜肽（TAT）通过酶响应序列 YVHDC 结合。分子在溶液状态下呈现单分散，YVHDC 在 Caspase-1 酶的响应下，P18 残基通过 π-π 堆积形成纳米纤维。[34]

（3）共组装

2018 年，杨志谋课题组利用序列 NBD-$G^DF^DFp^DY$ 与 antiHER2 亲合体共组装来包覆该亲合体，发现共组装显著提高了亲合体包载率的同时也提升了亲合体的稳定性。[35] 实验结果表明，共组装体显示出对 $HER2^+$ 肿瘤细胞的高亲和性，能够稳定地在肿瘤部位积累和保留，最终抑制肿瘤组织的生长。2019 年，中国科学院过程工程研究所的白硕课题组和闫学海课题组合作，将短肽 Fmoc-L3-OMe 和卟啉分子共组装在体外形成纳米颗粒，应用于双光子光动力治疗中，取得了良好的治疗效果。[36]

2. 生物医药应用方向的拓展

（1）肿瘤诊断、治疗

多肽超分子自组装由于其优良的生物相容性以及可设计性，在肿瘤诊断，成像以及治疗等领域获得了巨大应用。2018 年，梁高林课题组设计了将 IR775（近红外染料）和 Phe-Tyr（H_2PO_3）-OH 共价相连，在碱性磷酸酶的作用下，自组装形成纳米颗粒，用来进行光声成像，其增强倍数达到了 6.4 倍。[37] 同年，国家纳米科学中心高远课题组与北京大学陈鹏课题组合作，通过酶触发的超分子自组装和生物正交反应联合应用，在实现精准定位肿瘤细胞的同时，通过特异的前药激活策略，在原位释放抗肿瘤药物，不仅极大地降低了抗癌药物的毒副作用，而且增强了靶向能力，构建了安全有效的肿瘤抑制策略，为扩大化疗药物的治疗窗口提供了新思路。[38] 多肽自组装材料除了能够选择性的杀伤癌细胞之外，组装体还可以通过其他途径增强癌症治疗药物的药效。

（2）组织工程

2019 年，杨志谋课题组构建了与胰岛素样生长因子相类似的自组装多肽，发现多肽经不同的自组装条件触发之后，能够自组装形成完全不同的二级结构，与胰岛素样生长因子的结合力有比较大的差异，同时生物功能也大不相同：10 nM 形成 β-折叠结构的自组装多肽能够顺利激活生长因子下游的信号通路，提高细胞增殖能力的同时预防细胞坏死，在动物实验中，它能够促进残肢部位的血管形成，预防残肢的肌肉坏死，最终帮助残肢修复；而自组装形成 α－螺旋结构的多肽则由于与生长因子结合力弱，不能激活信号通路，在组织修复方面没有任何作用。[39] 同年，梁高林课题组将两种与牙髓骨再生相关的生物因子 SDF-1 和 BMP-2 成功地包裹在多肽超分子水凝胶中。[40] 体外和体内实验都表明，这两种生物因子能够同步、连续地从水凝胶中缓释出来，有效地促进牙周骨组织再生重建，有望在临床上获得应用。

（3）抗菌

王浩和李莉莉团队通过不同功能模块的结合提出一种新的光声造影剂 Ppa-PLGVRG-Van 用于体内细菌感染诊断。[41] 通过多肽与生物功能分子结合，该团队设计了 P18-PLGVRGRGD 探针分子，它可以在肿瘤部位被明胶酶剪切，由 P18 驱动组装形成纳米纤维。这种方法和小分子相比，P18 的滞留量提高了 7 倍，并显示出明显增强的光声信号和治疗效果。将这种策略用在细菌的检测和治疗上具有良好的应用潜力。[42] 闫学海课题组用 Fmoc-FF 形成的水凝胶包裹富勒烯－吡咯烷三酸，一方面减少了富勒烯的聚集作用，另一方面实现了持续性的光动力治疗细菌感染的目的。[43] 通过体外和体内抗菌实验，这种方法可以有效抑制耐多抗生素金黄色葡萄球菌的生长，促进伤口愈合，为多肽和小分子的联合应用提供了新的思路。杨志谋课题组设计制备了含有万古霉素和 NBD 的细菌原位自组装多肽衍生物 NBD-FFYEGK（Van），可以靶向于细菌表面并聚集形成纳米结构，用于细菌感染的诊疗一体化研究，为体内细菌感染的诊断和治疗提供了新思路。[44] 该分子中万古霉素能与 D-Ala-D-Ala 结构特异性结合，靶向于细菌表面，在细菌表面聚集组装成纳米粒。由于 NBD 在疏水环境中能发出较强的荧光，因此细菌表面聚集态的 NBD 能发出强荧光信号，从而精准诊断细菌感染部位。对于革兰阳性菌枯草杆菌，该分子的最小抑菌浓度与游离的万古霉素大致相同；而对于对万古霉素有耐药作用的革兰阳性菌粪肠球菌，通过试验发现该分子的最小抑菌浓度明显低于游离的万古霉素，说明其对万古霉素耐药细菌具有很好的抑制效果。

（三）蛋白质自组装生物技术

蛋白质组装体的构建取决于蛋白质－蛋白质的识别作用，包括氢键作用、静电作用和疏水作用，利用蛋白质－蛋白质作用已成功设计同源及异源蛋白质寡聚及多聚组装体。精确的一维到三维高级有序蛋白质纳米结构已经被成功构建。这些蛋白质组装体在催化、医学、光响应系统、药物传递和信号转导方面显示巨大潜力（图 4）。而 DNA 组装体利用 Watson-Crick 碱基互补配对原理来设计，像 DNA 走步机器人，DNA 镊子，DNA 机器，并且可以设计多维的 DNA 组装体。为实现生物分子组装体的实际应用，需要生物分子组装体具有较高的稳定性和良好的组装能力。然而，构筑基元的解离、组装体的回收以及重复

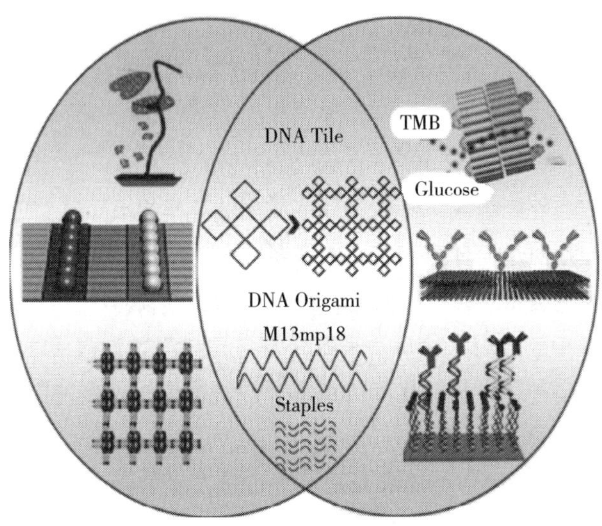

图 4　蛋白质自组装策略及相关应用

利用均收到非共价组装的影响。因此，如何平衡三者的影响和改善生物分子稳定性成为新型生物组装体构建的关键，目前，基于叠氮的点击化学、基于醛基 / 氨基的动态共价键等化学方法应运而生，从而有效地解决了如何获得高稳定性生物组装体的难题。

近年来，随着超分子化学的发展及精密分析仪器的出现，复杂和复合生物分子组装体被认为是最有应用前景的生物分子组装体。例如利用 DNA 模板，通过 DNA– 蛋白质、蛋白质 – 配基、蛋白质 – 适配体相互作用构建高级结构，不仅利用了 DNA 在构建多维结构方面的优势，还可利用蛋白质的催化、组装和荧光等能力。

1. 天然蛋白质自组装

（1）蛋白纳米笼

蛋白质纳米笼是一种特殊的结构，其中自组装在其可逆形成和解离过程中起着关键作用。蛋白质纳米笼作为生物医学应用中的潜在载体，由蛋白质亚基自组装形成。笼状结构有三个表面可以进行工程设计：内部，外部和亚单元间。治疗和诊断分子被装载在纳米笼的内部，表面可以通过修饰增强其生物相容性和靶向能力。亚单元间相互作用的修饰则被证明可以调节自组装的结构，从而调节分子释放。1937 年，铁蛋白被发现具有一个笼状纳米结构，其内径和外径分别为 12 nm 和 8 nm，用于存储和运输铁离子。铁蛋白在生物系统中几乎无处不在，用来调节铁的储存和释放以维持体内平衡。这些发现阐明了蛋白质可以在体内包裹和传递活性分子的观点。

在过去的十年里，许多研究人员开始设计铁蛋白包覆各种治疗药物。去铁铁蛋白纳米粒子可以通过 pH 或尿素浓度控制铁蛋白的拆卸和组装。阎锡蕴院士课题组 2014 年首次提出了天然的 h – 铁蛋白（HFn）纳米载体，该载体特异性地将高浓度的治疗药物阿霉素（Dox）输送到肿瘤细胞，通过与过表达的转铁蛋白受体 1 相互作用，特异性结合并内化到肿瘤细胞中，并在溶酶体中释放 Dox。[45] 在此基础上，国家纳米科学中心蒋兴宇课题组 2016 年用载有神经药物的铁蛋白来调节胰腺癌神经微环境，在酸性肿瘤环境中触发药物释放。[46]

（2）病毒衣壳

病毒由一个蛋白质外壳组成，外壳由一定数量的亚基组成，这些亚基包围并保护病毒基因组。病毒的转导是通过一种叫作衣壳的自组装蛋白结构来促进的，衣壳结构与宿主细胞受体相互作用逃离免疫系统，并将其基因组传递到目标细胞内。因此，病毒被用作靶向递送的功能载体。病毒已经成为从自然来源开发各种自组装蛋白质纳米材料的灵感来源。病毒衣壳的外表面为多种化学功能化和位点特异性修饰提供了多种机会，以合成有机 / 无机材料，并连接靶向分子。

豇豆黄化斑驳病毒（CCMV）的衣壳是一种自然发生的蛋白质纳米笼。CCMV 是一种阳性的单链 RNA 植物病毒，内径为 18 nm，外径为 28 nm。在中性 pH 离子强度较高的条件下，CCMV 衣壳可分解为带正电荷的蛋白质二聚体。去除 RNA 后，可以通过添加多阴离子或将 pH 值降低到 5 来触发蛋白质二聚体的自组装。近日，中科院武汉病毒研究所曹晟课题组在杆状病毒衣壳蛋白组装体结构及应用方面取得重要进展。由大肠杆菌表达的杆状病毒 HearNPV 的衣壳蛋白（HaCP）可以在体外条件下可控地组装为柔性纳米管，该纳米管具有两种明显不同的组装形式，可以作为纳米平台高密度的展示多种外源蛋白。[47] 武汉病毒所李峰课题组与中科院苏州纳米技术与纳米仿生研究所王强斌研究员课题组合作，在他们前期建立的蛋白质纳米笼单功能化策略的基础上[48]，发展了一种控制蛋白质纳米笼多层级组装形成离散纳米结构的简便策略。随后，该合作团队以 SV40 病毒主要衣壳蛋白 VP1 形成的蛋白笼为模型，建立了一种在蛋白笼内部包装近红外二区荧光（NIR-II，1000-1700 nm）Ag_2S 量子点对其活体行为进行实时成像的策略。[49]

2. 模板蛋白质组装

自然界中，许多生物超分子是通过分子识别形成的，通过人为改变构筑基元结构和功能，可以获得超越天然结构的生物超分子。DNA 指导蛋白质纳米管的大小可以通过 bp/CP 比例调节。结果表明纳米管长度服从正态分布，长于 5μm 的纳米管在 5-10bp/CP 比例时可以形成。刘冬生研究员和方荣祥院士课题组利用更短的 DNA 片段，50、100、300bp 异源 DNA 作模板，诱导巨细胞病 CMV 衣壳组装成直径 17nm 的蛋白质纳米管。[50] 以上研究中，DNA 诱导 CCMV 或 CMV 形成纳米管。作为对比，天然 CCMV 和 CMV 都是球形的二十面体病毒。同时，与天然病毒不同的是这两种蛋白质纳米管中的 DNA 都呈线性结构而不是天然病毒的卷曲结构。刘俊秋课题组对 TMV 的体外组装进行了深入研究，通过在 TMV 上修饰酶活性位点，调控组装条件，获得了盘形和管形的酶功能化纳米管。结果表明，酶功能化纳米管结构稳定，可以在一定程度上优化纳米酶的催化性能。[51]

3. 利用 DNA 杂交构建蛋白质组装体

DNA 杂交也是构建生物超分子的有效方法。由于可以方便地在 DNA 组装结构中引入缺口、发夹、ssDNA、DNA 双螺旋、DX、TX 等结构单元，因此可以方便地设计刺激响应结构，从而为制备高级生物分子组装体提供可能。这些生物分子组装体不仅有刚性结构，还可在外表面周期性展示功能基团，这些功能基团被修饰后，例如生物素、次氮基三乙酸（NTA）和适配体，可以利用蛋白质 / 配基、Histag/ 金属、蛋白质 / 适配体作用诱导组装。该方法的优势包括，可以利用不同功能的蛋白质来制备具有特定方向的组装体，为将来作为智能生物材料应用于催化、荧光和药物传递提供材料基础。

中科院苏州纳米所王强斌研究员团队在前期工作基础上，首次利用病毒蛋白与基因组 RNA 内在作用机制在 DNA 支架上进行原位可控组装体系的设计，展示了 DNA- 蛋白复合结构的多级可控构筑。以烟草花叶病毒（TMV）基因组 RNA 作为模式系统，研究人员探索了不同条件下 TMV 基因组 RNA 与衣壳蛋白的相互作用规律及其对病毒颗粒的装配调控。TMV 基因组特定的组装起始序列可有效引导核酸与病毒衣壳蛋白的特异性结合并引发体外重构组装，并且病毒蛋白管的组装长度是由 RNA 长度决定，从而为蛋白域的精确调控提供了可能。研究人员构建了一维到三维 DNA origami 模板作为支架结合不同长度的 TMV RNA 重组序列，引导后续的原位组装过程。通过支架表面结合位点和序列的设计，不仅实现 TMV 病毒蛋白管在 DNA 支架特定位置按一定组装程序进行定向装配生长，还完成蛋白管原位组装长度的有效调控。这些成果为构建复杂 DNA- 蛋白复合组装体系提供了新的策略。该策略还具有普适性，展现出以 DNA origami 为功能载体结合其他探针进行病毒组装与感染机制研究的潜力，为 DNA 纳米技术在生物医学领域的应用提供新的视角。[52]

4. 蛋白质自组装技术在生物医学中的应用

人体中的人血清白蛋白（HSA）等蛋白质是包括药物在内的小分子的天然载体。[55, 56] 闫学海课题组通过胶原蛋白与氯金酸在酸溶液中混合，带正电荷的胶原链与阴离子团通过静电相互作用促进胶原蛋白水凝胶的形成。随后通过化学还原阴离子团形成金纳米粒子（AuNPs），显著提高了凝胶的力学性能。[57] 同时，闫学海课题组利用带负电荷的 HSA 和带正电荷的聚 L－赖氨酸（PLL）静电自组装成纳米球，然后在二硫苏糖醇作为还原剂存在下，HSA 分子间二硫键重组形成胶体球。这种胶体球可以包封各种客体分子，在酸性和还原剂存在的环境中可快速释放包载物。[58]

苏州大学刘庄课题组通过牛血清白蛋白（BSA）与光敏剂 Chlorin e6（Ce6）结合，作为吡咯（Py）聚合的稳定剂，最终得到稳定的纳米颗粒。利用蛋白质稳定疏水光热试剂，不仅提高了试剂的稳定性，还为其他官能团提供了结合位点，使多功能生物医学试剂得以结合。[59] 紫杉醇（PTX）通过疏水相互作用与 HSA 结合，已被 FDA 批准。刘庄课题组通过 PTX、ICG 和 HSA 通过疏水相互作用自组装形成稳定的纳米颗粒，可同时进行化疗和光动力治疗。[60] 2018 年刘庄课题组用胶原酶（CLG）包覆以 Mn^{2+} 和酸敏苯亚胺有机连接剂为原料合成了纳米级配位聚合物（NCPs），并对其进行聚乙二醇（PEG）改性，得到CLG@NCP-PEG纳米颗粒。NCP结构在肿瘤酸性环境下破坏，释放的CLG酶可特异性降解肿瘤细胞质基质（ECM）的主要成分胶原，导致ECM结构疏松，增强肿瘤渗透，缓解缺氧。随后含有Ce6的脂质体表现出增强的滞留和肿瘤渗透，并且大大增强了光动力治疗的效果。[61]

三、国内外研究进展比较

尽管我国研究生物组装体纳米结构的历史较短，但在这一领域已做出了出色的工作，在病毒、微管、DNA、多肽等生物超分子组装方面获得了重要原创性成果，受到国外学者的广泛关注。

1. DNA/RNA 自组装

国外已经在DNA和RNA的自组装纳米材料制备以及应用方面有了深厚的研究积淀，我国的相关领域研究虽历史较短，但在一些领域已经取得突出成果，例如赵宇亮院士团队利用DNA的精准自组装，制备药物载送纳米机器人，实现在生命体内的精准递送，成为2018年中国十大科学研究进展之一，具有国际领先地位。刘冬生教授团队在DNA水凝胶的设计、制备以及功能化研究方面在国际上处于引领地位，2015年即首次实现了基于DNA水凝胶的快速细胞三维打印。同时基于DNA纳米技术和细胞仿生，刘冬生教授团队还提出了“框架诱导自组装”这一全新概念，为构建新型生物大分子组装结构以及拓展其功能应用提供了新的方式。樊春海教授团队在利用自组装DNA框架核酸结构进行生物分析、生物检测领域在国际上独树一帜，通过核酸结构调控检测探针与靶标分子表界面相互作用，克服了传统生物分析方法无法解决的难题，为精确和高灵敏生物分析、疾病早期筛查诊断建立了全新的技术平台。

2. 多肽自组装

国外多肽自组装的相关团队，在多肽体外可控自组装以及生物医学领域相关应用方面，还处在国际领先地位，其在大量自组装结构、组装动态调控等方面有着深厚的积淀。近年来，国际上多肽自组装发展趋势呈现两大特点，其一是开始向体内多肽自组装方向迈进，利用生命体的自发过程，加工和组装多肽，实现特定生物功能；其二是利用成熟的多肽纳米自组装材料，向具有临床转化前景的人工肌肉、可注射组织工程支架、药物筛选探针、药物递送等领域迈进，有望实现未来的转化。国内多肽自组装领域的发展起步相对较晚，可喜的是近年来，在多肽自组装技术，尤其是体内自组装技术方面，有了长足的进步。其结构调控、功能应用方面，达到国际领先水平，但是系统性研究以及组装机制、动力学/热力学等方面的基础研究较为薄弱。

3. 蛋白质自组装

我国学者在设计 DNA 或蛋白质超分子方面取得了长足进步，特别是利用分子识别和化学交联方法构建超分子组装体等方面建立了自己的特色。近年来，国外学者通过在 DNA 模板引入特异的 DNA 片段，例如引入适配体或锌指蛋白（ZFP）结合序列，以保证高效形成生物超分子结构。

为确保蛋白分子的高效组装还可以利用 DNA 结合蛋白，如 Zif268 和 AZP4 可以特异性地结合长度为 10bp 的 DNA 序列，从而成功地组装在矩形 DNA 结构表面。值得注意的是，AV-Zif268 结合到中心孔的效率能够增加 70%，平衡解离常数为 63nM，表明蛋白质在 DNA 纳米结构上的高效组装。同样，通过改变 pH 值、二价阳离子和互补的寡核苷酸，可实现蛋白分子在 DNA 树脂上特异位点上的成功组装。这些蛋白质组装体在促进蛋白质纯化和构建新型生物传感方面具有广泛的应用。

四、未来发展趋势和展望

（一）研究热点

1. DNA 自组装的生物医学应用

DNA 纳米结构在癌症诊断和治疗方面仍然存在挑战。首先，目前应用于生物医学领域的 DNA 结构种类还比较有限，主要包括 TDNs、管状和三角形折纸结构。它们的生理稳定性以及细胞摄取效率、机制等尚不清楚。必须对 DNA 纳米结构的药代动力学和生物分布进行更为深入的研究。其次，作为抵御细菌或病毒入侵而进化发展的先天性免疫系统通常容易识别外源性 DNA，进而引发免疫反应，如何通过生物信息学分析和筛选能够避免（或者在某些场景下利用）免疫反应的序列及其组装体也是 DNA 自组装纳米结构在生物医学领域应用优先需要考虑的一个因素。同时其诱导免疫的机制尚未被完全了解，需进一步探索研究。此外，与其他材料相比 DNA 的一个显著优势是其固有的分子动力学，使 stimuli 反应传递成为可能。然而，由于血浆结构表面存在自组装蛋白冠，这些 DNA 结构可能无法达到体外设计的反应动力学特征，如何设计在复杂环境下依然能够发挥相应生物学功能的 DNA 纳米组装结构也是该领域尤其值得关注的关键科学问题。

2. 多肽自组装过程的精密控制与理论计算相结合

近期的研究结果不断表明，同一条多肽或者多肽衍生物能够在不同诱导条件下经过不同的自组装途径形成截然不同的自组装结构；而结构相近的多肽化合物经过不同的方式诱导，虽然形成类似的自组装产物，但其自组装材料的宏观形态及微观结构都会有巨大的差异。对其组装过程如果能借助于强大的计算机模拟和大数据处理系统进行优化、筛选以及信息比对，将对实验本身起到重要的指导作用。例如发展计算机模拟来计算多肽自组装纳米结构的方法。通过理论计算方法可以在我们进行自组装序列设计时提供更多的结构信息，方便对我们的设计进行指导。

3. DNA 调节多酶复合物实现级联反应

未来，生物超分子应用范围包括具有复杂内外环境的细胞。在细胞中，所有反应发生在高浓度的细胞质和细胞室中。高的信号背景并不利于级联反应。为了促进代谢流向反应，生物体内存在许多酶形成的大组装体，例如蛋白酶体和光合系统或呼吸链超复合物等。酶组装体使得许多酶活性中心彼此靠近，从而能够提升反应物和中间产物浓度。因此，酶组装体可以利用多酶协同催化作用。同时，不同种类生物超分子组装体也可用于促进级联反应。DNA 调节的多酶复合物能够实现相应级联反应，辅因子再生和通过调节 DNA 模板上酶的距离可实现 FRET 效应。为了进一步增加级联反应效率，还可以在酶分子之间引入辅助因子，促进级联反应。

将来，生物超分子的另一个主要发展方向还包括抗体药。传统上，这些药物分子通过基因工程的基因融合引入抗体，或者抗体被修饰从而引入靶分子，PEG，和其他功能分子，以增加其效率，稳定性和体内循环性能。将来的医学治疗则可通过生物大分子自组装技术把多个抗体分子精确排列、组合，并且将其整合到特定器件。为此，基于 DNA 的蛋白质溶液和界面组装被设计和开发也将成为将来研究的热点。这些抗体具有相同的方向和较高的密度，在生物医学分析和实际应用上具有前景。

4. 活体内多肽纳米结构的可视化新方法开发

由于多肽本身的组成和细胞中的成分类似，其形成的纳米线在活细胞内的观察会受到细胞内本身的天然蛋白纤维的干扰，而如何能够在活体内，直观简便地观察到超分子自组装的形成是目前需要解决的一个问题。这需要与先进的标记技术、成像技术相结合。其中一个可行性的方案是应用随机光学重建显微镜技术，通过解析重构，实现在活细胞内观察超分子自组装的生成。

（二）面临的挑战和难题

目前，系统地理解多肽自组装的调控机制和热力学性质至关重要，但其研究仍处于起步阶段。对于结构不同的多肽链段为何以及如何形成形状各异的组装体还没有很好理解。在尺寸、形状和稳定性方面，影响纳米结构形成的关键因素以及如何控制纳米组装过程依旧模糊不清。如何对组装或形貌转化过程进行动态控制仍然是一个难题；如何获取纳米结构原位形成或形貌转化的直接证据也存在极大挑战。因此，应发展新的分析方法和技术来表征原位和体内组装体的形态，定量 / 时空地监测自组装的动态过程，并确定内源性刺激因素。

同时，纳米自组装生物材料在使用过程中依然面临着重重困难。例如，其在体内的稳定性、递送效率、代谢毒性以及生物安全性等均是此领域的关键性问题。纳米药物载体的生物可降解性，生物安全性是其临床转化前需要全面评估的重要因素。纳米药物载体的体内生物学行为，如稳定性、生物分布、新陈代谢、排泄和对身体的长期影响，这些研究大部分都处于早期阶段，需要人们投入更多的精力确保载体材料的安全性，使其更好地应用于临床。药代动力学对于所有自组装纳米材料，需要通过标准化，经过验证的方法进行评估，全面评价自组装纳米材料全身给药后的体内生物分布（如肝脏和脾脏）及其体内毒性。另外还迫切需要在纳米药物开发中找到适合的药代动力学评价体系。

虽然在过去的二十年中，纳米自组装材料的设计和合成取得了很大的进步，基本已经确定了其具有明显商业化潜力的独特特性，但是多肽材料的商业化仍处于起步阶段。

（三）未来发展趋势及展望

通过多肽自组装过程的精密控制与理论计算相结合，前期可以为我们进行自组装前体材料的设计提供更多的结构信息。此外，活体内多肽纳米结构的可视化新方法开发也非常重要。

随着对结构设计和自组装的更深理解，人们对纳米自组装的热力学和动力学的大量研究，未来，这一研究领域有望向更复杂的结构发展，甚至向更接近真实生物结构的系统发展。例如：①含有更多功能序列肽受热力学和动力学共同影响，在结构组装调控方面受到高度重视；②为了更好地设计具有不同结构和功能的纳米自组装材料，拓展其在生物领域的应用范围；③ DNA 以及多肽自组装纳米结构能否实现自身组装信息的存储，实现结构和功能的自我复制，结合 DNA、多肽和其他功能生物分子，构建类似于亚细胞器等生物功能组件的高级复杂系统。

另外，在复杂的体内生理条件下，由于纳米自组装材料的动态性，使其在生物体内形态和结构发生变化，从而影响其性能。利用化学自组装和生物医学，提出的“体内自组装”策略，有望在生物体内原位构建功能性纳米材料。一方面，可以进一步观察和理解复杂生理条件下的自组装和转化过程；另一方面，通过精确调节体内特定区域的非共价相互作用，而不是通过自组装纳米材料的不受控制的稳定性，进一步实现原位构建和转化，从而发挥稳定的生物学效应，并且有利于临床转化。

随着科学家对组装过程热力学和动力学机制的更深一步的研究，以及对构建更接近生物结构的复杂系统的研究。我们相信，纳米自组装生物技术将会在生物医学领域发挥更重要的作用；越来越多的纳米自组装材料会转入临床研究，最终应用于临床医学！

参考文献

[1] J D Hartgerink，E Beniash，S I Stupp. Science，2001，294：1684-1688.
[2] P Guo，C Zhang，C Chen，et al. Molecular Cell，1998，2：149-155.

[3] Y Shu，F Pi，A Sharma，et al. Adv Drug Deliv Rev，2014，66：74–89.
[4] S H Um，J B Lee，N Park，et al. Nat Mater，2006，5：797–801.
[5] E Cheng，Y Xing，P Chen，et al. Angew Chem Int Ed，2009，48：7660–7663.
[6] Y Shao，H Jia，T Cao，et al. Acc Chem Res，2017，50：659–668.
[7] C Li，A Faulkner–Jones，A R Dun，et al. Angew Chem Int Ed，2015，54：3957–3961.
[8] Y Wu，C Li，F Boldt，et al. Chem Commun，2014，50：14620–14622.
[9] H Tang，X Duan，X Feng，et al. Chem Commun，2009：641–643.
[10] E Cheng，Y Li，Z Yang，et al. Chem Commun，2011，47：5545–5547.
[11] Y Xing，E Cheng，Y Yang，et al. Adv Mater，2011，23：1117–1121.
[12] J Li，C Zheng，S Cansiz，et al. J Am Chem Soc，2015，137：1412–1415.
[13] Y Shao，Z Y Sun，Y Wang，et al. ACS Appl Mater Interfaces，2018，10：9310–9314.
[14] S Li，Q Jiang，S Liu，et al. Nat Biotechnol，2018，36：258–264.
[15] Y Du，Q Jiang，N Beziere，et al. Adv Mater，2016，28：10000–10007.
[16] J Liu，L Song，S Liu，et al. Nano Lett，2018，18：3328–3334.
[17] X Liu，F Zhang，X Jing，et al. Nature，2018：559，593.
[18] M Li，C Wang，Z Di，et al. Angew Chem Int Ed，2019，58：1350–1354.
[19] B Liu，F Hu，J Zhang，et al. Angew Chem Int Ed，2019，58：8804–8808.
[20] Y Xia，R Zhang，Z Wang，et al. Chemical Society Reviews，2017，46：2824–2843.
[21] H Li，J Gao，Y Shang，et al. ACS Appl Mater Interfaces，2018，10：24459–24468.
[22] Z Hai，Y Ni，D Saimi，et al. Nano Lett，2019，19：2428–2433.
[23] Z Huang，Q Yao，J Chen，Y Gao，Chem Commun，2018，54：5385–5388.
[24] S Wei，X R Zhou，Z Huang，et al. Chem Commun，2018，54：9051–9054.
[25] P P Yang，Q Luo，G B Qi，et al. Adv Mater，2017，29：1605869.
[26] X X Hu，P P He，G B Qi，et al. ACS Nano，2017，11：4086–4096.
[27] A–P Xu，P–P Yang，C Yang，et al. Nanoscale，2016，8：14078–14083.
[28] Y Wang，W Qi，R Huang，et al. J Am Chem Soc，2015，137：7869–7880.
[29] K Liu，R Xing，C Chen，et al. Angew Chem Int Ed，2015，54：500–505.
[30] S Kiran，Z Hai，Z Ding，et al. Chem Commun，2018，54：1853–1856.
[31] W Tang，Z Zhao，Y Chong，C Wu，Q Liu，J Yang，R Zhou，Z X Lian，G Liang，ACS Nano，2018，12：9966–9973.
[32] J Zhan，Y Cai，S He，et al. Angew Chem Int Ed，2018，57：1813–1816.
[33] L L Li，S L Qiao，W J Liu，et al. Nat Commun，2017，8：1276.
[34] L L Li，Q Zeng，W J Liu，et al. ACS Applied Mater interfaces，2016，8：17936–17943.
[35] C Liang，L Zhang，W Zhao，et al. Adv Healthc Mater，2018，7：e1800899.
[36] J Li，A Wang，P Ren，et al. Chem Commun，2019，55：3191–3194.
[37] C Wu，R Zhang，W Du，et al. Nano Lett，2018，18：7749–7754.
[38] Q Yao，F Lin，X Fan，et al. Nat Commun，2018，9：5032.
[39] Y Shang，D Zhi，G Feng，et al. Nano Lett，2019，19：1560–1569.
[40] J Tan，M Zhang，Z Hai，et al. ACS Nano，2019，13：5616–5622.
[41] L L Li，H L Ma，G B Qi，et al. Adv Mater，2016，28：254–262.
[42] D Zhang，G B Qi，Y X Zhao，et al. Adv Mater，2015，27：6125–6130.
[43] Y Zhang，H Zhang，Q Zou，et al. J Mater Chem B，2018，6：7335–7342.
[44] C Ren，H Wang，X Zhang，et al. Chem Commun，2014，50：3473–3475.

[45] M Liang, K Fan, M Zhou, et al. Proc Natl Acad Sci U S A, 2014, 111: 14900–14905.
[46] Y Lei, Y Hamada, J Li, et al. J Control Release, 2016, 232: 131–142.
[47] G Rao, Y Fu, N Li, et al. ACS Appl Mater Interfaces, 2018, 10: 25135–25145.
[48] F Li, Y Chen, H Chen, W He, Z P Zhang, X E Zhang, Q Wang, J Am Chem Soc, 2011, 133: 20040–20043.
[49] L Ma, F Li, T Fang, et al. ACS Appl Mater Interfaces, 2015, 7: 11024–11031.
[50] Y Xu, J Ye, H Liu, et al. Chem Commun, 2008: 49–51.
[51] C Hou, Q Luo, J Liu, et al. ACS nano, 2012, 6: 8692–8701.
[52] K Zhou, Y Ke, Q Wang. J Am Chem Soc, 2018, 140: 8074–8077.
[53] Y Hou, Y Zhou, H Wang, et al. ACS Cent Sci, 2019, 5: 229–236.
[54] D Liu, W H Wu, Y J Liu, et al. ACS Cent Sci, 2017, 3: 473–481.
[55] C–Y Tang, Y–h Liao, G–S Tan, et al. RSC Advances, 2015, 5: 50572–50579.
[56] F P Gao, Y X Lin, L L Li, et al. Biomaterials, 2014, 35: 1004–1014.
[57] R Xing, K Liu, T Jiao, et al. Adv Mater, 2016, 28: 3669–3676.
[58] F Zhao, G Shen, C Chen, et al. Chemistry, 2014, 20: 6880–6887.
[59] X Song, C Liang, H Gong, et al. Small, 2015, 11: 3932–3941.
[60] Q Chen, C Liang, C Wang, et al. Adv Mater, 2015, 27: 903–910.
[61] J Liu, L Tian, R Zhang, et al. ACS Appl Mater Interfaces, 2018, 10: 43493–43502.

撰稿人：李莉莉　卢仕兆　高　远　郭培轩　刘俊秋　王　浩

纳米生物效应研究现状与展望

一、引言

纳米生物效应是将纳米技术与生物、化学、物理、毒理学与医学等领域的实验技术结合起来，研究纳米尺度物质与生命过程相互作用及其结果的一个新兴科学领域。当物质细分到纳米尺度时，会出现一些特殊的物理化学性质，例如量子尺寸效应、表面效应以及宏观量子隧道效应等。即使化学组成相同，纳米物质的生物效应也可能不同于微米尺寸以上的常规物质。因此，根据常规宏观物质研究所得到的生物学效应与安全性评价结果，可能并不适用于纳米物质。科学家们推测，纳米尺度物质对生命过程的影响，有正面的也会有负面的。正面纳米生物效应，将为疾病的早期诊断和高效治疗带来新的机遇和新的方法；负面纳米生物效应（也称为纳米毒理学），主要是以科学客观的方式描述纳米材料 / 颗粒在生物环境中的行为、命运以及效应，揭示纳米材料进入人类生存环境对人类健康可能的负面影响。纳米生物效应和安全性的研究将加强我们对纳米尺度下物质对人体健康效应的认识和了解，这不仅是纳米科技发展产生的新的基础科学的前沿领域，也是保障纳米科技可持续发展的关键环节。

二、国内研究进展

我国是世界上较早开展纳米生物效应和安全性研究的国家之一。近年来，我国纳米生物效应发展取得了巨大进步，研究水平位于世界前列。早在 2001 年，中国科学院高能物理研究所就提出了“开展纳米生物效应、毒性与安全性研究”的建议，与国际完全同步；2004 年，中国科学院高能物理研究所正式成立了我国第一个“纳米生物效应实验室”；2006 年 6 月 22 日，国家纳米中心与中国科学院与高能物理研究所共同建立“中国科学院纳米生物效应与安全性重点实验室”，开展纳米材料的生物效应研究，标志着我国的纳米生物效应与安全性研究已初步进入系统化规模化的研究阶段。2007年，该实验室的赵宇亮研究员编著了世界上第一部纳米生物效应和安全性领域专著*Nanotoxicology*，产生了重要的国际影响，并主编出版了《纳米生物效应与安全性》系列丛书，有力地推动了这个新的分支学科在国内外的形成和发展。目前，我国在纳米材料的细胞与分子效应机制；生物体内吸收、分布、代谢、排泄；急慢性毒性；纳米颗粒进入中枢神经系统及神经生物学的效应；呼吸暴露纳米颗粒对心肺系统的生物效应；肠道摄入纳米材料的生物效应；纳米特性与生物效应的相关性及纳米生物效应和安全性的实验技术与研究方法等重要研究方向上已经形成了较为系统的研究体系。通过广泛深入地合作，不仅促进和加强了学科之间的融合与交叉，整合我国纳米、生物、化学、物理学、医学以及核技术等领域的优势力量，而且扩大了我国纳米生物效应的研究队伍，培养了一批能够在前沿交叉学科领域从事高水平科学研究的专业人才，取得了重大的科研成果。

（一）纳米生物效应和安全性实验技术与研究方法

随着纳米材料定量分析的发展，未来的研究更需要基于纳米 – 生物体作用过程的特点，发展超高灵敏、超高分辨、原位、非标记、高通量、动态快速检测的新分析方法和分析策略，实现纳米材料的精准定量和准确定位，并动态地获取纳米材料的关键化学结构信息，这些含量、组成及化学结构等时空关联信息将为纳米生物医学的研究提供全方位、真实、可靠的生物学与化学证据。近几年来，我国科研人员在复杂介质中纳米材料定量分析、纳米材料化学 / 生物转化分析方面取得了一系列创新成果。

纳米材料和生物体相互作用的规律研究，尤其是代谢与排泄，是保障纳米材料生物医学应用及在工业等领域安全应用的重要基础科学问题。纳米材料与生物体的相互作用主要包括吸收、分布、代谢与排泄（absorption，distribution，metabolism andexcretion，ADME）四个主要过程，针对不同过程的特点，需要使用针对性的定量分析方法。①吸收：纳米材料暴露后，首先跨越生物屏障吸收入血，这是一个极为快速的过程，因此，快速、实时成像分析包括超声成像、分子光谱成像、X 射线成像等非常适合纳米材料的定量表征。②分布：纳米材料进入生物体，将在生物体内转运、蓄积与组织分布。定量分析研究，既需要考虑分布的动态过程，也需要考虑组织深度的精确定位、极低含量的灵敏检测；因此，既可通过光学、磁共振成像、核成像等方法等定量纳米材料的动态转运过程，也可通过原子光谱（电感等离子耦合质谱等）、同位素标记与示踪、中子活化、同步辐射等高灵敏检测其组织分布。③代谢：不同组织和脏器中的纳米材料通过一系列的物理、化学与生物学过程将逐步被代谢，原位、化学结构分析的定量方法如 X 射线吸收精细结构谱（XAS）、高效液相色谱 – 质谱联用等技术非常适合研究相关过程；通过液体池透射电镜、XAS 与 X 射线超高分辨成像联用等手段，能够在单细胞、单颗粒水平原位地研究代谢的化学过程与机制。④排泄：经过代谢的纳米材料被机体清除，高分辨、高灵敏的同位素分析、元素成

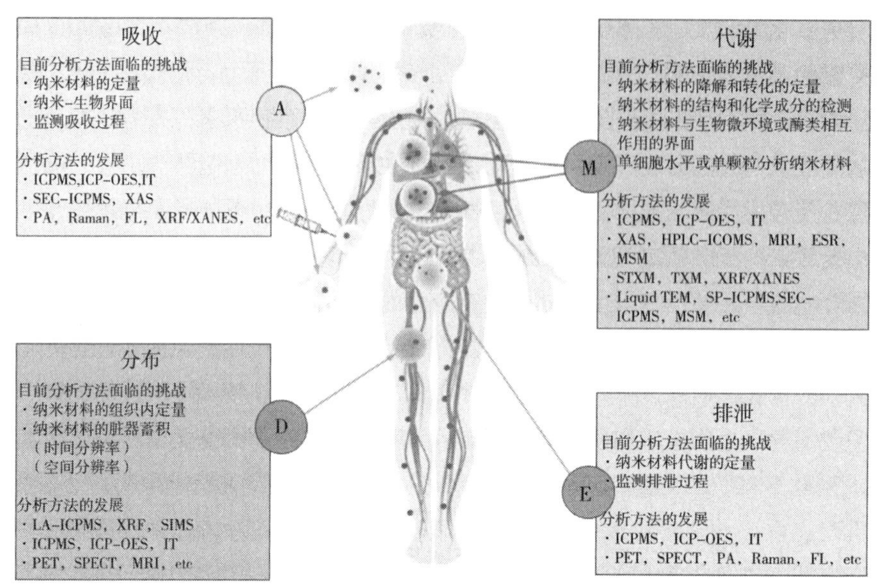

图 1　纳米材料的吸收、分布、代谢与排泄过程适用的分析方法与策略

像与定量分析非常适合定量捕捉被排泄的纳米材料及代谢产物。

单细胞分析技术可获得单个细胞的个体信息，也应用于纳米材料生物效应的研究中。王萌等[1]建立了 ICP-MS 单细胞元素分析方法，定量分析了单细胞中量子点和金属富勒醇，得到了基于单细胞分析的细胞吞噬金属纳米颗粒效应曲线。将 ICP-MS 与激光剥蚀系统联用，实现了单细胞中的金纳米颗粒的绝对定量分析。

基于先进的同步辐射光源的分析技术为纳米生物效应和安全性研究提供了高灵敏的分析表征方法。例如，基于同步辐射光源的 NanoCT 分析空间分辨率已达到数十纳米量级，可用于组织、细胞内纳米材料分布的三维成像。陈春英课题组[2]利用 NanoCT 首次将纳米颗粒的细胞转运与化学转化关联，结合分子与细胞生物学证据，揭示了纳米银细胞毒性的化学机制。X 射线吸收精细结构（XAFS）谱可灵敏地反映纳米材料中特定元素在复杂生物、环境样品中的赋存状态，从而应用于纳米材料的转化与解离研究。何潇等[3]利用 XAFS 证明了与细胞的直接接触能够促进含金属纳米颗粒金属离子的释放并导致细胞毒性。

同步辐射分析技术也是研究“纳米 - 生物”界面相互作用，揭示纳米材料生物效应机制的重要手段。基于微探针技术的 X- 射线荧光光谱（μXRF）结合 X 射线吸收近边结构（μXANES）谱分析技术，可提供纳米材料的体内分布及原位化学形态信息，空间分辨率可达 100 nm，可应用于纳米材料的体内转化和降解研究。如王黎明等[4]应用 XANES 揭示了金纳米棒与牛血清白蛋白的结合方式，应用 μXRF 研究了金纳米棒 -BSA 复合体在细胞内的转运和降解过程。扫描透射软 X 射线谱学显微成像（STXM）技术的空间分辨率达到了 30 nm 级别，马宇辉等[5]利用 STXM 证明了二氧化铈纳米颗粒在植物根系表面可以发生化学形态转化。

同位素示踪技术是目前生物环境体系中纳米材料特别是碳纳米材料定量分析的最可靠方法。如利用放射性 ^{14}C 标记或稳定同位素 ^{13}C 标记的碳纳米管、富勒烯及其衍生物、石墨烯和碳量子点等碳纳米材料，对碳纳米材料在生物体内进行定量分析。[6] 利用正电子核素 ^{64}Cu 合成 Cu 纳米团簇，成功实现了 Cu 纳米团簇的活体 PET 成像。[7]

（二）纳米材料对重要组织、器官的影响

在纳米材料的应用过程中，纳米材料进入人体的途径主要包括呼吸道吸入、经口摄入、皮肤接触和药物注射等。其中，呼吸道是纳米材料进入职业人群机体的主要途径之一，因而也是纳米材料毒性效应的重要靶器官。我国在此方面的研究开展较早，研究揭示了纳米材料暴露对机体呼吸系统造成的生物毒效应包括氧化应激损伤、DNA 损伤、炎症反应和由此恶化成的肺纤维化、尘肺等。[8] 如对量子点的研究发现，含镉量子点主要通过氧化应激反应，攻击免疫细胞等造成机体肺部损伤。量子点的理化特性，包括尺寸、结构、表面化学修饰等都可以影响量子点的毒性效应，同时，这些理化特性也可以成为降低量子点毒性的材料安全应用设计目标。[9]

消化道也是纳米物质进入人体内的一个重要途径。纳米物质可能以多种形式经消化道进入人体。例如呼吸道的上皮纤毛运动能把吸入的纳米颗粒导入食道；食用含有纳米颗粒（如食品添加剂）的食品；口服含有纳米材料的药物或药物载体。我国多个课题组对用途最广泛的金属 / 金属氧化物 / 碳纳米材料，如纳米铜、纳米锌和纳米 TiO_2、纳米银、碳纳米材料（SWCNTs、MWCNTs、GO）等对胃肠道的损伤效应进行了广泛的研究。[10, 11] 丰伟悦课题组[9] 研究发现经口暴露纳米材料的生物效应与纳米材料的物理化学性质和胃肠道的生物微环境密切相关。人体肠道微生物作为人体一个重要的“器官”，参与人体的食物摄取、能量代谢、免疫调控等。对碳纳米材料的经口暴露研究发现碳纳米管对典型的肠道微生物具有明显的抑菌作用，并呈现显著的剂量效应关系，其抑菌作用主要通过裂解和破坏细菌细胞壁的完整性来实现。而单层片状的氧化石墨烯在特定条件下具有良好的生物相容性，能够显著地促进厌氧菌的增殖，并增加链状双歧杆菌 *B. adolescentis* 对于病原菌 *E. coli* 和 *S. aureus* 的拮抗能力。[10]

纳米材料暴露对机体其他脏器系统，如肝脏、肾脏、免疫系统、神经系统等也都可能产生不同程度的损伤作用。最近的研究发现，银纳米颗粒暴露促进了肝脏细胞发生凋亡，与氧化应激诱导的线粒体损伤密切相关。[11] 有研究揭示量子点通过激活促凋亡基因 *Bcl-2* 和抑制抗凋亡基因 *Bax* 的表达促进肝脏细胞的凋亡。[12]

此外，近年来的研究对纳米材料暴露对免疫系统和神经系统的影响也有初步涉及。如研究发现碳纳米颗粒暴露可以影响生物免疫系统，激活巨噬细胞内炎症通路，促进促炎性细胞因子分泌增加，导致细胞死亡。[13] 有研究发现，量子点暴露可以损伤海马神经元，

影响生物体学习和记忆能力，这些毒性效应与量子点在分子水平上影响突触可塑性和促炎症信号通路密切相关。[14, 15]

近年来，我国已有课题组结合已获得的生物效应和安全性研究结果和纳米材料独特的理化性质，对纳米金属氧化物的毒性效应进行了定量构效关系（QSAR）的研究，期望能够有效预测新型纳米材料的生物效应并寻找影响其生物效应和安全性的关键纳米特性。[16]

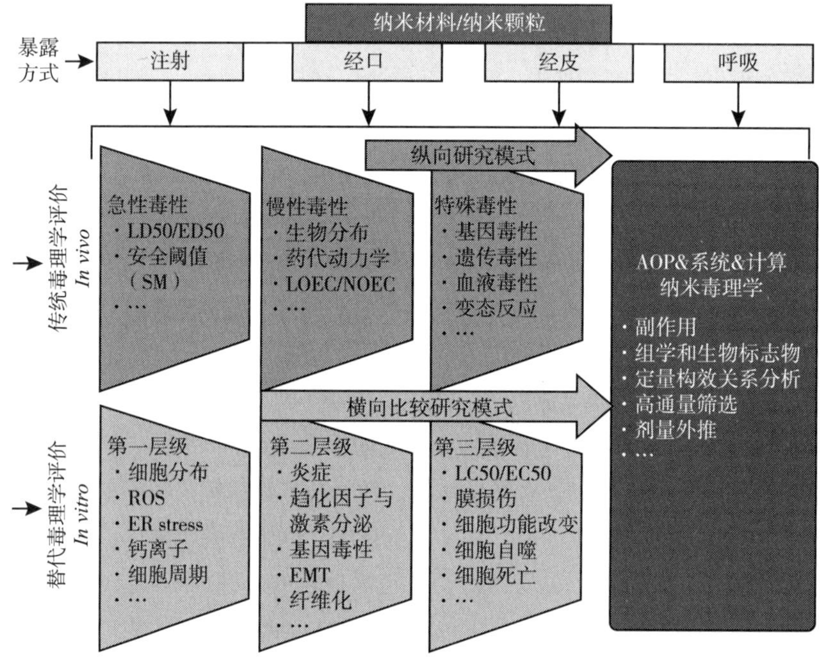

图 2　对应传统安全性评价策略，建立针对纳米材料的分层级评价策略

（三）纳米材料的细胞摄取及胞内转运机制

纳米材料通过不同途径进入人体，随血液循环分布到各组织器官，从而与人体各种细胞接触作用。纳米材料的细胞摄取及胞内转运是其生物安全评价的重要环节，是研究的热点和重点。

在之前获得的纳米材料容易通过内吞和扩散的方式进入细胞的基础上，这几年大量研究集中在纳米材料与细胞的相互作用、进入细胞的具体途径、胞内的转运及排出以及纳米参数和外部环境因素对这些过程的影响。

纳米材料的细胞摄取研究从初始比较简单的摄取量及摄入途径的研究，拓展到揭示纳米材料与细胞膜的作用、进入细胞的途径、在细胞内的转运和排出的完整过程。[17, 18]

近几年，纳米材料表面蛋白冠对其细胞摄取和胞内转运的影响备受关注。一旦纳米材料进入生物体系，其表面会迅速吸附蛋白质等生物分子，形成蛋白冠。蛋白冠显著影响纳米材料的细胞摄取及随后的胞内转运。蛋白冠形成是一个复杂的、非平衡的动力学过程，很多因素影响蛋白冠的形成和组成。赵宇亮和陈春英等采用实验和理论相结合的方法研究了碳纳米管与血液蛋白的作用，发现碳纳米管易吸附血液蛋白，并因此减小了细胞毒性。[19]此外，体系中的生物分子也会改变纳米材料的分散状态，进而改变细胞摄入的方式和路径。

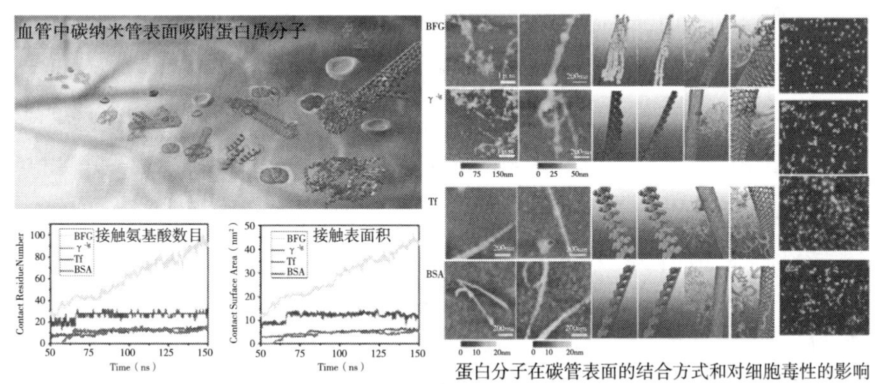

图3　蛋白冠的形成显著影响碳纳米管的生物学效应

影响纳米材料的细胞摄取的参数有很多，其中，尺寸、形状、亲疏水性、表面化学是重要影响因素。这几年，对这些因素的研究更细致、深入。例如合成系列长径比不同及表面基团不同的金纳米棒，研究它们的细胞摄取途径及胞内转运，发现特定长径比的纳米粒子更容易进细胞。[20]除了上述因素，其他理化因素也陆续得到关注，包括纳米材料表面分子类型和排列结构，纳米材料的硬度等。另外，从细胞培养方面也发现细胞代谢活力、细胞外排物、细胞周期、细胞培养的基底等也会影响细胞对纳米材料的摄取。

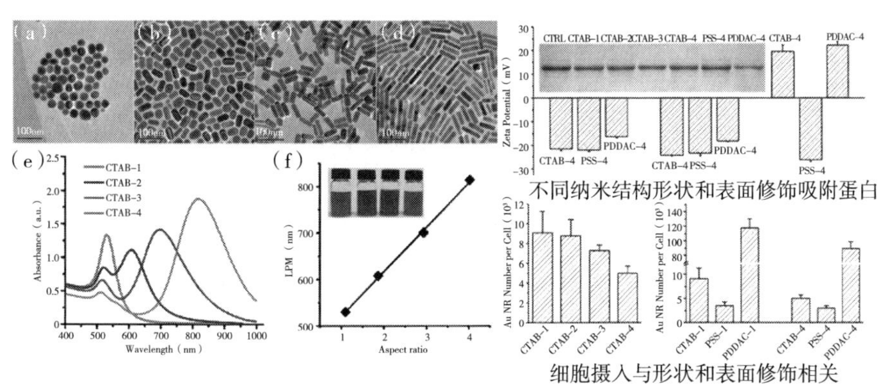

图4　纳米材料的尺寸、形状与表面性质显著影响碳纳米管的生物学效应

除了实验研究，不少理论和计算研究关注纳米材料和细胞相互作用。通过理论模拟，研究纳米材料的粒径、形状、硬度等性质和细胞摄取的关系。[21-23]这些研究有助于我们今后预测纳米材料的细胞摄取。

（四）纳米材料在生物体内代谢与转运过程

纳米材料在生物体内的代谢和清除规律研究，是保障纳米材料生物医学应用及在工业等领域安全应用的重要基础科学问题。迄今为止，大量研究表明纳米材料毒性效应来源于其在生物体内不良的吸收、分布、代谢和排泄过程，即 ADME 性质。纳米材料的血液循环特征、体内 ADME 特征和代谢模式决定了其在体内的生物活性（效应）与生物毒性之间微妙的平衡关系。

我国学者总结了金属及金属氧化物纳米材料、碳纳米材料和量子点等在大鼠、小鼠、秀丽线虫等模式生物体内的 ADME 行为。[24]已有的研究揭示纳米材料在体内的 ADME 行为受材料暴露途径、纳米物理化学特征（尺寸、比表面积、形状、表面化学修饰等）、组织器官的微结构、纳米材料与生物微环境的作用及纳米材料－蛋白质冠（protein corona）的形成及性质等因素决定。

大部分纳米材料（CNTs、QDs、Au、TiO_2、ZnO、Cu 等）在体内的 ADME 性质呈现非线性的、非剂量依赖的特征。[25-27]例如，对 QDs 的研究表明，在较高的暴露剂量下（0.5 nmol/ 小鼠），QDs 主要分布在肝、脾、肺和肾等网状内皮系统；而较低的暴露剂量下（0.02 pmol/ 小鼠 或 20 pmol/ 大鼠），QDs 在肝、脾、肺、肾、淋巴结、小肠、胰腺和脑等组织器官呈现较宽的分布范围。通常情况下，粒径较小的纳米颗粒能够分布于脑、肺、肝、肾等脏器，而较大的颗粒则不能被小肠吸收进入血液循环。进入血液循环的纳米颗粒在体内的清除去向与颗粒物的尺寸密切相关，小于 5 nm 的纳米颗粒可经肾脏排出体外，大于 200 nm 的颗粒物，经肝脾代谢。纳米材料的形状会影响其在血液的循环半衰期。

组织器官的超微结构特征也决定了纳米材料的代谢途径。例如肝脏中肝血窦隙孔径大小为 100 ~ 200 nm，允许尺寸小于 100 nm 的颗粒进入肝窦周的 Disse 间隙。纳米材料在主动脉和门静脉中的流速 10 ~ 100 cm/s，而流经肝血窦时，降至 200 ~ 800 μm/s，增加了纳米颗粒与肝血窦内 Kupffer 和血管内皮细胞的接触概率。对量子点的研究表明，肝组织中约 84% 的 Kuper 细胞，81% 的肝 B 细胞和 65% 的肝血窦内皮细胞参与了纳米材料的摄取。[27]

纳米材料进入体内后，会暴露于不同的生物微环境下，酸性的 pH 条件会使纳米材料（如 Ag、FeOx、CdSe、ZnO 等纳米颗粒）溶解；而体内一些氧化酶系和 ROS 可以使碳纳米材料降解成小分子[28]。纳米材料在体内的降解会降低其在靶器官的蓄积。纳米材料进入血液后会迅速吸附血液中蛋白（小于 0.5 min），形成纳米颗粒－蛋白冠复合物，从而影响纳米材料在体内的 ADME 性质。

（五）纳米材料的分子效应机制研究及系统生物学方法

纳米产品的不断涌现和纳米技术的快速升级对纳米生物效应和安全性研究提出了新的挑战和要求，除了需要在细胞或动物水平对新型纳米材料进行毒性鉴别和安全性评估外，在分子层面对纳米毒性的深入探索可以有效指导纳米产品的安全性设计与合成以减低或消除其环境健康危害。因此，纳米材料的分子效应机制的研究在近几年受到了越来越多的关注。纳米材料的分子效应机制是从分子水平上研究纳米颗粒与生物机体相互作用的学科，探究生物机体对纳米颗粒物结构性质的影响，即纳米颗粒物的生物转化。

目前，通过借鉴传统的研究方法，对纳米颗粒物的 AOPs 研究主要集中于以下几方面：①纳米颗粒物与细胞膜受体 Toll-Like receptor 的相互作用引发细胞因子的分泌；②纳米颗粒物与细胞膜脂质分子的相互作用引发的细胞凋亡与坏死[31]；③纳米颗粒物与细胞溶酶体磷脂、磷酸蛋白的相互作用引发的溶酶体功能损伤，组织蛋白酶 B 释放，NLRP3 炎性体激活，自噬流抑制[29-31]；④金属纳米颗粒物释放金属离子与线粒体细胞色素 C 相互作用引发的细胞凋亡。纳米颗粒物的生物转化研究相对较少，主要集中在金属纳米颗粒物。如我国学者发现稀土金属氧化物纳米颗粒在植物及哺乳动物细胞中会转化为海胆状的稀土磷酸化合物。[32-34]

除了传统的研究方法，系统生物学方法，特别是组学技术在分子纳米生物效应和安全性研究中也发挥着越来越重要的作用。系统生物学方法的优势在于可以对纳米颗粒物引发的生物分子的改变进行系统性的检测。基因组学[35]、蛋白组学[36]和代谢组学[37]已经被用于碳纳米管、二氧化钛、二氧化硅以及纳米银等纳米材料毒性机理的研究。尽管组学技术可以鉴定到大量生物分子表达量的变化，但是对于其所对应的 AOPs 的验证非常有限，主要集中于细胞炎症响应、细胞迁移及细胞凋亡坏死等已知的信号通路。

（六）理化性质对其生物效应的影响机制

纳米材料的组成、尺寸、形状、表面积、表面电荷、金属杂质及聚集状态等一系列基本理化性质被确定与纳米材料所引发的细胞氧化应激及炎症效应密切相关。2011 年后，随着纳米科技日新月异的发展，纳米材料的革新也极为快速，新的理化性质层出不穷，这些理化性质受生物微环境影响也变得非常显著，然而它们与生物效应之间的关系在前十年的研究中很少被认识和提及。我国研究人员在了解纳米材料基本的性质 – 活性关系的基础上，对更深层次的理化效应展开了深入的研究。2013 年，赵宇亮和陈春英分别在 *Account Chemical Research* 和《科学通报》上发表综述性论文，详尽地介绍了纳米材料的理化性质与其引发生物效应之间的密切关系，高度凝练了这一阶段所取得的显著成果，并对未来发展方向给予展望[38, 39]，这两篇文章的发表对国际国内纳米生物效应和安全性的发展起着深远的影响。进一步通过研究病变生理条件下氧化石墨烯的生物效应，发现在病变生理条件下，生物体系会产生过量的过氧化氢，促进氧化石墨烯产生更为显著的活性氧自由基（如羟基自由基），从而导致严重的细胞损伤。[40] 这一研究表明，纳米材料的理化性质并非孤立、一成不变，在研究其生物效应的过程中应当高度重视它们的媒介条件，而这一概念在前十年的研究中不被认识。在研究纳米材料表面性质时发现，CTAB 修饰的金纳米棒能够通过引发细胞膜的缺陷而导致细胞死亡，而这一毒性效应与表面 CTAB 分子独特的双层结构相关，与分子的正电荷无关。[41] 这一研究颠覆了原有的认识，即带正电的纳米颗粒就一定会引发细胞毒性。研究证实纳米材料表面的分子组装形式和亲疏水性在引发细胞毒性响应的过程中扮演着极为重要的角色。张海元[42] 课题组在研究纳米材料的形状与生物效应关系时发现，不同的多面体材料能够引发差异性的细胞毒性，然而原因并不在于细胞能够精确地区分同一尺寸下的不同多面体的形状差异，而在于多面体表面不同的晶面活性在接触细胞时能够引发显著不同的相互作用。这一研究补充了原有的纳米材料形状依赖性生物效应的认识，阐明了纳米材料在形状上的差异不一定是引发细胞生物效应差异的关键因素。同时，这一研究也在一定程度回答了之前在纳米生物效应和安全性研究中所产生的一个困惑，即，是否高活性的纳米材料催化剂就一定会引发高水平的细胞损伤？事实上，一些具有高催化活性晶面的多面体材料在催化反应中和在生物体系中表现出截然不同反应机理，从而导致了高的催化活性、低的细胞毒性。

此外，近年来我国学者也密切关注了纳米材料相关应用产品中，纳米材料理化性质的演化及对生物体系的差异性影响。[43] 如：通过对化妆品中金纳米材料的分离和理化性质的分析及细胞毒性测定阐明了金纳米材料的安全性。纳米材料在大众消费产品中的分离和理化性质的鉴定极具挑战性，为纳米产品的安全性研究提供了可行的技术。

（七）预测纳米毒理学

纳米材料具有不同的尺寸，形状，化学组成和表面修饰，所有这些理化性质都可以影响纳米材料的生物效应，所以预测这些材料带来的风险是非常复杂的。对可以迅速有效地评估纳米材料潜在危险的筛选方法和能获取额外生物效应和安全性试验优先次序的测试策略有迫切需要。

纳米材料预测模型研究策略有几个方面。首先，必须有更大地从材料到终点所有阶段标准化毒性研究的数据。出于建立模型的目的，虽然在研究设计中标准化有抑制灵活性和创新的风险，但以相同的方式收集的数据是必要的。在这一领域具良好特点的标准化参考材料的发展对毒性测试具有重要作用。其次，研究中应设计具体和系统评估纳米材料物理化学性质行为作用的研究方法。例如，测试表面修饰对氧化应激压力需要更多的信息，不能只测试一个单一的纳米材料的氧化暴露。一般情况下，系统的测试一种纳米材料的属性（例如，电荷，尺寸，表面特性等）变化对确定物理化学性质如何影响生物活性是必要的。最后，一个开放的、用于存储和共享信息的系统是必要的。成功的数据共享系统必须以用户可以输入数据的共享和访问其他数据，同时保持秘密的敏感信息，鼓励更广泛地参与的方式发挥作用。

三、国内外研究进展比较

自 2003 年 *Science* 发表文章讨论纳米生物效应后，各国政府即先后启动了对纳米生物效应的研究。英国皇家学会和皇家工程院于 2004 年 7 月 29 日发布长达 95 页的报告，建议英国政府成立“纳米物质生物环境效应”研究中心。2003 年 10 月美国政府在没有预算的情况下，就增拨专款 600 万美元启动了该领域的研究工作。2004 年 12 月 5 日，欧共体在布鲁塞尔公布了《欧洲纳米战略》，把研究纳米生物环境健康效应问题的重要性，列在欧洲纳米发展战略的第三位。同时，欧洲宣布启动“纳米安全性综合研究计划”，全面开展纳米生物效应与安全性的研究。2005 年美国把纳米计划的总预算的 1% 投入纳米健康与环境的研究，多个政府部门同时支持此领域，在同年的美国化学会春季年会上，已经将纳米生物效应和安全性作为新的研究领域。

与国外相比，我国纳米生物效应和安全性学科发展起步较早，总体与国际处于同一水平，部分领域研究水平处于世界前列。在纳米生物效应和安全性某些重要的研究方向上，我国也形成了重要的研究成果和国际影响。

在纳米生物效应和安全性研究方法方面，我国科研人员近年来在复杂介质中纳米材料定量分析、纳米材料化学 / 生物转化分析方面取得了一系列重要的创新成果，将单细胞分析、NanoCT、X 射线吸收精细结构谱（XAFS）、X 射线荧光分析与 X 射线吸收近边结构谱（XANES）结合、同位素示踪等技术手段用于纳米生物效应和安全性研究形成了多项重要创新性研究成果。

在纳米材料的细胞摄取机制及胞内转运研究方面，国内和国际无明显差别，国际上相关研究也集中在研究纳米材料进入细胞的具体路径以及影响因素。在该方向上，国内外都更加重视研究多种影响因素的整体化作用，而不仅仅只是考虑某个特定因素，同时对纳米材料的转运途径研究也更为细致。

在理化性质与生物效应的影响机制方面我国也走在国际前列，这与我国研究工作起步早、研究团队稳定及研究计划周密是密不可分的。当前国际上相同研究领域的课题组一方面同样关注于更深层次的理化性质与生物效应的关系；另外，国际上也关注于含纳米材料的产品中纳米材料的理化性质的变迁及对生物效应的影响，同时也关注于这些纳米产品在使用过程中（如：激光打印机和 LED 灯）和经废物处理后（如：高温焚烧）的理化性质变迁及对人类和环境影响，而类似的工作国内研究团队都在相应的开展中。

中国和美国是纳米生物学领域发文量最高的两个大国，这两个国家合计贡献了纳米生物学领域 SCI 论文量的 46.4%。在纳米生物学领域的全部 15.4 万篇 SCI 论文中，包含来自美国的科学家的论文约 4.1 万篇，约占全部论文量的 26.7%；包含来自中国大陆的科学家的论文约 3.5 万篇，约占全部论文量的 22.6%，是纳米生物学领域的两个大国。德国和印度两个国家位居第二梯队，其发文量也在一万篇以上；韩国、日本、英国、法国、意大利等国家的发文量也都超过了六千篇，是纳米生物学研究的第三梯队。其他排名在前二十的还包括伊朗、西班牙、加拿大、澳大利亚等。

20 世纪 90 年代初，中国在该领域的发文量几乎为零，而美国在该领域的发文量占全球总量的 40% 以上。2000 年之后，中国在纳米生物学领域开始发力，发文数量直线上升，占比也稳步增加。而美国发文量的占比则同步下降。到 2014 年，中国首次超越美国，成为纳米生物学领域发文量最高的国家。而在 2018 年，中国的发文量已经超过了五千篇，比美国多了 60% 以上。预计 2020 年以后，中国的合计发文总量也将超过美国，成为该领域累积发文总量最多的国家。

四、未来发展趋势与展望

纳米材料生物安全性的研究是 21 世纪前沿科技面临的挑战，也是各国科学界共同面临的重大科学问题。纳米生物效应的基础研究作为保护人们健康免受纳米材料潜在危害的第一道防线，我国多领域的科学家们正致力于解决其中依然存在的问题。

纳米生物效应机理研究正在继续深入，在原有的理论框架下，引入新的概念和参数，同时建立新的知识体系。例如，对于纳米材料的理化性质不应该仅仅局限于考虑其体外状态，更重要的是应该包括进入机体后的纳米材料的性质是否会发生生物 / 化学变化，新的代谢产物进一步影响其生物效应；此外，应着重加强纳米材料的机制探讨，包括其在生命体内的分布和代谢，与生物大分子的相互作用机制等。

纳米生物效应研究方法学亟待丰富。迄今为止，所有传统实验方法都已经应用于纳米生物效应研究。然而，由于纳米材料物理化学性质的特殊性，除传统研究技术外，一方面许多常规技术需做一些必要的修正，另一方面需要新的实验研究方法和技术。同时，将实验室的研究数据与消费品的安全性指标直接关联必须克服许多重大的知识挑战和技术的鸿沟，其中纳米生物效应检测方法学可能是最重要的方面。实验室针对单一纳米材料的检测技术，很多难以直接用于纳米产品的复合体系检测。从生物分析和化学分析的角度看，这一新兴学科带来了许多重要的挑战，尤其是对纳米材料表征技术和生物分析以及化学分析技术的发展，带来了很多的技术发展的机遇。

纳米技术的快速发展需要配套的安全评估技术和策略来保证其可持续的发展。基于高通量方法的预测毒理学发展有待加快。当前，纳米预测毒理学发展的主要困难包括大批量对纳米材料进行安全性筛选的能力不足，缺乏用于预测毒性的核心结构 – 活性关系数据，无法在一次实验中涵盖所有的潜在有害材料及其性质，难以对昂贵的动物实验进行优先度分级，不考虑总体亚致死和致死剂量响应参数而使用单一响应参数所带来的局限性。发展高通量和高容量筛选方案，作为研究纳米生物效应、危害分级、区分动物研究、纳米定量构效关系模型以及指导纳米材料的安全设计的通用工具，在保障人类安全的情况下更好地设计并使用纳米材料。

参考文献

[1] Zheng L N, Wang M, Zhao L C, et al. Quantitative analysis of Gd@C_{82} (OH)$_{22}$ and cisplatin uptake in single cells by inductively coupled plasma mass spectrometry [J]. Analytical and Bioanalytical Chemistry, 2015, 407 (9): 2383-2391.

[2] Wang L M, Zhang T L, Li P Y, et al. Use of synchrotron radiation-analytical techniques to reveal chemical origin of silver-nanoparticle cytotoxicity [J]. ACS Nano, 2015, 9 (6): 6532-6547.

[3] He X, Pan Y Y, Zhang J Z, et al. Quantifying the total ionic release from nanoparticles after particle-cell contact [J]. Environmental Pollution, 2015, 196: 194-200.

[4] Wang L M, Li J Y, Pan J, et al. Revealing the binding structure of the protein corona on gold nanorods using synchrotron radiation-based techniques: understanding the reduced damage in cell membranes [J]. Journal of the American Chemical Society, 2013, 135(46): 17359-17368.

[5] Ma Y H, Zhang P, Zhang Z Y, et al. Where does the transformation of precipitated ceria nanoparticles in hydroponic plants take place? [J]. Environmental Science & Technology, 2015, 49 (17): 10667-10674.

[6] Chang X L, Ruan L F, Yang S T, et al. Quantification of carbon nanomaterials in vivo: direct stable isotope labeling on the skeleton of fullerene C60 [J]. Environmental Science: Nano, 2014, 1 (1): 64-70.

[7] Gao F P, Cai P J, Yang W J, et al. Ultrasmall [64Cu] Cu nanoclusters for targeting orthotopic lung tumors using accurate positron emission tomography imaging [J]. ACS Nano, 2015 9(5): 4976-4986.

[8] Wu T, Tang M, et al. Toxicity of quantum dots on respiratory system [J]. Inhalation Toxicology, 2014, 26 (2): 128-139.

[9] Chen H, Wang B, Gao D, et al. Broad-spectrum antibacterial activity of carbon nanotubes to human gut bacteria [J]. Small, 2013, 9 (16): 2735-2746.

[10] Chen H Q, Gao D, Wang B, et al. Graphene oxide as an anaerobic membrane scaffold for the enhancement of B. adolescentis proliferation and antagonistic effects against pathogens E-coli and S-aureus [J]. Nanotechnology, 2014, 25 (16): 165101.

[11] Xue Y, Zhang T, Zhang B, et al. Cytotoxicity and apoptosis induced by silver nanoparticles in human liver HepG2 cells in different dispersion media [J]. Journal of Applied Toxicology, 2016, 36 (3): 352-360.

[12] Zhang T, Hu Y, Tang M, et al. Liver toxicity of cadmium telluride quantumdots (CdTe QDs) due to oxidative stress in vitro and in vivo [J]. International Journal of Molecular Sciences, 2015, 16 (10): 23279-23299.

[13] Zhang T, Tang M, Kong L, et al. Surface modification of multiwall carbon nanotubes determines the pro-inflammatory outcome in macrophage [J]. Journal of Hazardous Materials, 2015, 284: 73-82.

[14] Wu T, He K, Zhan Q, et al. Partial protection of N-acetylcysteine against MPA-capped CdTe quantum dot-induced neurotoxicity in rat primary cultured hippocampal neurons [J]. Toxicology Research, 2015, 4 (6): 1613-1622.

[15] Wu T, He K, Zhan Q, et al. MPA-capped CdTe quantum dots exposure causes neurotoxic effects in nematode Caenorhabditis elegans by affecting the transporters and receptors of glutamate, serotonin and dopamine at the genetic level, or by increasing ROS, or both[J]. Nanoscale, 2015, 7 (48): 20460-20473.

[16] Ying J, Zhang T, Tang M, et al. Metal oxide nanomaterial QNAR models: available Structural descriptors and understanding of toxicity mechanisms[J]. Nanomaterials, 2015, 5 (4): 1620-1637.

[17] Wang L M, Liu Y, Li W, et al. Selective targeting of gold nanorods at the mitochondria of cancer cells: implications for cancer therapy[J]. Nano Letters, 2011, 11(2): 772-780.

[18] Zhang W Q, Ji Y L, Wu X C, et al. Trafficking of gold nanorods in breast cancer cells: uptake, lysosome maturation, and elimination[J]. ACS Applied Materials & Interfaces, 2013, 5: 9856-9865.

[19] Ge C C, Du J F, Zhao L N, et al. Binding of human serum proteins on single-wall carbon nanotubes reduces cytotoxicity[J]. Proceedings of the National Academy of Sciences of the United States of America, 2011, 108(41): 16968-16973.

[20] Yang H R, Chen Z, Zhang L, et al. Mechanism for the Cellular Uptake of Targeted Gold Nanorods of Defined Aspect Ratios[J]. Small, 2016, 12 (37): 5178-5189.

[21] Li Y, Yue T, Yang K, Zhang X, et al. Molecular modeling of the relationship between nanoparticle shape anisotropy and endocytosis kinetics[J]. Biomaterials, 2012, 33: 4965-4973.

[22] Ding H M, Ma Y Q, et al. Theoretical and computational investigations of nanoparticle -biomembrane interactions in cellular delivery[J]. Small, 2015, 11 (9-10): 1055-1071.

[23] Shan Y P, Ma S Y, Nie L Y, et al, Size-dependent endocytosis of single gold nanoparticles[J]. Chemical Communications, 2011, 47 (28): 8091-8093.

[24] Wang B, He X, Zhang Z Y, et al. Metabolism of nanomaterials in vivo: blood circulation and organ clearance[J]. Accounts of Chemical Research, 2013, 46 (3): 761-769.

[25] Wang J, Deng X, Yang S, et al. Rapid translocation and pharmacokinetics of hydroxylated single-walled carbon nanotubes in mice[J]. Nanotoxicology, 2008, 2 (1): 28-32.

[26] Su Y, Peng F, Jiang Z, et al. In vivo distribution, pharmacokinetics, and toxicity of aqueous synthesized cadmium containing quantum dots[J]. Biomaterials, 2011, 32 (25): 5855-5862.

[27] Zhu M, Feng W, Wang Y, et al. Particokinetics and extrapulmonary translocation of intratracheally instilled ferric oxide nanoparticles in rats and the potential health risk assessment[J]. Toxicological Sciences, 2009, 107 (107): 342-351.

[28] Qu G, Liu S, Zhang S, et al. Graphene oxide induces toll-like receptor 4 (TLR4) -dependent necrosis in macrophages[J]. ACS Nano, 2013, 7(7): 5732-45.

[29] Li R, Ji Z, Chang C H, et al. Surface interactions with compartmentalized cellular phosphates explain rare earth oxide nanoparticle hazard and provide opportunities for safer design[J]. ACS Nano, 2014, 8(2): 1771-1783.

[30] Li R B, Wang X, Ji Z X, et al. Surface charge and cellular processing of covalently functionalized multiwall crbon nanotubes determine pulmonary toxicity[J]. ACS Nano, 2013, 7(3): 2352-2368.

[31] Li R, Ji Z, Qin H, et al. Interference in autophagosome fusion by rare earth nanoparticles disrupts autophagic flux and regulation of an interleukin-1 beta producing inflammasome[J]. ACS Nano, 2014, 8(10): 10280-10292.

[32] Li R, Ji Z, Dong J, et al. Enhancing the imaging and biosafety of upconversion nanoparticles through phosphonate coating[J]. ACS Nano, 2015, 9(3): 3293-3306.

[33] Zhang P, Ma Y H, Zhang Z Y, et al. Comparative toxicity of nanoparticulate/bulk Yb2O3 and YbCl3 to cucumber (cucumis sativus)[J]. Environmental Science & Technology, 2012, 46(3): 1834-1841.

[34] Ma Y, He X, Zhang P, et al. Phytotoxicity and biotransformation of La_2O_3 nanoparticles in a terrestrial plant cucumber(cucumis sativus)[J]. Nanotoxicology, 2011, 5(4): 743-753.

[35] Ma J W, Lu X Y, Huang Y, et al. Genomic analysis of cytotoxicity response to nanosilver in human dermal fibroblasts[J]. Journal of Biomedical Nanotechnology, 2011, 7(2): 263–275.

[36] Li R, Wang F, Liu H, et al. Nano LC–MS based proteomic analysis as a predicting approach to study cellular responses of carbon nanotubes[J]. Journal of Nanoscience and Nanotechnology, 2016, 16(3): 2350–2359.

[37] Lu X, Tian Y, Zhao Q, et al. Integrated metabonomics analysis of the size–response relationship of silica nanoparticles–induced toxicity in mice[J]. Nanotechnology, 2011, 22(5): 055101.

[38] Zhu M T, Nie G J, Meng H, et al. Physicochemical properties determine nanomaterial cellular uptake, transport, and fate[J]. Accounts of Chemical Research, 2013, 46 (3): 622–631.

[39] Xu Y, Lin X, Chen C, et al. Key factors influencing the toxicity of nanomaterials[J]. Chinese Science Bulletin, 2013, 58 (24): 2466–2478.

[40] Zhang W D, Wang C, Li Z J, et al. Unraveling stress–induced toxicity properties of graphene oxide and the underlying mechanism[J]. Advanced Materials, 2012, 24 (39): 5391–5397.

[41] Wang L M, Jiang X M, Ji Y L, et al. Surface chemistry of gold nanorods: origin of cell membrane damage and cytotoxicity[J]. Nanoscale, 2013, 5 (18): 8384–8391.

[42] Cao M J, Li J Y, Tang J L, et al. Gold nanomaterials in consumer cosmetics nanoproducts: analyses, characterization, and dermal safety assessment[J]. Small, 2016, 12 (39): 5488–5496.

[43] Liu N, Li K, Li X, et al. Crystallographic facet–induced toxicological responses by faceted titanium dioxide nanocrystals[J]. ACS Nano, 2016, 10 (6): 6062–6073.

撰稿人：刘　颖　崔雪晶　陈春英

纳米生物安全研究现状与展望

一、引言

“纳米生物安全”是指纳米材料对健康、安全和环境的影响，主要关注纳米材料与生物体及环境的相互作用以及所产生的生物学效应。近年来，纳米生物安全的研究模式已不仅限于评价纳米材料的细胞、器官或全身毒性，而是逐渐发展到寻找和建立纳米材料生物与环境安全应用的有效方法；研究范围主要包括纳米材料对人体和环境的暴露、影响和可能产生的风险。美国、中国和印度是本领域发表论文数量最多的三个国家。本报告总结了近五年国内纳米生物安全领域的研究进展，并结合国际研究现状，讨论了未来本领域的发展趋势。

二、国内研究进展

纳米材料可通过呼吸道、胃肠道和皮肤等多种途径进入人体，经体循环分布至各组织器官，其颗粒尺寸、晶体结构、几何形状、表面电荷量和价态、溶解度以及聚集程度等理化性质均可影响其生物学效应。近年来，国内在动物、微生物及生态环境整体水平上的毒理学研究不断增加。本报告从纳米材料的生物效应、作用机制、新的评价方法和模型、对生态和环境的影响等方面重点总结 2014—2019 年这五年研究的进展。

（一）纳米材料的生物效应研究

静脉注射放射性碘标记的氧化石墨烯（^{125}I–NGO）的血液循环半衰期约为 5.35 小时，主要在肝脏和肺脏中蓄积，在肺血管腔中积聚并形成大的聚集体，引起肝脏和肾脏的急性损伤，并逐渐转变为慢性炎症反应，三个月后出现肝和肺纤维化。PEG 修饰可降低 NGO 在这三个器官中的蓄积，也可显著改善 NGO 引起的器官急性损伤，降低小鼠体重减轻程度，显著改善 NGO 诱导的慢性肝和肺纤维化[1]。较大尺寸的 GO 更多吸附在细胞表面，与 Toll 样受体（TLR）的相互作用更强，可激活 NF-κB 信号通路，引起较强的 M1 型免疫响应；而小尺寸的 GO 更容易被细胞吞噬[2]。GO 在线虫肠道中的累积可促进致病微生物的蓄积，继而引起免疫功能障碍，与 GO 引起肠排泄相关神经元受损相关。PEG 修饰可以有效抑制致病微生物的累积，继而减轻 GO 的肠道副作用[3]。在生殖毒性方面，高剂量氧化石墨烯的长期暴露对雄性小鼠附睾酶类，包括葡糖苷酶、乳酸脱氢酶、谷胱甘肽过氧化物酶以及酸性磷酸酶都无明显影响[4]。

超细碳黑颗粒通过口服途径暴露于小鼠体内 6 天后，可以明显观察到肝脏内的急性炎症反应和细胞凋亡，对中央静脉和肝细胞的结构造成破坏[5]。随着碳黑纳米颗粒 CNPs 剂量的增加，斑马鱼心肌细胞中的碳颗粒增加，肌丝和线粒体错位、不均匀排列；高剂量处理组的心内膜有炎性细胞浸润，并伴有明显的细胞凋亡[6]。经呼吸或气管滴注的单壁和多壁碳纳米管主要聚集在肺部，可引起肺部肉芽肿及肺纤维化[7]，单壁碳纳米管可加重卵清蛋白（OVA）诱导的大鼠过敏性哮喘[8]，慢性单壁碳纳米管（SWNCTs）暴露可促进人肺上皮细胞恶性转化[9]，其延迟毒性可导致原位乳腺肿瘤的多发性转移[10]。透明质酸修饰可能是减轻多壁碳纳米管（MWCNT）肺损伤的有效策略[11]。水溶性的碳纳米管会引起一过性雄性小鼠睾丸内氧化应激，降低生精上皮的厚度[12]氧化多壁碳纳米管的高剂量短期暴露可降低母鼠血清孕酮水平，提高血清雌二醇的水平；同时，积累于体内的氧化多壁碳纳米管会导致较高的流产率，但毒性效应随时间逐渐降低[13]。

富勒醇利用其小尺寸和表面性质，直接作用于凝血因子 X 和凝血酶的活性位点，抑制两种酶的激活，明显延长凝血时间，导致凝血抑制[14]。连续四周服用富勒醇纳米颗粒还会明显影响肠道菌群，使产生短链脂肪酸类的细菌明显升高，粪便中的短链脂肪酸的浓度也相应升高，伴随着血液和肝脏中的甘油三酯和胆固醇水平降低。在体外培养中，富勒醇纳米颗粒可以被肠道菌群降解，促进短链脂肪酸产生[15]。利用 PVP 和 PEG 对介孔碳纳米颗粒进行表面修饰，可以显著提高其水分散性，促进树突细胞的分化和成熟，引起 T 细胞的凋亡[16]。

银纳米颗粒的毒性效应机制一直存在争论。中国医学科学院基础医学研究所与国家纳米科学中心合作，利用金芯银壳纳米棒（AgNRs）作为模型材料，通过比较银和金两种元素在不同时间的比例及体内分布，阐明了银纳米颗粒的毒性作用机理。研究结果表明，当 AgNRs 以皮下注射方式暴露时，主要聚集在注射部位，表面的银会快速溶出，进入血循环并分布到各主要脏器中，包括肝脏和肾脏，少部分进入淋巴结。银离子浓度升高可激活补体系统，引起血液中 C3a 和 C5a 水平升高，导致肾小球中炎性细胞明显增多，基底膜结构改变，降低肾脏的滤过功能，血清中尿素氮和肌酐表达升高。此外，快速释放的银离子引起皮下和肾脏中的氧化应激，脂质氧化产物 MDA 表达升高，抗氧化酶 SOD 表达下降。与此同时，聚集在皮下组织中的 AgNRs 本身被细胞大量吞噬，也造成皮下组织的氧化应激损伤[17]。当纳米银以多次静脉注射的方式进入体内时，会使小鼠肝脏发生明显的病理改变。不同粒径表面带负电荷的纳米银颗粒静脉注射 7 天后，在肝、肾和肺脏中均引起了明显的炎症反应，肝脏血管外周可观察到单核细胞和中性粒细胞浸润，并形成肉芽肿。炎症反应程度与纳米颗粒的尺寸相关，其中较大颗粒引起的炎症反应程度要强于小尺寸的颗粒。银纳米颗粒引起的血管外周炎症反应由其纳米颗粒的特性所致：纳米颗粒可被血管内皮细胞摄取，引起细胞内活性氧物种（ROS）升高，由此导致内皮细胞间紧密连接蛋白 VE- 钙粘蛋白表达降低，细胞间缝隙增加，内皮通透性增加，使纳米颗粒更容易穿过血管进入外周组织，最终导致血管外周炎症。使用抗氧化剂可以有效降低银纳米颗粒引起的细胞内氧化应激，减少细胞间隙的形成[18]。此外，长期喷涂的银纳米颗粒可经扩散或内吞方式进入肺泡上皮细胞，进而被巨噬细胞吞噬[11]。在斑马鱼胚胎中观察到 10–20 nm 的纳米银具有急性胚胎毒性，引起斑马鱼胚胎不同程度的畸形；当浓度增加时，纳米银可诱导胚胎死亡[19]。

磁性氧化铁纳米颗粒通过呼吸途径暴露于呼吸道过敏性疾病小鼠后，可触发肺泡内产生外泌体，引起机体全身 T 细胞活化，提示纳米材料可能引起部分易感人群发病或加重疾病进程[20]。裸 Fe_3O_4 纳米颗粒（NPs）和淀粉包被的 Fe_3O_4 NPs 都会在斑马鱼肝脏中大量蓄积，其中裸 Fe_3O_4 NPs 对鱼鳃的毒性更大，淀粉包覆的 Fe_3O_4 NPs 对肝脏造成更严重的损害[21]。氧化铝纳米颗粒（Al_2O_3 NPs）吸入暴露可使小鼠出现肺气肿，伴有炎症相关因子如 IL–6 和 IL–33 的增加，小鼠肺气道上皮和肺泡上皮细胞出现以剂量依赖性的凋亡[22]。Al_2O_3 NPs 还可引起肺组织中线粒体功能障碍[23]。氧化钴纳米颗粒和氧化镧纳米颗粒在肺脏中的累积规律具有颗粒特异性，前者倾向于诱导急性肺毒性，后者可能引起肺慢性炎症和纤维化[24]。小鼠腹腔注射二氧化铈纳米颗粒后，肺组织内出现肉芽肿和肺纤维化的病理改变，肺内 MMPs 的水平和活性明显升高[25]。氧化锆纳米颗粒能够引起胚胎发育的急性毒性[26]。经鼻滴注 TiO_2 纳米颗粒可在小鼠脑中蓄积，引起氧化应激反应，导致胶质细胞过度增殖、组织坏死和海马细胞的凋亡[27]。雌性小鼠连续 90 天灌胃给予二氧化钛纳米颗粒后，在子宫内有蓄积，导致子宫相对重量及生育能力下降，血清参数和荷尔蒙水平发生改变，闭锁卵泡增加[28]。腹腔注射纳米 TiO_2 21 天后，小鼠肺实质内出现了肉芽肿病变[29]。TiO_2 纳米颗粒的暴露严重降低益生菌群数量，干扰肠道免疫系统和肠道菌群，加重外源性刺激引起的肠道炎症反应[30–31]。孕期雌性大鼠灌胃氧化锌纳米颗粒可导致胎儿畸形率显著上升[32]。氧化锌纳米颗粒可诱导小鼠发生氧化应激和炎症反应，破坏了小鼠到血—脑屏障[33]。但是，将 ZnO 纳米颗粒添加到饲料中喂养小猪 21 天，可以有效增加动物的体重和摄食量，减少腹泻发生，降低盲肠、结肠和直肠中大肠杆菌的数量[34]。

二氧化硅纳米颗粒（SiNPs）处理可引起斑马鱼心包水肿和心动过缓，以及心脏功能相关信号通路基因表达改变[35]。高浓度 SiNPs 可显著增加胚胎死亡率[36, 37]。SiNPs 被内皮细胞吞噬，可引起线粒体肿胀和自噬，促进炎症因子和凝血因子的表达；引起剂量依赖性的中性粒细胞数量增多和血管内皮损，导致斑马鱼血管结构紊乱，血液呈现高凝状态[38]，而 miR-451a 可能是 SiNPs 影响凝血的关键分子[39]。SiNPs 与水环境中常见的污染物甲基汞、苯并芘和醋酸铅 PbAc 联合作用后，显示出更严重的心脏毒性作用[40-43]。哮喘模型小鼠暴露于纳米 SiO_2 后出现呼吸困难和 IL-4 水平升高的现象。纳米 SiO_2 可增强机体对过敏原的敏感性，促进过敏性气道疾病的发生[44]。二氧化硅纳米颗粒长期暴露可以影响雄性小鼠附睾精子中顶体的完整性和生育能力，但随时间延长可逐渐恢复至正常水平[45]。

金纳米颗粒静脉注射可分布于睾丸等组织，长时间后出现生殖毒性效应[46]。氨基-巯基嘧啶修饰的金纳米颗粒口服 28 天对肠道菌群没有明显影响，可以有效抑制肠道细菌感染[47]。聚乙烯吡咯烷酮和单宁酸修饰的金纳米颗粒也可以改变肠道菌群，抑制肠道炎症[48]。成年雄性大鼠连续 10 周经口摄入镍纳米颗粒可导致生精小管的上皮细胞脱落，管内细胞排列混乱，以及细胞凋亡和坏死[49]。铜纳米颗粒在斑马鱼胚胎发生过程中会诱导发育缺陷[50]。小鼠经鼻滴注纳米铜后，在嗅球部位可以观察到嗅细胞数量减少，嗅球结构被破坏[51]。

静脉注射硫化银（Ag_2S）近红外量子点主要在肝脏和脾脏网状内皮系统（RES）累积，通过肾脏和粪便两种途径排泄，且更多通过胆道途径排出[52]。杆状病毒和量子点的组合能够诱导更强的获得性免疫应答；但是与病毒结合后，量子点中的镉会加快释放，并迅速累积到肾脏中，导致长期蓄积[53]。静脉注射碲化镉量子点后小鼠的白细胞、淋巴细胞和粒细胞比例均显著升高，并对肝、肾功能造成一定程度的影响[54]；随着暴露浓度增加，小鼠肝、肾清除自由基的能力逐渐下降，对组织造成氧化损伤[55]。

（二）纳米材料生物效应机制研究

1. 氧化应激和炎症机制

多种纳米材料可以引起细胞 ROS 升高和细胞膜过氧化产物表达增加，继而引起体内多个信号通路被激活。纳米二氧化钛暴露可引起细胞 DNA 损伤、活性氧生成和 MDA 含量显著增加。小鼠暴露于 TiO_2 纳米颗粒一个月后，巨噬细胞中促炎基因表达增加，抗炎基因表达水平下调。与此同时，巨噬细胞的趋化性、吞噬作用和杀菌活性变低。这种免疫系统的失衡增加了感染的可能性。将脂多糖暴露于低剂量 TiO_2 纳米颗粒饮食一个月的小鼠，可引起严重的脓毒性休克，导致血清中炎性细胞因子水平升高并降低总体存活率[56]。氧化锌纳米颗粒气管灌注后引起肺泡灌洗液中性粒细胞和巨噬细胞增多，通过 MyD88 依赖性 TLR 途径产生短期肺部炎症。在灌注第 2 天时，炎症因子 TNF-α、IL-6、CXCL1、MCP-1 等炎症因子表达升高，7 天后降低[57]。这些结果提示，纳米材料对于患有其他并发症（如细菌感染）的人群可能带来更大的健康风险。

2. 释放离子或金属离子在体内蓄积机制

某些金属纳米材料具有反应活性，在生物体内或环境中可以释放出金属离子，引起毒性反应，例如纳米银、半导体量子点、氧化锌纳米颗粒等。银纳米颗粒可以通过食物链转化为银离子，而银离子对秀丽隐杆线虫有很强的生殖和神经毒性，降低线虫的存活和寿命[58]。将银纳米颗粒通过皮下注射到健康小鼠皮下部位后，其表面的银离子会快速溶出，进入血循环并分布到各主要脏器中，包括肝脏和肾脏。银离子浓度升高激活体内补体系统，引起血液中C3a和C5a水平升高，导致肾小球中炎性细胞明显增多，基底膜结构改变，降低肾脏的滤过功能，血清中尿素氮和肌酐表达升高。此外，快速释放的银离子引起皮下和肾脏中的氧化应激，脂质氧化产物 MDA 表达升高，抗氧化酶 SOD 表达下降。银纳米颗粒皮下暴露后释放银离子是其重要毒理作用机制[17]。

3. 相关信号通路和基因

氧化铝纳米颗粒空气暴露可导致肺气肿、小鼠肺内炎症和细胞凋亡，这主要与 Al_2O_3 NP 暴露抑制了 PTPN6 的表达并使 STAT3 磷酸化有关，最终导致凋亡标志物 PDCD4 的表达[23]。Nrf2/ARE 信号通路相关基因在纳米二氧化钛（Nano-TiO_2）的毒性作用中起着关键性作用，Nrf2 缺失导致 DNA 损伤易感性增加[59]；而纳米颗粒致突变性取决于其粒径大小和表面涂层[60]。ERK 是重要的促分裂原活化蛋白激酶（MAPK）之一。石墨烯（GO）暴露可增加 ERK 信号通路中 MEK-2/MEK 和 MPK-1/ERK 的表达[61]。Wnt 信号控制多种生理过程，包括胚轴延伸和分割、器官发育、组织稳态和干细胞维持。二氧化硅纳米颗粒抑制 Wnt 信号通路活化后的脂肪分化、肿瘤细胞迁移以及斑马鱼胚胎发育过程，并以剂量依赖的方式引起细胞中 Wnt 信号通路中关键蛋白 Dvl 在溶酶体中的降解[62]。尽管如此，关于纳米材料的毒理作用机制，各实验室的研究结果并不一致[63, 64]。准确表征纳米材料的理化性质是评价其生物安全性的重要前提和基础，建立标准的表征方法和实验过程，是纳米材料生物安全研究的发展方向和目标。此外，体内和体外实验结果的相关性也应该值得研究者重视[65]。

（三）纳米材料毒性分析的方法和模型

近年来关于纳米生物安全相关检测的全新技术并不多，一般是将已有测试方法联合使用。纳米颗粒光电流体感应新技术将微流体和光学力结合起来，实时观察样品和全样本扫描；通过对颗粒的流体动力学进行评估，可以推导出相关的粒子参数，如尺寸、浓度、分子量和基本形状信息（纵横比）[66]。现代质谱（MS）可对各种分子的生物过程进行检测[67]。利用电喷雾（ESI）和基质辅助激光解吸电子（MALDI）的现代 MS 技术与不同质量分析仪的组合，可提高速度、质量和高空间精度[68]。在安全性评价方面，出现了模拟人体临床试验的模型[69]和开放流动微灌注（OFM）技术[69-71]。另一种新方法是基于气-液界面（ALI）的新型体外暴露系统（NAVETTA），用于模拟体内环境，可直接从气相研究纳米颗粒在细胞上的沉积和效应[72]。

转录组学研究有助于阐明 NPs 毒性反应中涉及的分子机制，能够发现并确定纳米颗粒的毒性或遗传易感性的关键基因。有研究以秀丽隐杆线虫为模型，将全基因组分析与纳米毒性相关的特定分子研究结合起来，分析了超小顺磁性氧化铁纳米颗粒的毒性作用机理[73]。在一项关于毒理学研究可靠参考基因的评价和鉴定研究中，选择了 16 种常用的参考基因作为候选者，评估它们在实验条件下在线虫中的表达稳定性[74]。银纳米颗粒在三种不同线虫培养基中的毒性不同，银纳米颗粒能够均匀且稳定地分散在半流体线虫生长培养基中，其毒性远高于在标准线虫生长培养基和 K 培养基中的毒性[75]。

（四）纳米材料对生态和环境安全的影响

1. 纳米材料对藻类的作用研究

藻类作为在维持生态系统的稳定方面发挥重要作用。藻类体积小、增殖迅速，并对有毒物质比较敏感，可用于检测纳米颗粒毒性。氧化锌纳米颗粒（ZnO–NPs）被广泛应用于商业遮光剂中，并容易进入淡水中对环境和水生生物产生影响。与十二烷基三氯硅烷包被的疏水性（D–ZnO–NPs）相比，3- 氨丙基三甲氧基硅烷包被的亲水性（*A*-ZnO–NPs）和 ZnO–NPs 对微藻具有更强的增殖抑制作用，但是 D–ZnO–NPs 对微藻的光合作用具有更强的抑制作用。当硅藻暴露于 *A*-ZnO–NPs 时，与硅藻细胞膜形成相关的 *sil1* 和 *sil3* 基因的表达会下调；而当硅藻暴露于 D-ZnO–NPs 48 h 时，与氧化应激相关的 SOD、cat 和 GPX 基因表达上调，但在 96 h 后表达又会下降[76]。银纳米颗粒（AgNPs）对铜绿微囊藻有明显的毒性。AgNPs 暴露 4 天后可抑制铜绿微囊藻的增殖；而较高的 AgNPs 浓度会对其增殖造成长期抑制作用[77]。

藻类在生长过程中会分泌外聚合物（exopolymeric substances，EPS），可以在藻类细胞的表面形成一种保护层，使藻类细胞免受外界干扰。EPS 是由蛋白质、多糖、脂肪、核酸以及无机物质组成的复杂复合物。有研究观察了柠檬酸盐包被的银纳米颗粒（C–AgNPs）和聚乙烯吡咯烷酮包被的银纳米颗粒（P–AgNPs）与 EPS 的相互作用，以及对蛋白核小球藻的毒性作用[78]，结果表明 EPS 可以和 AgNPs 以及 Ag 离子结合，抑制 AgNPs 和 Ag 离子进入细胞中从而降低毒性。腐殖质化合物（HS）可以显著降低 AgNPs 对水生生物的毒性并具有浓度依赖性[79]。此外，不同营养水平的生物对 AgNPs 的敏感性不同，AgNPs 对水蚤 *C. sphaericus* 的毒性最大。低分子量有机酸（LOAs）具有与碳纳米材料结合的能力。研究表明，石墨烯分散液会对绿藻产生浓度依赖的生长抑制毒性[80]。

2. 纳米材料在环境转化过程中的毒理作用

纳米颗粒在环境中会发生转化。例如老化的 ZnO–NPs 对藻类的毒性高于新鲜制备[81]。二氧化钛纳米颗粒（TiO_2 NPs）可能与水生环境中存在的重金属污染物共存[82]。非细胞毒浓度的 TiO_2 NPs 以剂量和大小依赖的方式有效增强重金属对秀丽隐杆线虫的生物累积和生殖毒性；提示 TiO_2 NPs 和重金属在沉淀过程中的相互作用和归趋是生态系统风险评估的必要和不可分割的一部分。利用大肠杆菌到秀丽隐杆线虫的食物链模型可评估聚乙烯吡咯烷酮包被的银纳米颗粒的体内分布和毒性[83]。结果表明，大肠杆菌中积累的 AgNPs 可以转移到秀丽隐杆线虫中，分布在肠腔、皮下组织和性腺中，造成生殖细胞死亡，对生殖完整性和寿命产生影响，但并未有生物放大作用。相对于较大的颗粒，小颗粒更容易在食物链中积累，并且对较高营养水平的线虫表现出更强的毒性[58]。离子强度可显著增强秀丽隐杆线虫中 AgNPs 的生殖毒性和神经毒性。通过食物链在线虫中积累的 AgNPs 和由此产生的生殖细胞损伤都可以转移到下一代，导致几代线虫的遗传损伤[84]。

三、国内外研究进展比较

国际上很多国家开展了纳米安全性研究，并形成了相关机构和团体，如 The UK Nanosafety Group、The International Team in Nanosafety、NanoSafety Cluster，制定了与纳米产品安全性、标准、贸易等相关的各种规范、指南。中国科学院纳米生物效应与安全性重点实验室也是国际上纳米安全性研究领域最具影响的代表性实验室之一。

世界各国在纳米生物安全方面的研究关注的重点各具特点。美国重点关注以下五方面。①皮肤对纳米材料的吸附和纳米材料对皮肤的毒性；②纳米颗粒与水中其他污染物的相互作用，以及纳米颗粒在水中如何引起毒性效应；③纳米颗粒对从业人员肺部组织的影响和通风道中纳米颗粒对动物的影响；④海洋或淡水水域沉积物的纳米颗粒对环境的影响；⑤纳米颗粒可能吸收或释放环境污染物的条件。欧共体更为关注纳米生物环境健康效应问题，特别是建立并验证体外急性毒性和预测体内慢性效应的新方法。如何将实验室的毒理学研究结果转化为管理机构对不同人群健康与安全的监管规范和政策指南，是当前世界各国和国际标准化组织共同面临的重大挑战。

四、未来发展趋势和展望

综上，纳米材料的生物安全性研究虽然不断取得进展，但仍面临诸多挑战，如：缺乏对纳米材料生产、使用、转化等整个生命周期的了解；缺乏标准物质、体外实验合适的毒理学终点及确定剂量的标准等。未来对纳米材料的安全性评价，需要流行病学研究、实验室研究以及临床试验研究的密切配合，以及多部门、多学科、国际化的合作，以发展合理、有效的安全性评价方法。

参考文献

[1] Li B, Zhang X Y, Yang J Z, et al. Influence of polyethylene glycol coating on biodistribution and toxicity of

nanoscale graphene oxide in mice after intravenous injection. Int J Nanomedicine, 2014, 9: 4697-707.

[2] Ma J, Liu R, Xiang W, et al. Crucial Role of Lateral Size for Graphene Oxide in Activating Macrophages and Stimulating Pro-inflammatory Responses in Cells and Animals. ACS Nano, 2015, 9(10): 10498-10515.

[3] Wu Q, Zhao Y, Fang J, et al. Immune response is required for the control of in vivo translocation and chronic toxicity of graphene oxide. Nanoscale, 2014, 6(11): 5894-906.

[4] Liang S, Xu S, Zhang D, et al. Reproductive toxicity of nanoscale graphene oxide in male mice. Nanotoxicology, 2015, 9(1): 92-105.

[5] Zhang R, Zhang X, Gao S, et al. Assessing the in vitro and in vivo toxicity of ultrafine carbon black to mouse liver. Sci Total Environ, 2019, 655, 1334-1341.

[6] Zhou W, Tian D, He J, et al. Prolonged exposure to carbon nanoparticles induced methylome remodeling and gene expression in zebrafish heart. J Appl Toxicol, 2019, 39(2): 322-332.

[7] Muller J, Huaux F, Moreau N, et al. Respiratory toxicity of multi-wall carbon nanotubes. Toxicol Appl Pharmacol, 2005, 207(3): 221-31.

[8] Li J, Li L, Chen H, et al. Application of vitamin E to antagonize SWCNTs-induced exacerbation of allergic asthma. Sci Rep, 2014, 4, 4275.

[9] Wang L, Luanpitpong S, Castranova V, et al. Carbon nanotubes induce malignant transformation and tumorigenesis of human lung epithelial cells. Nano Lett, 2011, 11(7): 2796-803.

[10] Lu X, Zhu Y, Bai R, et al. Long-term pulmonary exposure to multi-walled carbon nanotubes promotes breast cancer metastatic cascades. Nat Nanotechnol, 2019, 14(7): 719-727.

[11] Yang Y F, Wang W M, Chen C Y, et al. Assessing human exposure risk and lung disease burden posed by airborne silver nanoparticles emitted by consumer spray products. Int J Nanomedicine, 2019, 14: 1687-1703.

[12] Bai Y, Zhang Y, Zhang J, et al. Repeated administrations of carbon nanotubes in male mice cause reversible testis damage without affecting fertility. Nat Nanotechnol, 2010, 5(9): 683-9.

[13] Qi W, Bi J, Zhang X, et al. Damaging effects of multi-walled carbon nanotubes on pregnant mice with different pregnancy times. Sci Rep, 2014, 4: 4352.

[14] Xia S, Li J, Zu M, et al. Small size fullerenol nanoparticles inhibit thrombosis and blood coagulation through inhibiting activities of thrombin and FXa. Nanomedicine, 2018, 14(3): 929-939.

[15] Li J, Lei R, Li X, et al. The antihyperlipidemic effects of fullerenol nanoparticles via adjusting the gut microbiota in vivo. Part Fibre Toxicol, 2018, 15(1): 5.

[16] Li X, Wang L, She L, et al. Immunotoxicity assessment of ordered mesoporous carbon nanoparticles modified with PVP/PEG. Colloids Surf B Biointerfaces, 2018, 171: 485-493.

[17] Meng J, Ji Y, Liu J, et al. Using gold nanorods core/silver shell nanostructures as model material to probe biodistribution and toxic effects of silver nanoparticles in mice. Nanotoxicology, 2014, 8(6): 686-96.

[18] Guo H, Zhang J, Boudreau M, et al. Intravenous administration of silver nanoparticles causes organ toxicity through intracellular ROS-related loss of inter-endothelial junction. Part Fibre Toxicol, 2016, 13: 21.

[19] Xia G, Liu T, Wang Z, et al. The effect of silver nanoparticles on zebrafish embryonic development and toxicology. Artif Cells Nanomed Biotechnol, 2016, 44(4): 1116-21.

[20] Zhu M, Li Y, Shi J, et al. Exosomes as extrapulmonary signaling conveyors for nanoparticle-induced systemic immune activation. Small, 2012, 8(3): 404-12.

[21] Zheng M, Lu J, Zhao D. Effects of starch-coating of magnetite nanoparticles on cellular uptake, toxicity and gene expression profiles in adult zebrafish. Sci Total Environ, 2018, 622-623: 930-941.

[22] Li X, Zhang C, Zhang X, et al. An acetyl-L-carnitine switch on mitochondrial dysfunction and rescue in the metabolomics study on aluminum oxide nanoparticles. Part Fibre Toxicol, 2016, 13: 4.

[23] Li X, Yang H, Wu S, et al. Suppression of PTPN6 exacerbates aluminum oxide nanoparticle-induced COPD-like lesions in mice through activation of STAT pathway. Part Fibre Toxicol, 2017, 14(1): 53.

[24] Sisler J D, Li R McKinney, et al. Differential pulmonary effects of CoO and La_2O_3 metal oxide nanoparticle responses during aerosolized inhalation in mice. Part Fibre Toxicol, 2016, 13(1): 42.

[25] Ma J Y, Young S H, Mercer R R, et al. Interactive effects of cerium oxide and diesel exhaust nanoparticles on inducing pulmonary fibrosis. Toxicol Appl Pharmacol, 2014, 278(2): 135-47.

[26] P K M P Samuel Rajendran, R Annadurai, G Rajeshkumar S. Characterization and toxicology evaluation of zirconium oxide nanoparticles on the embryonic development of zebrafish, Danio rerio. Drug Chem Toxicol, 2019, 42(1): 104-111.

[27] Ze Y, Hu R, Wang X, et al. Neurotoxicity and gene-expressed profile in brain-injured mice caused by exposure to titanium dioxide nanoparticles. Journal of Biomedical Materials Research Part A, 2014, 102(2): 470-478.

[28] Zhao X, Ze Y, Gao G, et al. Nanosized TiO_2-induced reproductive system dysfunction and its mechanism in female mice. PLoS One, 2013, 8(4): e59378.

[29] Mohammadi F, Sadeghi L, Mohammadi A, et al. The effects of Nano titanium dioxide (TiO_2NPs) on lung tissue. Bratislava Medical Journal, 2015, 116(06): 363-367.

[30] Mu W, Wang Y, Huang C, et al. Effect of Long-Term Intake of Dietary Titanium Dioxide Nanoparticles on Intestine Inflammation in Mice. J Agric Food Chem, 2019, 67(33): 9382-9389.

[31] Li J, Yang S, Lei R, et al. Oral administration of rutile and anatase TiO_2 nanoparticles shifts mouse gut microbiota structure. Nanoscale, 2018, 10(16): 7736-7745.

[32] Hong J S, Park M K, Kim M S, et al. Prenatal development toxicity study of zinc oxide nanoparticles in rats. Int J Nanomedicine, 2014, 9 (2): 159-71.

[33] Tian L, Lin B, Wu L, et al. Neurotoxicity induced by zinc oxide nanoparticles: age-related differences and interaction. Sci Rep, 2015, 5: 16117.

[34] Pei X, Xiao Z, Liu L, et al. Effects of dietary zinc oxide nanoparticles supplementation on growth performance, zinc status, intestinal morphology, microflora population, and immune response in weaned pigs. J Sci Food Agric, 2019, 99(3): 1366-1374.

[35] Duan J, Yu Y, Li Y, et al. Low-dose exposure of silica nanoparticles induces cardiac dysfunction via neutrophil-mediated inflammation and cardiac contraction in zebrafish embryos. Nanotoxicology, 2016, 10(5): 575-85.

[36] Duan J, Yu Y, Shi H, et al. Toxic effects of silica nanoparticles on zebrafish embryos and larvae. PLoS One, 2013, 8(9): e74606.

[37] Hu H, Li Q, Jiang L, et al. Genome-wide transcriptional analysis of silica nanoparticle-induced toxicity in zebrafish embryos. Toxicol Res(Camb), 2016, 5(2): 609-620.

[38] Duan J, Liang S, Yu Y, et al. Inflammation-coagulation response and thrombotic effects induced by silica nanoparticles in zebrafish embryos. Nanotoxicology, 2018, 12(5): 470-484.

[39] Feng L, Yang X, Liang S, et al. Silica nanoparticles trigger the vascular endothelial dysfunction and prethrombotic state via miR-451 directly regulating the IL6R signaling pathway. Part Fibre Toxicol, 2019, 16(1): 16.

[40] Duan J, Hu H, Li Q, et al. Combined toxicity of silica nanoparticles and methylmercury on cardiovascular system in zebrafish(Danio rerio) embryos. Environ Toxicol Pharmacol, 2016, 44: 120-7.

[41] Hu H, Shi Y, Zhang Y, et al. Comprehensive gene and microRNA expression profiling on cardiovascular system in zebrafish co-exposured of SiNPs and MeHg. Sci Total Environ, 2017, 607-608: 795-805.

[42] Hu H, Zhang Y, Shi Y, et al. Microarray-based bioinformatics analysis of the combined effects of SiNPs and PbAc on cardiovascular system in zebrafish. Chemosphere, 2017, 184: 1298-1309.

[43] Duan J, Yu Y, Li Y, et al. Inflammatory response and blood hypercoagulable state induced by low level co-

exposure with silica nanoparticles and benzo [a] pyrene in zebrafish (Danio rerio) embryos. Chemosphere, 2016, 151: 152–62.

[44] Han B, Guo J, Abrahaley T, et al. Adverse effect of nano–silicon dioxide on lung function of rats with or without ovalbumin immunization. PLoS One, 2011, 6(2): e17236.

[45] Xu Y, Wang N, Yu Y, et al. Exposure to silica nanoparticles causes reversible damage of the spermatogenic process in mice. PLoS One, 2014, 9(7): e101572.

[46] Zhang X D, Luo Z, Chen J, et al. Storage of gold nanoclusters in muscle leads to their biphasic in vivo clearance. Small, 2015, 11(14): 1683–90.

[47] Li J, Cha R, Zhao X, et al. Gold Nanoparticles Cure Bacterial Infection with Benefit to Intestinal Microflora. ACS Nano, 2019, 13(5): 5002–5014.

[48] Zhu S, Jiang X, Boudreau M D, et al. Orally administered gold nanoparticles protect against colitis by attenuating Toll–like receptor 4– and reactive oxygen/nitrogen species–mediated inflammatory responses but could induce gut dysbiosis in mice. J Nanobiotechnology, 2018, 16(1): 86.

[49] Kong L, Tang M, Zhang T, et al. Nickel nanoparticles exposure and reproductive toxicity in healthy adult rats. Int J Mol Sci, 2014, 15(11): 21253–69.

[50] Zhang, Y, Ding, Z, Zhao, G, Zhang, T, Xu, Q, Cui, B, Liu, J. X., Transcriptional responses and mechanisms of copper nanoparticle toxicology on zebrafish embryos. J Hazard Mater, 2018, 344, 1057–1068.

[51] Dominguez A, Suarez–Merino B, Goni–de–Cerio F. Nanoparticles and blood–brain barrier: the key to central nervous system diseases. J Nanosci Nanotechnol, 2014, 14(1): 766–79.

[52] Zhang Y, Zhang Y, Hong G, et al. Biodistribution, pharmacokinetics and toxicology of Ag2S near–infrared quantum dots in mice. Biomaterials, 2013, 34(14): 3639–46.

[53] Klinedinst N J, Resnick B. The Useful Depression Screening Tool for Older Adults: Psychometric Properties and Clinical Applicability. J Nurs Meas, 2015, 23(2): 78E–87.

[54] Wang M, Wang J, Sun H, et al. Time–dependent toxicity of cadmium telluride quantum dots on liver and kidneys in mice: histopathological changes with elevated free cadmium ions and hydroxyl radicals. Int J Nanomedicine, 2016, 11: 2319–28.

[55] Wang J, Sun H, Meng P, et al. Dose and time effect of CdTe quantum dots on antioxidant capacities of the liver and kidneys in mice. Int J Nanomedicine, 2017, 12: 6425–6435.

[56] Huang C, Sun M, Yang Y, et al. Titanium dioxide nanoparticles prime a specific activation state of macrophages. Nanotoxicology, 2017, 11(6): 737–750.

[57] Chang H, Ho C C, Yang C S, et al. Involvement of MyD88 in zinc oxide nanoparticle–induced lung inflammation. Exp Toxicol Pathol, 2013, 65(6): 887–96.

[58] Yang Y, Xu S, Xu G, et al. Effects of ionic strength on physicochemical properties and toxicity of silver nanoparticles. Sci Total Environ, 2019, 647, 1088–1096.

[59] Shi Z, Niu Y, Wang Q, et al. Reduction of DNA damage induced by titanium dioxide nanoparticles through Nrf2 in vitro and in vivo. J Hazard Mater, 2015, 298, 310–9.

[60] Liu Y, Xia Q, Liu Y, et al. Genotoxicity assessment of magnetic iron oxide nanoparticles with different particle sizes and surface coatings. Nanotechnology, 2014, 25(42): 425101.

[61] Qu M, Li Y, Wu Q, et al. Neuronal ERK signaling in response to graphene oxide in nematode Caenorhabditis elegans. Nanotoxicology, 2017, 11(4): 520–533.

[62] Yi H, Wang Z, Li X, et al. Silica Nanoparticles Target a Wnt Signal Transducer for Degradation and Impair Embryonic Development in Zebrafish. Theranostics, 2016, 6(11): 1810–20.

[63] Chan W T, Liu C C, Chiang Chiau J S, et al. In vivo toxicologic study of larger silica nanoparticles in mice. Int J

Nanomedicine, 2017, 12: 3421–3432.

[64] Duan J, Liang S, Feng L, et al. Silica nanoparticles trigger hepatic lipid–metabolism disorder in vivo and in vitro. Int J Nanomedicine, 2018, 13: 7303–7318.

[65] Zhao B, Wang X Q, Wang X Y, et al. Nanotoxicity comparison of four amphiphilic polymeric micelles with similar hydrophilic or hydrophobic structure. Particle and Fibre Toxicology, 2013, 10(47) .

[66] Hebert C G, et al. Label–Free Detection of Bacillus anthracis Spore Uptake in Macrophage Cells Using Analytical Optical Force Measurements. Anal Chem, 2017, 89(19) : 10296–10302.

[67] Urey C, Weiss V U, et al. Combining gas–phase electrophoretic mobility molecular analysis (GEMMA) : light scattering, field flow fractionation and cryo electron microscopy in a multidimensional approach to characterize liposomal carrier vesicles. Int J Pharm, 2016, 513(1–2) : 309–318.

[68] Holzlechner M, Strasser K, Zareva E, et al. In Situ Characterization of Tissue–Resident Immune Cells by MALDI Mass Spectrometry Imaging. Journal of Proteome Research, 2016, 16(1) : 65–76.

[69] Perazzolo S, Hirschmugl B, Wadsack C, et al. The influence of placental metabolism on fatty acid transfer to the fetus. J Lipid Res, 2017, 58(2) : 443–454.

[70] Birngruber T, Raml R, Gladdines W, et al. Enhanced doxorubicin delivery to the brain administered through glutathione PEGylated liposomal doxorubicin (2B3–101)as compared with generic Caelyx, ((R))/Doxil((R))––a cerebral open flow microperfusion pilot study. J Pharm Sci, 2014, 103(7) : 1945–1948.

[71] Birngruber T, Sinner F. Cerebral open flow microperfusion (cOFM) an innovative interface to brain tissue. Drug Discov Today Technol, 2016, 20: 19–25.

[72] Frijns E, Verstraelen S, Stoehr L C, et al. A Novel Exposure System Termed NAVETTA for In Vitro Laminar Flow Electrodeposition of Nanoaerosol and Evaluation of Immune Effects in Human Lung Reporter Cells. Environ Sci Technol, 2017, 51(9) : 5259–5269.

[73] Gonzalez–Moragas L, Yu S M, Benseny–Cases N, et al. Toxicogenomics of iron oxide nanoparticles in the nematode C. elegans. Nanotoxicology, 2017, 11(5) : 647–657.

[74] Wu H, Taki F A, Zhang Y, et al. Evaluation and identification of reliable reference genes for toxicological study in Caenorhabditis elegans. Mol Biol Rep, 2014, 41(5) : 3445–55.

[75] Luo X, Xu S, Yang Y, et al. A novel method for assessing the toxicity of silver nanoparticles in Caenorhabditis elegans. Chemosphere, 2017, 168: 648–657.

[76] Yung M M N, Fougeres P A, Leung Y H, et al. Physicochemical characteristics and toxicity of surface–modified zinc oxide nanoparticles to freshwater and marine microalgae. Sci Rep, 2017, 7(1) : 15909.

[77] Xiang L, Fang J, Cheng H. Toxicity of silver nanoparticles to green algae M. aeruginosa and alleviation by organic matter. Environ Monit Assess, 2018, 190(11) : 667.

[78] Zhou K, Hu Y, Zhang L, et al. The role of exopolymeric substances in the bioaccumulation and toxicity of Ag nanoparticles to algae. Sci Rep, 2016, 6: 32998.

[79] Wang Z, Quik J T, Song L, et al. Humic substances alleviate the aquatic toxicity of polyvinylpyrrolidone–coated silver nanoparticles to organisms of different trophic levels. Environ Toxicol Chem 2015, 34(6) : 1239–45.

[80] Wang Z, Gao Y, Wang S, et al. Impacts of low–molecular–weight organic acids on aquatic behavior of graphene nanoplatelets and their induced algal toxicity and antioxidant capacity. Environ Sci Pollut Res Int, 2016, 23(11) : 10938–10945.

[81] Zhang H, Huang Q, Xu A, et al. Spectroscopic probe to contribution of physicochemical transformations in the toxicity of aged ZnO NPs to Chlorella vulgaris: new insight into the variation of toxicity of ZnO NPs under aging process. Nanotoxicology, 2016, 10(8) : 1177–87.

[82] Li M, Wu Q, Wang Q, et al. Effect of titanium dioxide nanoparticles on the bioavailability and neurotoxicity of

cypermethrin in zebrafish larvae. Aquat Toxicol，2018，199：212–219.

[83] Luo X，Xu S，Yang Y，et al. Insights into the Ecotoxicity of Silver Nanoparticles Transferred from Escherichia coli to Caenorhabditis elegans. Sci Rep，2016，6：36465.

[84] Yang Y，Xu G，Xu S，et al. Effect of ionic strength on bioaccumulation and toxicity of silver nanoparticles in Caenorhabditis elegans. Ecotoxicol Environ Saf，2018，165：291–298.

撰稿人：孟　洁　温　涛　许海燕

纳米载体与递送研究现状与展望

一、引言

药物载体在提高药物成药性、改善药物分布、降低毒副作用等具有重要意义，是药物递送和生物材料领域研究的主要方向之一。一方面，它能够提高部分难题性药物的水溶性问题，并利用其尺度效应等，提高药物在靶部位的浓度，减少在健康组织中的分布，提高疗效的同时，降低毒副作用，这在抗肿瘤药物递送方面显得尤为突出，多种基于纳米载体材料的抗肿瘤药物已有进入临床应用，如脂质体化阿霉素纳米药物 DOXIL、胶束化紫杉醇纳米药物 Genexol-PM 注射液和白蛋白－紫杉醇结合物 Abraxane。国内部分药企正在仿制这些纳米药物，比如石药和恒瑞医药仿制的白蛋白－紫杉醇药物陆续上市；广东众生药业股份有限公司用 mPEG-PDLLA 作为紫杉醇的纳米载体，仿制 Genexol-PM。另外，许多基于纳米载体的药物正处于临床实验阶段，如负载阿霉素的聚乙二醇－聚天冬氨酸嵌段共聚物纳米胶束 NK911，包载紫杉醇的聚天冬氨酸嵌段聚合物纳米胶束 NK105，包载紫杉醇的聚谷氨酸纳米颗粒 CT-2103 等。最近，BIND-014、CRLX101 和 NK105 的临床结果令人失望，科学家们也对聚合物纳米药物进行讨论，包括潜在的患者选择，以确定最有可能对纳米治疗有反应的患者。无机纳米材料（例如金纳米壳，氧化铁纳米颗粒，纳米金刚石，石墨烯和氧化铪纳米颗粒）也正在用于癌症治疗研究，基于氧化铁纳米颗粒的 NanoTherm 已经在欧洲销售，用于胶质母细胞瘤的治疗。

另一方面，纳米载体能够提高候选药物分子成药性。以 siRNA 为例，是一种由 20 个左右核苷酸组成的短的双链 RNA，在治疗肿瘤、艾滋病、病毒感染、遗传性疾病等重大疾病中极具应用前景，但其自身理化特性（亲水、大分子、负电荷）制约了其临床转化。而借助脂质纳米载体 LNP 的第一个 siRNA 药物 Patisiran 于 2018 年成功上市。

此外，纳米药物也将诊断和治疗功能整合到单一制剂中来追踪药物和监测疾病的治疗效果，从而为肿瘤内和患者之间的异质性提供重要的解决方案，以进行潜在的个性化治疗。通过共同递送多种药物，纳米药物还实现了协同肿瘤治疗并避免了一些药物的耐药。近年来，纳米载体在癌症免疫疗法领域获得可喜的研究成果。纳米载体作为抗原或佐剂的递送载体具有增强被抗原呈递细胞摄取、持续释放抗原或佐剂等优势。纳米颗粒也被用于提高免疫检验点抑制剂药物的免疫治疗疗效。通过将纳米技术应用于现有和新兴的治疗方式，我们将认识到纳米医学在癌症及其他方面的真正潜力。

二、国内研究进展

（一）发展历史回顾

二十一世纪以来，美国、欧盟、日本等高度重视纳米载体研究，先后组织和实施了较大规模基于纳米医药计划，开发具有商业应用价值的纳米医药产品。在该领域，国内纳米药物载体的研究同样蓬勃发展。特别是近五年来，国内纳米药物载体研究取得了飞速发展，具备了较强的国际影响力，在 Web of Science 中以“drug delivery system”为关键词，搜索到的文章中，美国、中国分列第一和第二位置，并且在重要期刊发表的有关纳米药物载体的研究论文逐年增多。我国研究人员还提出了对肿瘤微环境（如酸度、酶等）响应的“电荷反转”“脱壳”药物载体研究的新思路，有助于提高药物递送效率。但总体而言，和传统科技强国如美国和日本相比，原始创新仍然不多。国内用于药物控释的纳米药物产业化也取得了令人惊喜的进展。国内广东众生药业、常州金远药业、南京绿叶思科、复旦张江、石药集团、正大天晴药业、恒瑞药业等十几家制药公司致力于纳米药物研究和生产，多种脂质体制剂已经在国内批准上市。包括：注射用紫杉醇脂质体（国药准字 H20030357）、盐酸多柔比星脂质体注射液（国药准字 H20123273）、盐酸多柔比星脂质体注射液（国药准字 H20113320）、注射用两性霉素 B 脂质体（国药准字 H20030891）等。

目前，国内的纳米载体在基础研究中主要以小分子药物载体为主，包括化疗药物、光敏剂、光热试剂等，生物大分子药物（核酸、抗体、蛋白质等）的纳米载体研究相对较少。其中，精准药物控释载体是目前纳米载体的主流方向，主要的实施途径是设计内源刺激响应（pH、还原环境、高表达的酶、ATP、血糖浓度等）或外源刺激响应（光、磁、热、超声等）的材料作为药物传递和控制释放的载体。

（二）学科发展现状及动态

药物控释材料在提高药物成药性、改善药物分布、降低毒副作用等具有重要意义。然而，传统药物控释材料在药物释放的时间、地点及剂量等方面仍存在不足，如何通过材料设计，提高药物控释的精准性是目前基础研究和转化研究的重要课题。近年来，智能型药物控释系统及靶向型给药系统已成为研究的热点，其可根据体内生理因素的变化自身调节药物释放量，在局部维持有效药物浓度的同时不对全身其他正常组织和细胞产生不良影响。可达到传统给药方式无法实现的治疗效果。智能型药物控释系统根据刺激基元的不同可以分为内源性刺激源和外源性刺激源两大类，前者主要包括 pH、还原环境、高表达的酶、ATP、血糖浓度等，后者主要包括光、磁、热、超声等。

在纳米药物方面，中科院上海硅酸盐研究所施剑林研究员课题组在国际著名学术期刊《自然 - 纳米技术》（*Nature Nanotechnology*）报道了一种新型肿瘤饥饿疗法研究。该课题组采用自蔓延燃烧方法合成新型 Mg_2Si 纳米颗粒，揭示了肿瘤微环境可以特异性激活 Mg_2Si 纳米颗粒的耗氧功能和分解产物堵塞肿瘤血管的新现象，开创性提出了无机耗氧剂用于肿瘤饥饿疗法的新思路，为传统的肿瘤饥饿疗法注入了新活力。

华南理工大学王均教授课题组针对抗肿瘤纳米药物经静脉注射后需经历血液环境、肿瘤组织微环境、细胞内微环境等性质和特征不同的药物递送屏障，提出了肿瘤酸度敏感纳米载体设计理念，构建了一系列基于 2，3- 二甲基马来酸酰胺及其衍生物的肿瘤酸度响应纳米药物载体，其在正常生理条件下具有“生物惰性”，可延长纳米颗粒血液循环，增加肿瘤富集，而在肿瘤部位则发生特异性性能变化，如电荷反转、尺寸转变、PEG 脱壳、配体重激活等，有效克服药物递送的生理屏障，实现了药物在肿瘤组织的精准控释，提高药物递送效率和肿瘤治疗效果。

浙江大学申有青教授和 UCLA 顾臻教授在《自然 - 纳米技术》报道了一种利用肿瘤内细胞密度高的特点、让它们“主动地”在细胞间传递纳米药物：即让细胞从一边吞噬纳米药物，然后从另一边将一些纳米药物排到细胞间液中（即胞吞转运作用），让邻层的细胞重复内吞和外排，从而实现不依赖扩散的纳米药物跨细胞传递，即“主动”肿瘤渗透。研究者用多种动物模型考察了此类纳米药物在体内的抑瘤效果，结果表明，尾静脉注射不仅能完全治愈起始体积为 100 立方毫米的小肿瘤，而且对于难以治疗的、已处于指数增长、达 500 立方毫米大肿瘤，尾静脉给药后肿瘤体积迅速萎缩变得很小，停药半月后也未见明显反弹，抑瘤率高达 98%。这种化被动渗透为主动渗透的策略，使纳米药物避开了由肿瘤组织致密微环境构成的天然生物屏障，克服了纳米药物大尺寸导致扩散能力低的天然缺陷，有望解决纳米药物在肿瘤组织内渗透难的问题，为下一阶段纳米药物的设计开辟了新的思路。

国家纳米中心的梁兴杰研究员与清华大学化学系的李景虹教授在《自然 - 纳米技术》报道了一种碳点支撑的原子尺度分散的金（carbon-dot-supported atomically dispersed gold，CAT-g）材料作为一种新型抗癌纳米材料，具有良好的抗癌疗效和生物安全性。他们在 CAT-g 表面修饰了可以产生 ROS 的肉桂醛（cinnamaldehyde，CA）和可以靶向线粒体的三苯基膦（triphenylphosphin，TPP），这种纳米材料可以清除线粒体中的 GSH 并增加 ROS 诱发癌细胞凋亡，经过瘤内注射后，可以显著杀伤癌细胞，抑制肿瘤生长，同时不损伤正常组织。

中国药科大学张灿教授课题组在《自然 - 纳米技术》报道了一种以自体中性粒细胞

作为载体，无损荷载抗肿瘤药物紫杉醇的脂质体，静脉回输治疗原位脑胶质瘤术后模型小鼠，利用中性粒细胞对炎症因子的趋向性及变形穿越血脑屏障的特点，实现了高效的自主引导的药物靶向递送，有效抑制了模型鼠原位脑胶质瘤术后的复发和发展。该项研究基于特定疾病及其病理因子的靶向思路突破了传统的受体－配体结合靶向的局限，为脑部疾病治疗和药物透过血脑屏障建立了新的技术平台，有望推广用于其他炎症相关性疾病等的治疗。

（三）学科重大进展及标志性成果

我国纳米药物载体方面在近年来也取得了长足的进步，在基础研究方面不断追赶欧美国家，在纳米药物的转化方面也正在起步。我们将从核酸、蛋白及抗体、小分子药物三方面总结相关进展。

1. 核酸纳米载体

基于核酸药物的基因治疗是一种极具前景的疾病治疗策略，主要通过将外源的核酸药物引入细胞或组织中，修改缺陷基因序列，或者调控编码和非编码基因的表达，以达到治愈包括肿瘤、病毒感染、遗传性疾病、心血管疾病和自身免疫性疾病等的目的。近年来，全球在核酸药物研发方面进行了大量的投入，也取得了一系列突破性的进展。2016年年底，百健/Ionis治疗脊髓性肌萎缩症（SMA）的反义寡核苷酸Nusinersen被FDA批准上市，2017年即取得8.82亿美元销售。此外，在2018年首款采用RNAi疗法的药物——ONPATTRO™（patisiran）脂质复合物注射液正式获得美国食品药品监督管理局（FDA）批准，用于成人遗传性转甲状腺素蛋白（hATTR）淀粉样变性引起的周围神经病变。该药是将siRNA包裹在脂质纳米颗粒中，在输注治疗中将药物直接递送至肝脏，干扰异常形式转甲状腺素蛋白的产生，是唯一一款获得批准用于该病症的治疗药物。

目前国内致力于siRNA药物研发的企业有十多家，以梁子才博士创立的苏州瑞博和陆阳博士创立的圣诺制药为首的两家企业，siRNA研发技术雄厚，产品管线丰富。2015年12月，苏州瑞博与QUARK公司合作开发的治疗NAION（非动脉炎性前部缺血性视神经病变）的QPI1007国际多中心Ⅱ/Ⅲ期关键性临床试验获批，成为中国第一个获批国际多中心临床研究小核酸药物。另外，治疗Ⅱ型糖尿病（SR062）、前列腺癌（SR063）和青光眼（SR061）的四个产品也已进入临床Ⅰ/Ⅱ期研究。瑞博公司完全自主开发的乙酰半乳糖胺（GalNAc）缀合载体技术，通过在siRNA上链接三价的GalNAc分子，通过药物与肝细胞上高度表达的糖蛋白受体（ASGPR）特异性结合，实现肝靶向作用，降低siRNA药物的脱靶效应，是目前领先的递送系统。圣诺制药公司开发了一种多肽纳米（PNP）载体技术，且具有该技术的全球独家知识产权。该技术只利用人体必需氨基酸为原料，通过组氨酸－赖氨酸聚合物与siRNA的电荷相互作用进行纳米颗粒制备，既保证了人体长期使用的安全性，也保证了siRNA在进入体内后的稳定性和生物利用度（缓释作用），达到安全有效地抑制靶基因表达作用。他们还对该技术进行了不断的改进，其第二代 TT-PNP 技术在纳米颗粒的基础上，加上靶向的基团，包括肝靶向和肿瘤靶向基团，解决组织和细胞特异性的需求；第三代 PNP-DC 技术采用红外线实现定时定点激活药物，目前也已经初具雏形。圣诺制药公司研发的核酸药物主要集中在系统性的抗纤维化疾病和肿瘤学上。与香雪制药合作开发的 siRNA 创新 1.1 类新药科特拉尼（STP705），通过针对双靶点（TGF-β1 和 COX-2）的 siRNA 和专有的 PNP 载体技术来增强肝细胞和肿瘤细胞靶向性。该药抗纤维化适应症目前在美国进行临床 IIa 期试验，在中国开展 I 期临床试验，抗肿瘤适应症在美国获孤儿药认证并进入临床 I 期。

除了目前研究最热的反义核苷酸药物和 siRNA 药物以外，常见的核酸药物还包括质粒 DNA（pDNA）、微小 RNA（microRNA）和 CRISPR-Cas 基因编辑工具等。由于核酸药物都是基于 DNA 分子或者 RNA 分子，它们的体内递送面临一系列的给药屏障，包括核酸酶降解、肾脏清除、吞噬细胞吞噬、免疫原性等。为了实现核酸药物的高效递送，国内外企业开发了多种功能纳米递送载体。除了目前临床最常用的 GalNAc 缀合载体技术和 Patisiran 药物使用的脂质纳米颗粒（LNP 技术）以外，我国科学家及海外华人也在核酸纳米载体领域进行了长期耕耘，研发了多种具有国际领先水平的载体技术。

近五年里，含氟高分子基因载体是具有代表性的核酸纳米载体。原有的高分子基因载体主要为阳离子高分子，这些高分子一般通过离子相互作用与核酸形成复合物[1]。离子作用驱动形成的复合物在生理环境中容易受盐离子等的干扰失去对核酸分子的保护，如果过量使用阳离子高分子会增加复合物的电荷密度，引起严重的细胞毒性[2]。为了解决这一问题，程义云教授创新性地将含氟烷基链接枝到阳离子树形高分子上，由于含氟烷基链既疏水又疏油，高分子中含氟烷基链间的亲氟效应可以极大地增强高分子与核酸复合物的稳定性，从而可在极低的氮磷比条件下获得稳定的转染复合物，并能够抵御蛋白质、磷脂等分子的干扰，从而在水相和磷脂相中均保持良好的稳定性[3]。以第五代聚酰胺－胺树形高分子（G5 PAMAM）为例，通过与七氟丁酸酐反应制备含氟高分子。接枝七氟丁酸显著提高了树形高分子的基因递送性能，其中，接枝 68 条七氟丁酸的高分子转染效率最高，可将树形高分子转染绿色荧光蛋白质粒的效率从 20% 提高到 90% 以上，性能显著优于商业化转染试剂 Lipofectamine 2000 等[4]。更为重要的是氟化修饰极大地由于含氟烷基链的表面能低，造成含氟高分子具有较低的临界聚集浓度，有利于高分子在低材料剂量下压缩核酸，形成转染复合物，降低了阳离子高分子递送核酸时所需的材料用量。经研究，七氟丁酸接枝的树形高分子对 DNA 和 siRNA 均具有优异的转染性能，通过改变含氟烷基链的接枝率、含氟烷基链的链长或者接枝双氟烷基链能够大幅提高核酸与高分子复合物的稳定性、细胞内吞、内涵体逃逸、胞内核酸释放、抗血清等性能，从而极大地增强了含氟高分子的核酸递送效率[5-9]。含氟高分子还可以与 CRISPR-Cas9 质粒形成复合物，通过小鼠尾静脉注射含氟高分子复合物可显著下调肿瘤组织的 MTH1 蛋白，抑制乳腺癌肿瘤的生长和转移[10]。

华南理工大学王均教授团队以聚乙二醇－聚乳酸乙醇酸嵌段聚合物（PEG-*b*-PLGA）和BHEM-Chol阳离子脂质通过双乳化的方法制备的纳米颗粒CLAN，实现了对质粒、siRNA、miRNA和mRNA等多种核酸药物的有效包载。通过改变CLAN纳米粒表面电荷密度以及表面PEG化程度能够筛选出针对肿瘤细胞、T细胞、巨噬细胞、中性粒细胞、B细胞、DC等性能最佳的纳米载体。利用筛选到的不同特性的CLAN纳米载体，将siRNA和CRISPR-Cas9的RNA/质粒工具递送到了多种肿瘤细胞、巨噬细胞、B细胞、DC等细胞中，实现了对肿瘤、炎症性疾病、自身免疫疾病等疾病的治疗[11-14]。进一步，他们合成了一种肿瘤酸度敏感化学键（*Dlinkm*），通过*Dlinkm*桥联的聚乙二醇-*Dlinkm*-聚乳酸聚乙醇酸嵌段共聚物制备的CLAN纳米颗粒能够在肿瘤酸性微环境中有效地脱去PEG壳层，增加肿瘤细胞对纳米颗粒的摄取，提高Plk1 siRNA对肿瘤的治疗效果[15]。此外，基于现有的纳米载体借助阳离子聚合物和脂基纳米载体对siRNA进行递送的潜在细胞毒性问题，他们还设计了一种通过化疗药物来对siRNA进行疏水化处理，进而改变siRNA分子的固有特性，以实现非阳离子纳米载体介导的siRNA递送的简便策略。实验发现，siRNA与盐酸阿霉素（DOX·HCl）的简单混合就可以形成疏水的复合物，并很容易封装进非阳离子的PEG-*b*-PLA胶束中进行递送。除了用于递送DOX·HCl外，该策略还可以推广到其他具有较大疏水结构域的盐酸化的抗癌药物，为siRNA的递送提供了新的更安全的途径[16]。

近年来发展起来的DNA折纸纳米技术是一种独特自组装纳米技术，可被用于设计和制备具有各类尺寸和形貌可控的自组装纳米结构。DNA纳米结构和基因药物具有化学组成上的一致性，在具有生物相容性的基因递送载体的设计上表现出显著的优势。国家纳米科学中心丁宝全课题组以靶向修饰的三角形DNA折纸结构为载体，首先通过碱基间嵌插的方式实现化疗药物阿霉素的高效负载。随后，利用核酸链间的碱基互补配对策略定点连接上靶向多药耐药相关基因（P糖蛋白和生存素）的线性小发卡RNA转录模板。该DNA纳米给药体系可通过修饰的核酸适配体实现对具有阿霉素耐药性的乳腺癌肿瘤细胞靶向递送。通过胞内pH响应和还原环境实现阿霉素和基因药物的可控释放，实现了化疗和基因治疗的联合给药，为恶性肿瘤等疾病的治疗提供新的研究策略[17]。原有的DNA折纸术需要使用大量预先设计的不同序列的核酸链进行组装或者对核酸特定位点进行修饰及表面功能化，其复杂的合成方法阻碍了其在生物医学领域的广泛应用。国家纳米科学中心李乐乐课题组受传统金属－有机配位化学的启发，首次提出利用金属配位驱动自组装构建DNA纳米结构的新概念，构建了一类新型DNA纳米材料——金属－DNA纳米结构，可将核酸药物有效地递送到不同的细胞中，并且在体外和体内均发挥高效的生物识别和药效作用[18]。该纳米结构的制备方法很简单，只需要将DNA分子和金属离子（亚铁离子）在一定的温度下于水中混合，即可快速、高产率地获得具有球形形貌的金属-DNA纳米结构，而且通过调节DNA分子和金属离子的比例及浓度，可以精准调控金属-DNA纳米结构的尺寸和组分。为了进一步找到新的 siRNA 递送载体，上海交通大学张川研究员等创新性地采用功能性 siRNAs 作为交联剂，以引导 DNA 连接聚己内酯（DNA-g-PCL）刷的自组装，通过核酸杂交形成纳米级球形水凝胶，包被 siRNA 实现系统给药[19]。由于内部存在多价相互交联，尺寸可调的交联纳米凝胶不仅具有良好的热稳定性，而且具有显著的生理稳定性，能够抵抗酶降解。作为具有球形核酸（SNA）结构的新颖的 siRNA 递送系统，交联的纳米凝胶可协助将 siRNAs 递送到不同的细胞中，并且在体外和体内均实现有效基因沉默，达到抗癌治疗中的肿瘤生长抑制。

以生物膜制备成纳米级载体或者对纳米颗粒进行修饰一直是药物载体研究的热点，但主要集中在利用外泌体或者细胞膜作为膜的来源。北京大学王坚成教授团队依据细胞内囊泡转运从高尔基体回溯内质网的工作原理，首次采用从肿瘤细胞中提取的内质网膜来修饰阳离子脂质纳米载体，制备得到仿生型 siRNA 递送载体。该仿生载体凭借内质网膜上 SNAREs 及驻留蛋白等多种蛋白信号的介导，有效促进载 siRNA 纳米载体的细胞摄取，入胞后的载药颗粒经过非降解性"内吞体 - 高尔基体 - 内质网"途径转运，有效躲避了"内吞体 - 溶酶体"途径降解破坏，并在细胞质中显著提高了 siRNA 有效释放量，明显改善了 siRNA 基因沉默效应和抗肿瘤效应[20]。

近期北京化工大学徐福建教授团队提出了一种诊疗一体化的新型靶向核酸纳米递送系统（TP-Gd/miRNA-ColIV）[21]。该系统成分包括钆螯合的生物小分子单宁酸，低毒性阳离子基因载体 PGEA 以及 IV 型胶原的靶向多肽 ColIV，通过组装的方式携带 miR-145 对胸主动脉夹层进行靶向基因治疗，早期诊断和病情监控。经过治疗后小鼠生存率提高到 80% 以上，胸主动脉夹层的发生率降低到 20% 以下。

2. 蛋白及抗体纳米载体

蛋白质等生物治疗药物在现代医学中正在发挥越来越重要的作用。当前已有近百种重组蛋白或抗体类药物被用于治疗多种疾病。蛋白类药物具有高活性、高选择性等优点，然而基因组编码的蛋白质超过 70% 难以透过细胞膜，这为蛋白质类药物的开发以及新蛋白质的功能研究造成了巨大的障碍。由于蛋白质在生理条件下的带电状态比较复杂，如何将蛋白质结合到高分子上形成稳定的复合物是胞内蛋白质递送的关键[22-24]。研究人员发展了以下几种策略，用以解决蛋白类在递送过程中面临的挑战。①蛋白类药物与聚合物分子形成复合物。例如华东师范大学程义云团队在含氟聚合物库中发现了一种有效且无毒的聚合物，用于蛋白质输送，该文库中的 A6-2 能有效地将各种蛋白质转运到活细胞的胞质溶胶中，并维持递送的蛋白质和肽的活性。②蛋白类药物键合到聚合物材料或纳米颗粒上。同样是程义云团队，他们通过合理化设计，将蛋白质结合、细胞膜融合模块接枝到高分子上，获得了一种高性能蛋白质载体。高分子表面的胍基可通过氢键、盐桥与蛋白质结合，与胍基相邻的苯基可通过膜融合的方式促进蛋白质复合物从内涵体中逃逸。这种高分子在体外、体内均展现了极高的效率和生物相容性，适用于牛血清蛋白、藻红蛋白、绿色荧光蛋白、β-半乳糖苷酶、p53、细胞色素c、皂角素、不同序列的小肽等多种不能跨膜的生物分子，而且能保持这些分子的生物活性，具有重要的应用价值[25]。③蛋白类药物包封到多空纳米材料内。金属有机框架（MOF）是一类由金属离子与有机配体自组装形成的晶体多孔材料，可调的孔径和刚性分子结构使得MOFs可以包封核酸和蛋白质。中国科学院的毛兰群研究员利用2-醛基咪唑和Zn^{2+}在含蛋白质的溶液中自组装可形成ZIF-90/蛋白质纳米粒子，蛋白质包裹率高达90%。该研究表明ZIF-90/蛋白质纳米粒子可以有效地从内涵体中逃逸并成功地向胞质递送细胞毒性RNase A和基因组编辑Cas9核酸酶[26]。④蛋白类药物交联成纳米颗粒。瑞士洛桑联邦理工学院的唐力博士等研究人员基于TCR信号的激活会导致T细胞表面还原电位上调的发现，设计了能够响应还原电位变化的蛋白纳米凝胶颗粒，这种蛋白纳米凝胶由治疗性蛋白分子通过小分子还原敏感型可逆化合物交联而成。将IL-15超级激动剂复合物（IL-15Sa）作为测试药物，研究人员发现，装备了纳米凝胶背包的T细胞能够在肿瘤内迅速扩增，然而在外周血中却仍保持静息状态。通过调节药物的释放特性，这项策略能够令IL-15Sa的安全施用剂量提高8倍，因此获得显著的治疗效果提升[27]。

抗体药物是发展最快的生物药物之一，为创新药物市场带来了巨大的利益，其中抗肿瘤抗体药物占主导地位。近年来，随着免疫治疗的兴起，免疫检查点阻断抗体的研发已经成为全球生物制药领域的热点。免疫检查点的靶向治疗已被众多抗肿瘤免疫治疗的有最有效策略之一，继Ipilimumab（CTLA-4单抗）后，Pembrolizumab和Nivolumab（PD-1单抗）、Atezolizumab和Avelumab（PD-L1单抗）等相继被批准用于晚期黑色素瘤等多种类型肿瘤的治疗[28, 29]。但是免疫检查点疗法却对大多数肿瘤患者响应率较低（总体响应率低于30%），其中一个重要原因就是肿瘤组织内细胞毒性T淋巴细胞浸润程度低导致免疫耐受。同时，免疫检查点抗体药物正常组织表达的受体也有识别作用，易造成非肿瘤靶向分布，从而引发严重的免疫相关毒副作用[30-32]。研究人员主要通过以下几种方式将抗体药物“纳米化”。从而改变抗体药物的代谢行为，增加抗体在肿瘤部位的富集量并减少其与正常细胞的相互作用。①利用交联剂将抗体药物形成纳米颗粒。例如，中国科学院上海药物所李亚平课题组通过疏水相互作用共包载光敏剂分子ICG和PD-L1免疫检查点抗体（aPD-L1），形成粒径约为150 nm的纳米颗粒。该包含聚乙二醇外壳的抗体纳米粒可在血液中稳定循环并屏蔽巨噬细胞和网状内皮系统的清除作用，同时可避免aPD-L1与正常组织PD-L1的结合，抑制免疫相关毒副作用。到达肿瘤后，抗体纳米粒在肿瘤微环境基质金属蛋白酶作用下特异性切除聚乙二醇外壳，增加抗体纳米粒的瘤内蓄积并延长滞留时间，实现aPD-L1瘤内缓慢释放，改善免疫检查点治疗效果[33]。美国加州大学洛杉矶分校顾臻教授课题组利用活性氧（ROS）敏感的交联剂将aCD47和aPD1交联成纳米颗粒，使该蛋白复合物在肿瘤微环境中响应性释放两种抗体，实现协同免疫治疗。蛋白复合物能够作为抗体控制释放的储存库，两类抗体的核-壳分布延长了抗体在肿瘤部位的保留时间[34]。

复旦大学陆伟跃教授团队和加利福尼亚大学顾臻教授团队合作设计了一个双生物响应性药物递送库，它可以对肿瘤微环境中的酸性 pH 和活性氧（ROS）做出响应的同时递送抗 aPD1 和 Zebularine。实验首先将 aPD1 装入 pH 敏感的碳酸钙纳米颗粒（$CaCO_3$ NPs）中，再与 Zeb 一起封装在对 ROS 敏感的水凝胶中构建 Zeb-aPD1-NPs-gel。结果表明，该联合治疗材料可以提高肿瘤细胞的免疫原性，并具有逆转免疫抑制性 TME 的作用，进而有效抑制 B16-F10 黑素瘤小鼠的肿瘤生长，延长其生存的时间[35]。②将抗体药物键合在纳米颗粒表面。中国医科大学的 San-Yuan Chen 教授课题组报道了一种基于岩藻多糖的磁性纳米药物（IO@FuDex3），与免疫检查点抑制剂（aPD-L1）和 T 细胞激活剂（aCD3 和 aCD28）相连。IO@FuDex3 可以通过振作肿瘤浸润的淋巴细胞来修复抑制免疫的肿瘤微环境，同时通过磁性导向肿瘤的靶向纳米药物来增加靶向性[36]。又如，北京理工大学谢海燕课题组利用对 pH 敏感的苯甲酸亚胺键加成制备了 PD-1 抗体（aPD-1）结合的磁性纳米团簇（NCs），这些纳米团簇可因 PD-1 的表达而与效应 T 细胞结合。在过继性转移后，NCs 的磁化和超顺磁性使其能够在 MRI 指导下同时将效应 T 细胞和 aPD-1 募集到肿瘤部位。由于肿瘤内酸性微环境可以使得苯甲酸亚胺键水解，导致 aPD-1 释放，而过继性 T 细胞和游离 aPD-1 的治疗作用也可以进行耦合低毒高效地抑制肿瘤生长[37]。③将抗体药物包埋在微环境响应凝胶中。顾臻教授课题等证明将免疫检查点等抗体药物装载在肿瘤微环境响应性凝胶后通过局部给药的方式注射到肿瘤部位后，能够显著增加抗体在肿瘤部位的驻留时间并显著增强抗体的抗肿瘤效果。例如，PD-1 抗体与葡萄糖氧化酶一起装入纳米颗粒中，再将纳米颗粒装到微针中，最后将这些微针排列在贴片表面。使用时，血液会进入微针，血液中的葡萄糖在葡萄糖氧化酶的作用下产生酸，慢慢分解纳米颗粒。随着纳米颗粒逐渐被降解，PD-1 抗体即可被释放到肿瘤中[38]。又如，化疗药物吉西他滨（gemcitabine）和抗 PD-L1 抗体同时包裹在了 ROS 敏感的凝胶内，凝胶被注射入肿瘤病灶处后，就会在 ROS 的影响下逐渐降解，同时先释放出分子量较小的吉西他滨，再释放出 PD-L1 抗体，起到先化疗、再免疫治疗的效果[39]。

3. 小分子药物纳米载体

小分子药物载体发展较早，目前的研究多集中在响应性纳米体系的开发方面，包括 pH、还原环境、高表达的酶、ATP、血糖浓度等内源刺激响应的纳米载体，以及光、磁、热、超声等外源响应性纳米体系

（1）内源刺激响应的纳米载体

第一，pH 响应。

利用 pH 变化来控制药物在特定器官（胃肠道）或细胞内区室（内体或溶酶体）中的递送，以及通过癌症或炎症等微妙的病理环境变化触发药物的释放已经成为治疗疾病的重要手段[40]。快速生长的肿瘤伴随大量不规则血管的生成，进而导致营养物质和氧气的缺乏，并因此转变为糖酵解代谢过程，同时因为淋巴回流的堵塞，在肿瘤间质中产生大量酸

性代谢物，从而产生了健康组织（~7.4）与实体瘤的细胞外环境（6.5~7.2）之间 pH 值的微小差异[41]。这一现象激发了基于响应生理病理学 pH 改变和选择性在肿瘤组织触发释放药物的大量纳米药物递送系统的探索及研究，因此，有效的 pH 敏感系统必须对 pH 的细微变化做出明显的反应[42]。pH 敏感触发药物递送系统主要存在两种策略：使用具有可质子化基团的聚合物（多酸或多碱基团），其响应于环境 pH 变化而发生构象或溶解度的变化；以及具有酸敏感键的聚合物体系的设计，其在酸性环境中裂解能够释放锚定在聚合物主链上的分子，从而暴露靶向配体以及治疗药物。

Gao 课题组构建了一系列基于三级胺的超 pH 敏感纳米颗粒[43]。该纳米颗粒具有非常窄的 pH 响应分布，响应灵敏度大约为 $\Delta pH_{10\%-90\%}<0.25$。利用该纳米颗粒包载荧光探针和淬灭剂，可使其在血液 pH 呈现完全静默荧光的自组装胶束；而在弱酸性的肿瘤微环境中，胶束发生解离，进而导致了荧光信号产生 102 倍的增强，产生分辨率小于 1 mm 的输出信号。该纳米探针不仅可以帮助对各种肿瘤进行成像，同时能够对患有头颈部或乳腺肿瘤的小鼠进行实时隐匿性结节（<1 mm^3）的检测和手术，从而提高监测和治疗的准确性，并显著延长小鼠的生存能力。随后，Gao 等使用上述纳米颗粒包载吲哚菁绿（ICG）用于肿瘤边界指示和成像，实现了类似“开关”的构想，使其选择性在肿瘤部位被点亮（“开”），在非肿瘤部位屏蔽 ICG 荧光（“关”）[44]。该材料实现了 4T1、HN5 等多种肿瘤模型的高检测精度，根据组织学验证材料的指示精度为 100 %，显著提高了肿瘤切除手术的成功率。

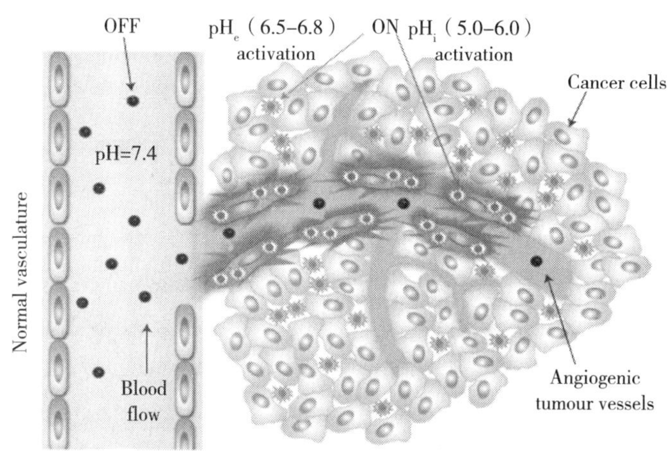

图 1　所示为超 pH 响应的纳米探针在体内循环的正常 pH 7.4 条件下呈现“关闭”的状态，实现长循环。当探针到达肿瘤部位后，因为微酸的环境，探针呈现“开”的状态，指示出肿瘤的边界或位置[43]

Gao 等进一步将上述 pH 敏感纳米颗粒用于抗原的递送，增强肿瘤的免疫疗法[45]。他们使用前期构建的七元环三级胺的纳米载体系统（PC7A）包载 OVA 抗原，并将其系统给药用于治疗肿瘤。该纳米颗粒在血液循环中较稳定，而在肿瘤部位微酸条件下解

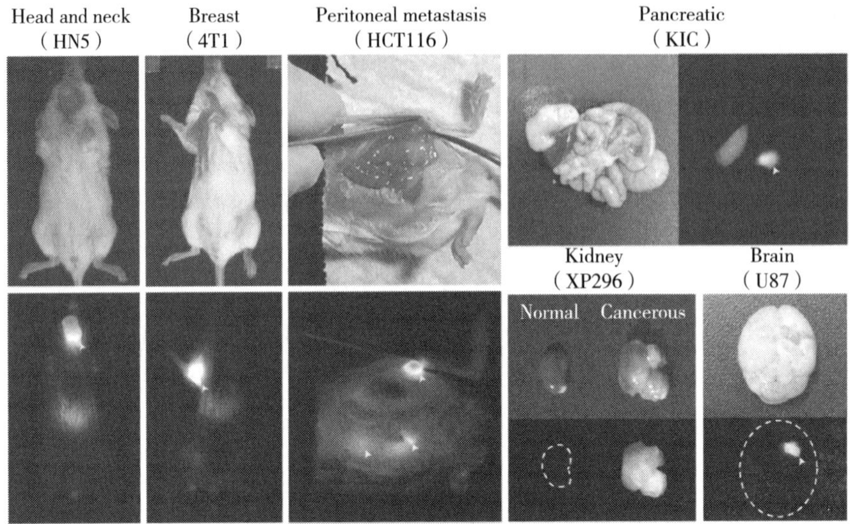

图 2　使用超 pH 敏感的纳米探针对 HN5 和 4T1 肿瘤模型组织及边界的标记，箭头显示出肿瘤的位置，对比正常组织中没有荧光的显色[44]

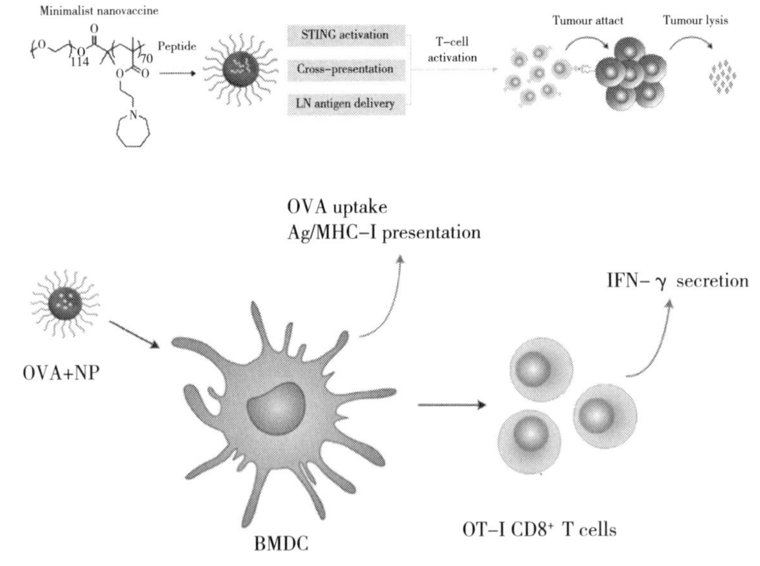

图 3　纳米疫苗的结构式及通过纳米疫苗激活 STING 通路，以及通过体外检测抗原交叉呈递给 BMDC 细胞和 $CD8^+$ T 细胞在体内的激活[45]

体，产生细胞毒性 T 淋巴细胞（CTL）反应。相较于传统的 PEG-PLA 胶束的低反应活性（4.2 %），该 pH 响应的纳米材料具有 20 倍的高刺激响应活性。在针对荷瘤小鼠的治疗实验中也证明了该 pH 敏感纳米体系不仅能够增强抗原的递送和渗透，也可以刺激干扰素基因刺激物（STING）通路，促进具有抗肿瘤效果的免疫反应。

同时该课题组 Wang 等通过 PC7A 包载 cGAMP，递送到溶酶体内（图 4）。pH 响应颗粒 PC7A 释放免疫激活剂 cGAMP，显示出对 HIV 病毒有较好的抑制效果[46]。PC7A 对于 cGAMP 的负载效率更高，是其他 pH 响应颗粒负载效率的两倍以上。同时通过长时间的实验证明了该体系负载 cGAMP 后能够保持稳定，通过粒径的表征说明颗粒在 pH 6.7 条件下会快速崩解释放免疫激活剂。该体系能够激活 STING 信号通路，抑制 HIV 病毒的转录。

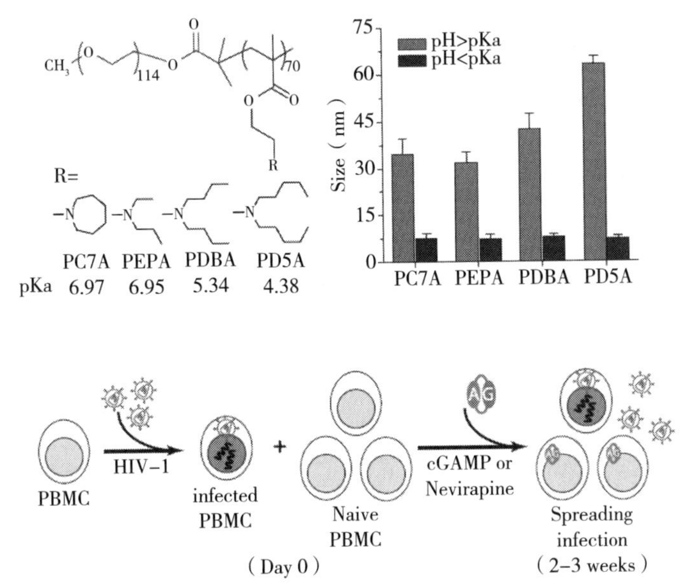

图 4　纳米载体的结构式，各个聚合物负载 cGAMP 后形成纳米颗粒在不同 pH 溶液中的粒径（pH 大于 pKa 或 pH 小于 pKa）。HIV-1 在 PBMC 中传染以及 cGAMP 治疗的示意[46]

纳米药物往往需要渗透到肿瘤深部才能更好治疗肿瘤，然而纳米颗粒由于尺寸较大，在渗透效率上比传统小分子药物低很多[47]。为了解决这个问题，王均教授课题组开发了一种 pH 响应的尺寸可变纳米颗粒载体用于肿瘤药物的递送，使其能够长循环，并在肿瘤部位转变为小尺寸颗粒，有效渗透到肿瘤组织内部（图 5）[48]。他们将化疗药物顺铂（Pt）键合到树枝状聚合物 PAMAM 上（PAMAM/Pt），并通过 pH 敏感化学键（CDM）键合到疏水性聚己内酯（PCL），与两亲性嵌段聚合物聚乙二醇 - 聚己内酯（PEG-*b*-PCL）共组装，形成 100 nm 左右的纳米颗粒，其在血液种具有长循环，并通过尺寸效应在肿瘤组织中富集。在肿瘤组织，肿瘤微酸的刺激使 CDM 键断裂，释放出小尺寸的携载 Pt 的 PAMAM（5 nm），有效渗透到肿瘤内部，增强药物的抗肿瘤效果，该体系在增强肿瘤渗透和药物递送方面具有广阔的应用前景。

进一步，王均教授课题组结合具有 pH 响应的三级胺和 PAMAM/Pt 构建了一个具有超

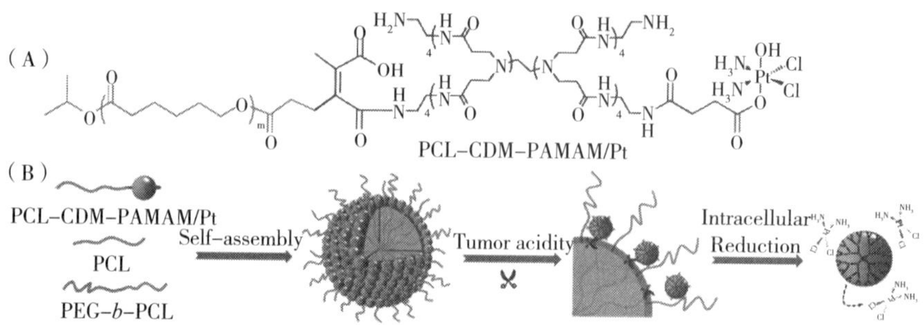

图 5 （A）肿瘤微环境响应尺寸可转变材料 PCL-CDM-PAMAM/Pt 的化学结构式；
（B）PCL-CDM-PAMAM/Pt 在体内的自组装，以及颗粒在瘤内微环境中 CDM 键断裂，尺寸变小。

快 pH 响应和增强肿瘤渗透的纳米颗粒体系（图 6）[49]。该纳米颗粒在血液循环中稳定，粒径为 80 nm 左右，而在肿瘤酸度下，七元环三级胺迅速地质子化，纳米颗粒尺寸变小至 10 nm 左右。该纳米颗粒的渗透效率是非 pH 响应纳米颗粒的 2.9 倍，可更高效抑制肿瘤生长。该平台可以递送包括阿霉素、喜树碱、紫杉醇等其他化疗药物，实现肿瘤细胞内药物的精准释放，减少药物对机体的副作用。

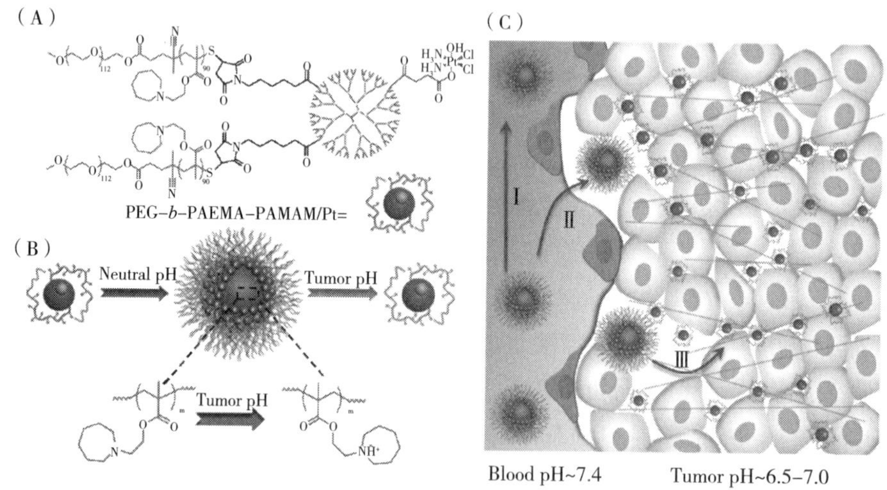

图 6 （A）基于三级胺和 PAMAM 的 PEG-b-PAEMA-PAMAM/Pt 的化学结构式；
（B）响应性的 PEG-b-PAEMA-PAMAM/Pt 在正常生理环境中组装成尺寸较大的纳米颗粒，并在弱酸性的肿瘤微环境中三级胺由疏水变为亲水，尺寸减小；
（C）响应性的尺寸可转变材料通过减小尺寸后在肿瘤间增强渗透。

此外，利用肿瘤酸度设计纳米载体，可使纳米颗粒在肿瘤富集后，促进被肿瘤细胞摄取，更高效杀伤肿瘤细胞。纳米颗粒 PEG 化可有效延长血液循环时间，但也会阻碍其被肿瘤细胞的摄取。针对这一问题，王均教授课题组将聚乙二醇和聚丙交酯通过 pH 敏感的

CDM 键连接（PEG-*Dlinkm*-PDLLA），形成纳米颗粒用于肿瘤微环境响应的药物递送[50]。纳米颗粒的 PEG 化使其具有长体内循环时间，并在肿瘤部位富集。在肿瘤部位肿瘤酸度刺激下，纳米颗粒经过 24 h 后 60 % 的 PEG 脱落，低 PEG 密度使其更易被肿瘤细胞摄取，其在 pH 6.5 条件下摄取量接近 pH 7.4 实验组的 3 倍，达到更好的药物递送效率和治疗效果，解决 PEG 化纳米颗粒长循环和细胞摄取的矛盾。

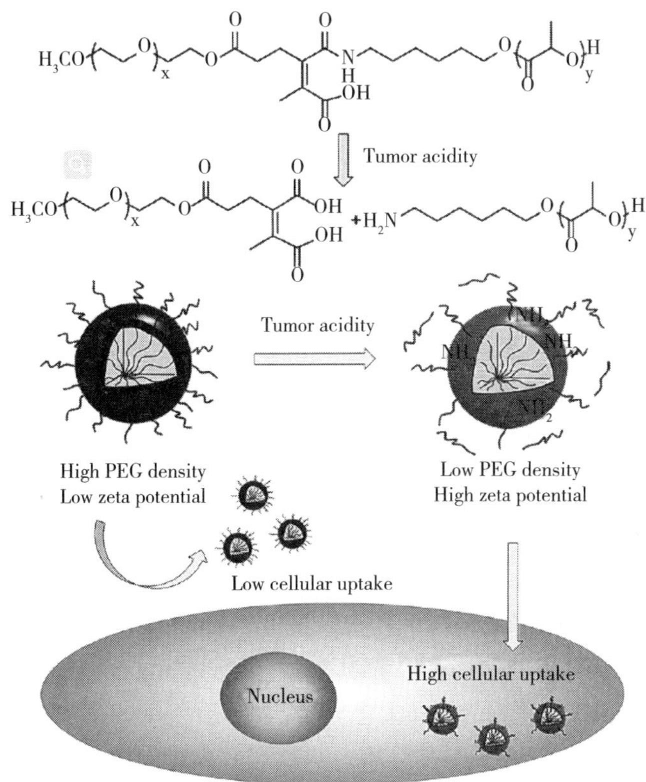

图 7　肿瘤酸响应 PEG 纳米颗粒 PEG-*Dlinkm*-PDLLA 的结构式。纳米颗粒具有高 PEG 的表面接枝密度具有较低的表面电位，细胞摄取效率较低；较低 PEG 表面接枝密度下具有较高的表面电位，增强细胞摄取

除了上述酸敏感的化学外，有研究者利用碳酸氢铵在微酸条件下被分解、释放氨气和二氧化碳分子的特点，用于药物递送，实现病变部位的快速释放。例如，Ma 等开发出针对感染微环境 pH 响应的纳米颗粒，通过水包油包水（W/O/W）体系制备出外壳较窄、内部空间较大的纳米颗粒，并包载碳酸氢铵作为抗原释放的促进剂（图 8）[51]。当纳米颗粒被酸刺激后，碳酸氢铵分解为二氧化碳和氨气，使纳米颗粒破裂形成小孔，快速释放出包载的抗原，从而快速引起免疫反应。

综上所述，针对肿瘤 / 感染微环境的 pH 比正常组织低的特点，设计 pH 响应的纳米

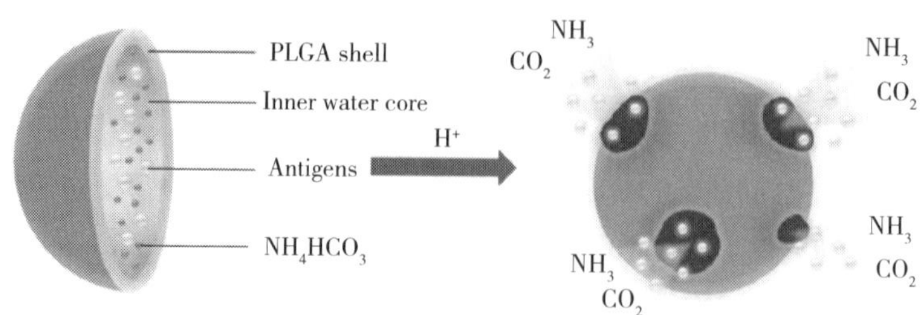

图 8　pH 响应的免疫激活纳米材料具有 PLGA 的外壳和内层水溶液核心，其中包载抗原和碳酸铵。在 pH 刺激下碳酸铵分解释放二氧化碳和氨气破坏 PLGA 的外壳，释放抗原

材料递送药物，有望实现对病灶部位的精准成像、药物的选择性释放和渗透、高效的细胞摄取等，从而增强药物的疗效，在生物医学材料领域具有广泛的应用前景。

第二，氧化还原响应。

在肿瘤发生发展的过程中，肿瘤细胞产生的过量 ROS 在一定程度可以促进肿瘤细胞的发展，甚至促进其产生耐药性。但是胞内过量的 ROS 会损伤胞内生物大分子，甚至会逆转肿瘤细胞的耐药性。有研究表明，某些癌细胞胞内 ROS 上升会下调药物外排泵 P 糖蛋白和 ATP 结合盒转运蛋白（ABC）的表达[52-54]。为抵御氧化压力，肿瘤细胞内部会高表达谷胱甘肽（GSH），使其处于还原环境。因此在肿瘤部位，其胞外基质因为富含 ROS 而表现出氧化环境，然而胞内因为高表达 GSH 而表现出还原性质。肿瘤部位的这种特殊的氧化还原电位可作为有效的刺激用于设计精准的药物控释系统来治疗癌症。例如，Chen 课题组设计了一种对谷胱甘肽敏感的二氧化硫前药，用于消耗肿瘤细胞内的 GSH，逆转 MCF-7 ADR 癌细胞对阿霉素的耐药性（图 9）[55]。该前药在水溶液中可自组装成纳米胶束，可高效包载并递送阿霉素至肿瘤细胞，并对 GSH 做出响应，释放 SO_2，使得胞内的 ROS 水平上升，克服 MCF-7 ADR 耐药性。此外，Wan 课题组基于肿瘤部位特殊的氧化还原电位，设计了活性氧自由基（ROS）和 GSH 双重响应的纳米药物递送系统（nano-DDS）（图 10）[56]。他们合成了含对还原环境响应二硫键及对氧化环境响应的二甲基硫缩酮键的高分子载体，用于化疗药物紫杉醇（PTX）的包载，使其可在 H_2O_2 和 / 或 GSH 存在的情况下特异性释放 PTX，实现肿瘤细胞胞外和胞内的药物控释，有效抑制 PC-3 肿瘤的生长，并且显著缓解了 PTX 带来的副作用，提升了小鼠的生存期。

炎症部位微环境与肿瘤微环境一样有偏高的氧化还原电势，因此在炎症部位也可以设计氧化还原响应的纳米药物递送载体。临床上常用非固醇类（NSAIDs）抗炎药缓解炎症反应，但是长时间使用这些药物会带来严重的副作用，阻碍组织修复。因此有必要设计 NSAIDs 药物的纳米递送载体，减少药物的非特异性释放。Liu 课题组报道了基于二硫键用于 GSH 响应和苯硼酸酯用于 H_2O_2 响应的消炎药的聚合物前药，使其在验证部位 GSH 或

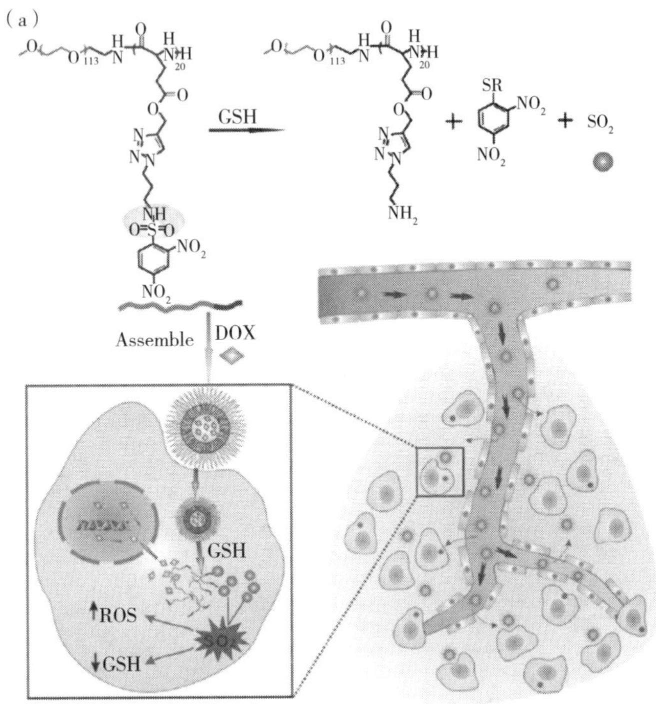

图 9　谷胱甘肽敏感的二氧化硫的聚合物前药 mPEG-PLG（DNs）在水溶液中自组装成纳米胶束，高效包载并递送阿霉素至肿瘤部位，并对 GSH 做出响应，释放 SO_2，使得胞内的 ROS 水平上升，克服 MCF-7 ADR 耐药性

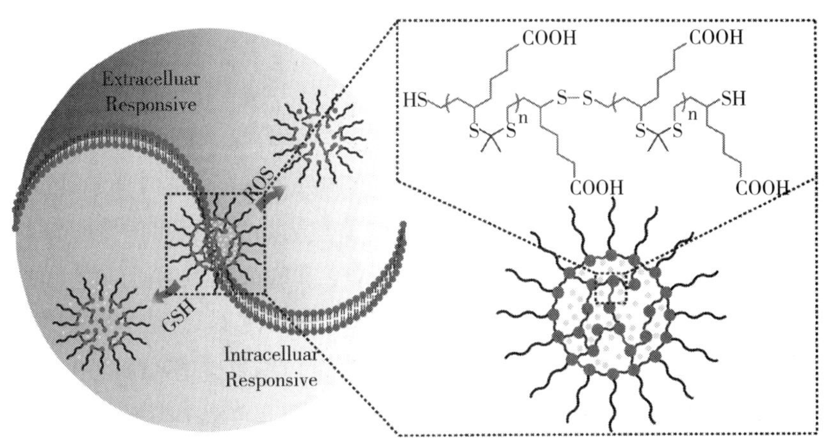

图 10　对还原环境响应及对氧化环境响应的高分子载体（TKN），用于化疗药物紫杉醇（PTX）的包载，使其可在 H_2O_2 和 / 或 GSH 存在的情况下特异性释放 PTX，实现肿瘤细胞胞外和胞内的药物控释

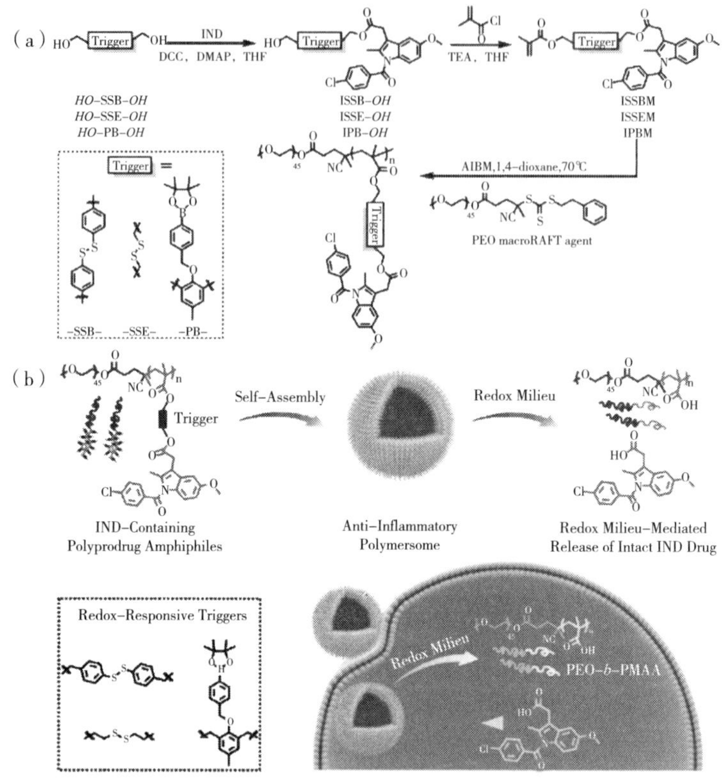

图 11　基于二硫键用于 GSH 响应和苯硼酸酯用于 H_2O_2 响应的消炎痛（IND）的聚合物前药，在 GSH 或者 ROS 存在下，特异性释放药物

者 ROS 存在下，特异性释放药物，有效缓解炎症反应，并减少药物副反应[57]。

第三，ATP 响应。

ATP 是细胞新陈代谢所需能量的直接来源，在胞外（< 0.4 mM）和胞内（1–10 mM）的浓度差异很大，胞内外的 ATP 浓度差使得 ATP 有成为响应源的可能性。为了让纳米载体能对 ATP 的刺激进行响应，其应该具备区分 ATP 和胞内其他物质的能力。目前实现 ATP 的响应的方法之一是使用特异性结合 ATP 的单链 DNA（ssDNA）寡核苷酸适配体。例如，Gu 课题组设计了一种透明质酸为载体的 ATP 响应纳米递送系统，用于递送肿瘤化疗药物[58]。该载体以透明质酸为壳层，包载了鱼精蛋白和负载了阿霉素的可特异性识别 ATP 的 DNA 序列（Dox/Duplex）。透明质酸壳层可特异性识别肿瘤表面高表达的 CD44 受体和 RHAMM 受体，促进肿瘤细胞对颗粒的摄取，当颗粒被肿瘤内吞后，内涵体中的透明质酸酶将颗粒壳层的透明质酸分解，从而将内核的复合体（Dox/Duplex）释放出来。鱼精蛋白有利于复合体的内涵体逃逸，使得 Dox/Duplex 复合体进入胞质中，在胞内高 ATP 浓度下刺激下，Dox/Duplex 复合体解体，阿霉素释放并最终富集在细胞核中，引起细胞毒性，

导致肿瘤细胞的死亡。该体系相较于非响应的颗粒，其细胞毒性增大了 3.6 倍。并且在动物水平上，对于异种移植 MDA-MB-231 荷瘤小鼠的治疗也有非常显著的效果。除了通过胞内原有的 ATP 实现药物的响应性释放外，该课题组进一步使用基于脂质体的共递送系统，用于 Dox/Duplex 复合体和外源性 ATP 的共递送，直接通过共递送外源 ATP 增强药物的响应性释放[59]。

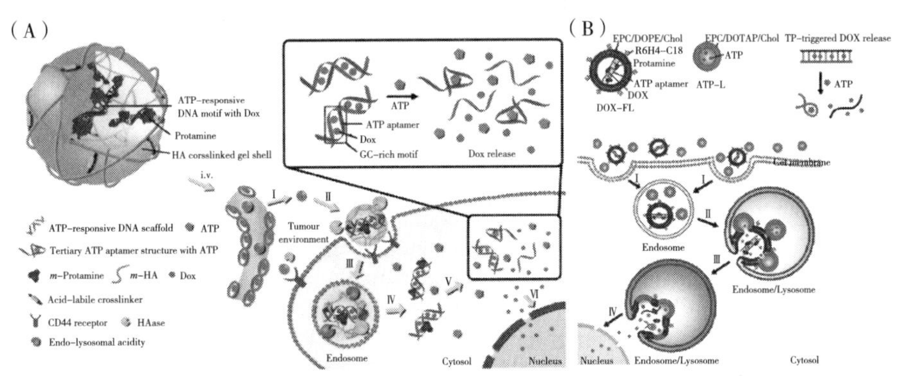

图 12　ATP 响应的药物递送系统示意

（A）使用 ATP 寡核苷酸适配体进行响应的凝胶递送系统用于胞内阿霉素的递送；
（B）使用基于脂质体的共递送系统，用于阿霉素和 ATP 寡核苷酸适配体和外源性 ATP 的共递送。

尽管 ATP 响应性药物释放具有很多的优点，但是目前的研究还停留在概念证明的阶段，需要做更多的研究以在实现临床应用。首先，需要进一步确认不同细胞器中的 ATP 浓度，以设计更精准有效的递送系统；其次，目前的 ATP 适配体不能区分 ATP 和 ADP，需要进一步优化 ATP 适配体的序列，增强对 ATP 的特异性选择；最后，可特异性识别 ATP 的分子大多数为 DNA 或者蛋白质，可能存在潜在的免疫原性，这个问题在临床转化前也亟须解决。

第四，血糖浓度。

糖尿病是一种以高血糖为特征的代谢性疾病，其传统治疗方式主要是皮下注射胰岛素降低血糖浓度。但是这种“开环”的给药方式对血糖浓度的调节能力差，容易引起低血糖症，并且病人依从性差。其中，借助微针阵列（MN）透皮贴用于胰岛素的经皮给药的方式具有操作简便、无痛的特点，为糖尿病的治疗提供了替代方式。然而，这种开环的 MN 透皮贴同样缺乏检测血糖浓度的能力，需要不断监测血糖浓度，并及时使用 MN 透皮贴维持正常的血糖浓度。而新型的“闭环”给药方式，也称自调节方式，可以根据血糖浓度控制药物的释放。因此，模仿胰腺细胞功能的“闭环”胰岛素递送系统才是提升糖尿病患者生活质量更好的选择。其中，葡萄糖氧化酶（GO_x）是葡萄糖刺激响应常用的激活剂，GO_x 可以催化葡萄糖氧化为葡萄糖酸，并产生乏氧、酸性、富含 H_2O_2 的环境，这些特点均可以作为生物刺激诱导治疗药物的释放。

基于此原理，Gu 课题组设计了一种新型的具有葡萄糖响应能力的用于胰岛素递送的无痛型微针阵列透皮贴，这个透皮贴由具有乏氧响应能力的透明质酸（HS-HA）自组装而成，包载了胰岛素和葡萄糖氧化酶，构成了葡萄糖响应囊泡（GRVs）[60]。在高血糖的环境下，GO_x 消耗氧气将葡萄糖氧化为葡萄糖酸，导致局部乏氧，HS-HA 被还原成亲水结构，GRVs 解体并将胰岛素释放出来。体外实验表明，在正常血糖和高血糖水平下，GRVs 可以实现胰岛素快速的可逆释放。此外，单个微针贴片可以有效插入小鼠背皮，在 30 分钟内将血糖调节到正常范围，并在糖尿病小鼠体内维持 4 小时左右的正常血糖状态。一旦达到正常的血糖水平，微针可以停止释放胰岛素，有效防止了低血糖的发生。

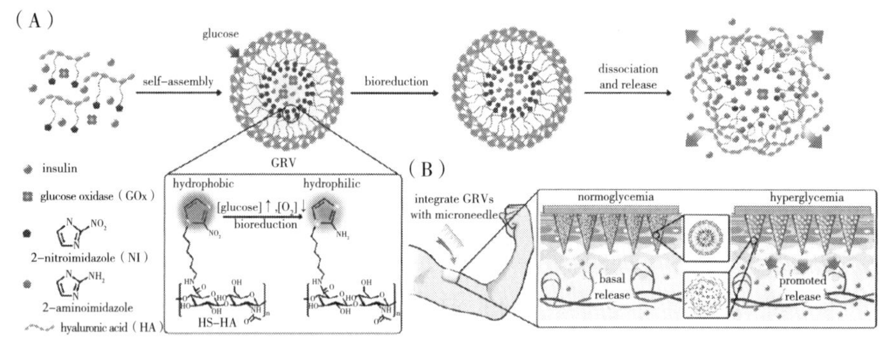

图 13　具有葡萄糖响应能力的用于胰岛素递送的无痛型乏氧敏感的微针阵列透皮贴示意

在高血糖的环境下，GO_x 消耗氧气将葡萄糖氧化为葡萄糖酸，导致局部乏氧，HS-HA 被还原成亲水结构，GRVs 解体并将胰岛素释放出来

I 型糖尿病的治疗除了皮下注射外源性胰岛素外，还可以移植产生胰岛素的胰腺细胞。但是胰腺细胞的移植需要供体和受体之间的匹配度，病人还需要服用免疫抑制剂以抑制排异反应，因此限制了这个方法的发展。Gu 课题组在前面研究的智能微针阵列透皮贴的基础上，进一步将胰腺 β 细胞包载在微针阵列透皮贴上，同时在微针上设计了葡萄糖信号放大器（GSA），刺激胰腺 β 细胞分泌胰岛素，降低血糖浓度[61]。如图 13 所示，GSA 由聚合物纳米囊泡构成，内部包载了三种酶：葡萄糖氧化酶（GO_x）、α－淀粉酶（AM）、葡萄糖淀粉酶（GA）。一旦血糖浓度升高，GO_x 氧化葡萄糖，造成乏氧环境，含有乏氧敏感材料的 GSA 迅速分解，释放出包载的酶，AM 将包载在微针基质中的 α－淀粉水解为二糖和三糖，GA 将其进一步水解为葡萄糖，产生高葡萄糖浓度的局部位点。放大的葡萄糖信号有效扩散到外源胰腺 β 细胞中，促进胰岛素分泌，进而扩散到血管中。体内实验结果表明，含有约 107 个胰腺 β 细胞的 GRS 可以对高血糖浓度水平快速响应，可以减低并维持正常血糖浓度长达 10 h。

如前所述 GO_x 在氧化葡萄糖的时候，除了导致乏氧环境，同时还会产生 H_2O_2，产生的 H_2O_2 不仅可以用于刺激药物的释放，还能产生毒性。在上述乏氧敏感纳米颗粒的基础

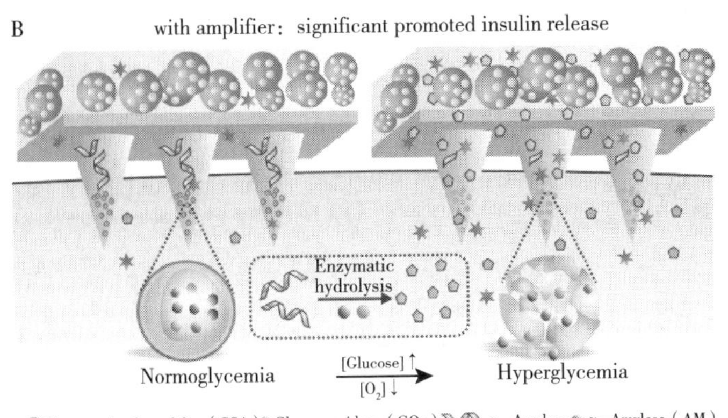

图 14 包载了胰腺 β 细胞的智能微针阵列透皮贴示意，该透皮贴在微针上设计了葡萄糖信号放大器（GSA），刺激胰腺 β 细胞分泌胰岛素，降低血糖浓度。

上，Gu 课题组进一步设计了 ROS 敏感的纳米颗粒，其壳层中包含了过氧化氢酶，内部包载胰岛素和 GO_x，这种微针阵列透皮贴除了能有效降低血糖浓度以外，还能有效清除 GO_x 产生的 H_2O_2，提升生物相容性[62]。除此以外，该课题组还发展了基于葡萄糖响应的乏氧/H_2O_2 双重响应的纳米颗粒用于胰岛素的递送[63]。目前的微针阵列透皮贴用于胰岛素递送的系统都是基于 GO_x 对葡萄糖的响应，尽管取得了不少的研究成果，但是依然停留在临床前研究，体内实验也局限于啮齿动物。研究需要进一步推进到大型动物身上及人体实验。

第五，高表达的酶响应。

酶在所有的生物和代谢过程中起着关键作用，酶的表达和活性的失调是许多疾病的病理基础，多种特定酶（如蛋白酶、磷脂酶或糖苷酶）在癌症或炎症等病理条件下表达量发生改变，可利用此实现酶介导的药物在病灶部位的选择性释放[64]。利用酶作为刺激响应点有很多优点，如大多数酶在温和的条件下催化化学反应（低温、中性 pH 值和缓冲水溶液）[65]，且酶对其底物具有特异性，允许特定的、复杂的、生物激发的化学反应[66]。

近年来，大量纳米材料被应用于酶响应性药物传递系统的设计，包括聚合物材料、磷脂和无机材料。将纳米材料与酶响应性相结合，可以赋予其生物特异性和选择性，使其在多个领域具有广阔的应用前景。在纳米材料的设计中，常用的酶包括蛋白酶（如基质金属蛋白酶、组织蛋白酶和尿激酶型纤溶酶原激活物）、磷脂酶、氧化还原酶、糖苷酶，以及某些疾病的病变组织中特定的失调酶等[67]。例如，申有青课题组利用血管周围的内皮细胞和代谢活跃的肿瘤细胞外表面过表达的谷氨酰转肽酶（GGT），使纳米颗粒表面电荷反转，引发内皮细胞的胞吞作用，进而引起快速的外渗和肿瘤细胞的转胞吞作用，从而使颗粒在肿瘤中高效渗透（见图 15）。该药物可根除约 500 mm^3 的肿瘤，显著延长原位胰腺癌小鼠的存活率[68]。王浩课题组利用在人类癌症多个阶段均过表达的基质金属蛋白酶 2

（MMP2，在多种癌症多个阶段中均过表达），使用对 MMP2 响应的多肽序列（GPLGIAGQ，pp）作为连接体，连接两亲性聚合物 $TPGS_{3350}$ 和疏水性聚合物 PLGA，得到嵌段共聚物 $TPGS_{3350}$-pp-PLGA，再将该嵌段共聚物与修饰了叶酸的 TPGS 制备得到纳米颗粒（NPs）（见图 16）[69]。$TPGS_{3350}$ 有延长 NPs 在血液中的循环时间、隐藏叶酸、屏蔽 NPs 的靶向功能。通过 EPR 效应聚集在肿瘤部位后，NPs 中的 MMP2 敏感性多肽链能被肿瘤细胞外的 MMP2 切断，使 $TPGS_{3350}$ 脱落，暴露隐藏的叶酸，恢复 NPs 的靶向功能。这种纳米载体的设计显著增强了肿瘤靶向性，增强了肿瘤部位的聚集，提高了细胞摄取，在体内外均具有显著的抗癌效果和较低的副作用。

王浩课题组还利用组装诱导滞留（AIR）效应，开发出一系列能在疾病部位原位自组

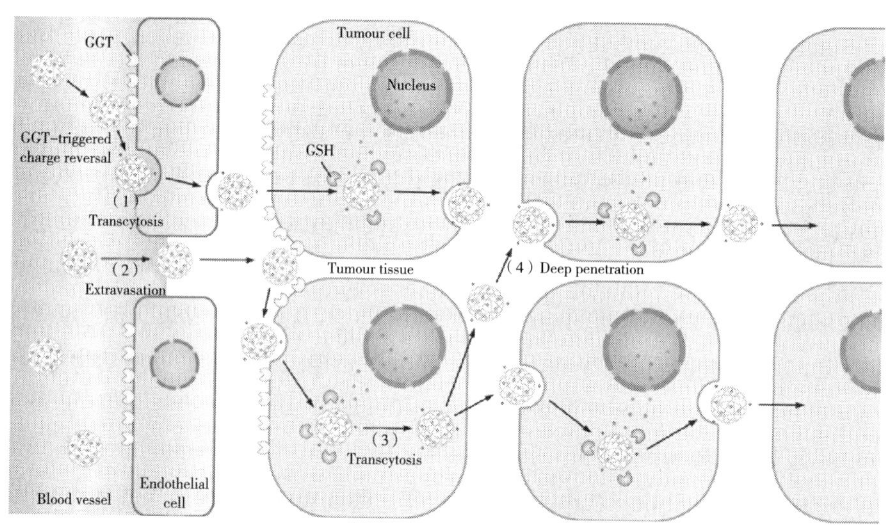

图 15　阳离子引发转胞吞作用，介导肿瘤穿透纳米药物的跨细胞和细胞外转运。
（1）中性长循环纳米药物通过内皮细胞表面的酶（GGT）转化为阳离子，从而触发纳米药物跨内皮的 AMT。
（2）纳米药物也可能通过疏松的血管壁外渗进入肿瘤间质（增强渗透和滞留效应），肿瘤细胞表面的酶催化其对吸附介导转胞吞作用（AMT）的阳离子化。
（3）通过纳米药物的癌细胞转胞吞作用，使肿瘤活性穿透。
（4）阳离子纳米药物通过 AMT 被癌细胞迅速摄取，其中一些在胞内转移并分泌到间质，然后被周围细胞摄取并传递到下层细胞，从而深入肿瘤组织中。

装的纳米材料，实现对肿瘤的诊断和治疗。通过将自催化自组装与 AIR 效应相结合，在肿瘤部位预先形成的纤维纳米药物作为“种子”纤维来加速药物积累[70]。作者设计了具有四个区域的基于多肽的前药，包括：疏水性化疗药物 CPT，用于作为形成 β 折叠纤维支架的氢键结合肽 LVFF，酶响应性肽链 CFLG，具有靶向肽 RGD 的亲水性 PEG。将制备的 CPT-LFPR 纳米颗粒经静脉注射至荷瘤小鼠体内，根据靶向效应在肿瘤部位积累。然后，在组织蛋白酶 B［CtsB，各种肿瘤（包括肺癌、前列腺癌和宫颈癌）中一个重要的溶酶体

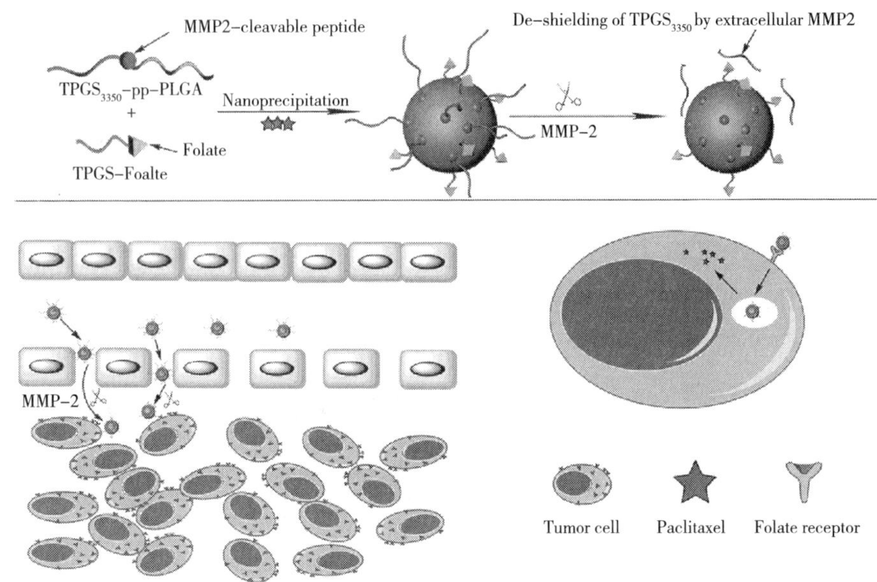

图 16　MMP2 剥离颗粒外壳，暴露靶向基团，增强细胞对颗粒的摄取

蛋白酶］的存在下，由于亲水性 PEG-RGD 壳的脱落，纳米颗粒重组成 β－折叠纤维结构。肿瘤内预形成的原纤维是后续静脉注射纳米粒子加速转化的种子，经过多次给药后，纳米粒子聚集增强，原位构建纤维药物库，使肿瘤细胞内的游离药物持续释放，有效抑制肿瘤生长。与此相似，他们将这种酶促结构转变的策略应用于治疗细菌感染，设计了一种壳聚糖－肽结合物（CPC），包括壳聚糖主链、含 PEG 的酶响应性肽链（EPEG）和抗菌肽（KLAK）[71]。该 CPCs 能自组装成纳米颗粒，到达感染微环境后，白明胶酶切断响应性多肽，使 PEG 层脱离，破坏亲疏水平衡，促进纳米颗粒重组成纤维结构，并暴露出 α 螺旋结构的 KLAK，破坏细菌细胞膜。这一策略增强了抗菌肽在感染部位的积累，延长滞留时间，增强抗菌活性。

除了酶促形态转变外，研究者利用病变部位高表达的酶实现酶促自组装。徐兵课题组在前期研究中发现胞内分子纳米纤维与细胞骨架蛋白发生无序的相互作用，能选择性抑制肿瘤细胞。基于这一发现，他们利用小分子自组装成的纳米纤维能抑制肿瘤细胞的特异性，开发与顺铂的联合疗法[72]。他们设计合成了两种多肽前体对映体（L-1 和 D-1），在羧酸酯酶（CES）的催化下能形成自组装分子。研究表明两种多肽均能转变为相应的分子 L-2 和 D-2，在水中能形成纳米纤维。在适当浓度下，L-1 和 D-1 对细胞无毒，且能显著提高顺铂对 SKOV3 和 A2780cis 这两种耐药卵巢癌细胞系的活性，20 μM 顺铂和 15 μg/mL D-1 能抑制超过 80 % 的 SKOV3。最终研究结果表明，酶促自组装有望在不增加全身毒性的前提下，提高顺铂对耐药卵巢癌的活性。基于上述研究，他们设计了具有两个酶响应性位点的 EISA 前体 1-OMe-OP，该前体包含一个羧酸酯酶（CES）裂解位点（即羧基甲酯）

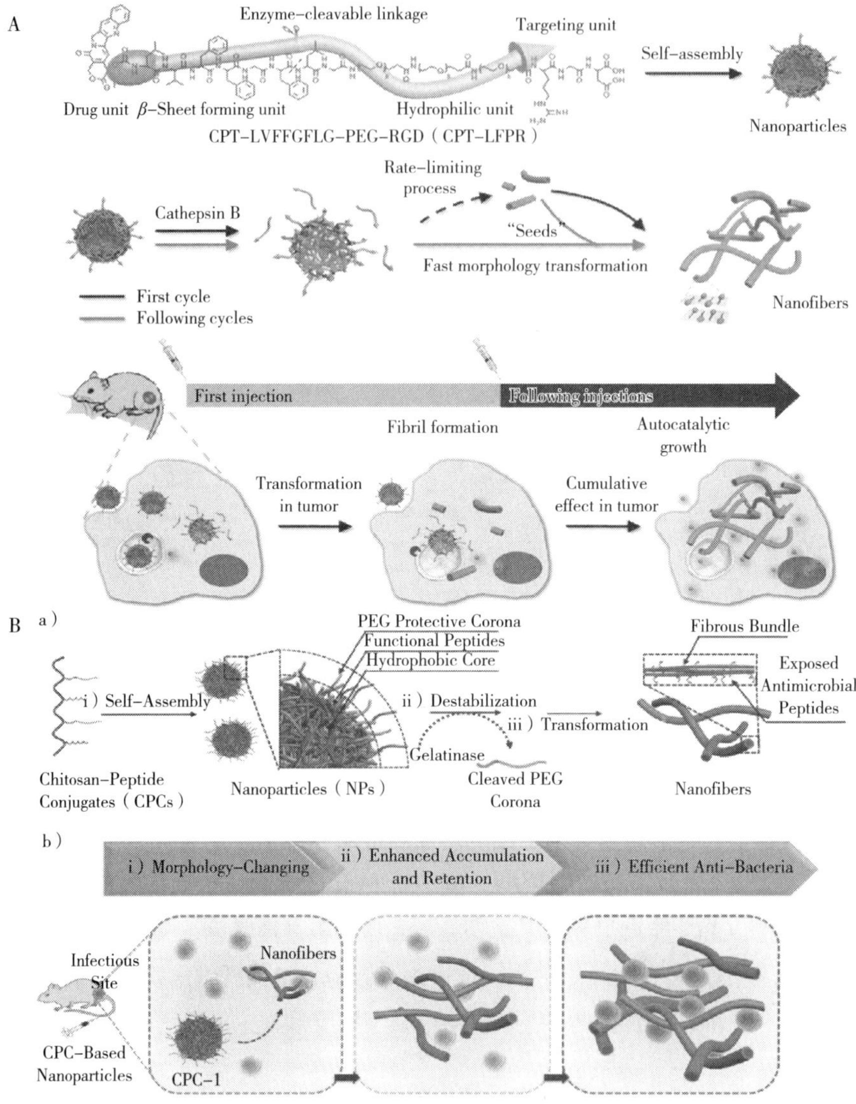

图 17　酶降解纳米颗粒，疏水部分自组装形成纳米纤维，杀伤肿瘤细胞和细菌

和一个碱性磷酸酶（ALP）裂解位点（即磷酸酪氨酸）[73]。在 ALP 的作用下，前体转化为自组装分子形成组装体，而组装体在 CES 的作用下发生裂解。由于组装物具有细胞毒性，未组装的产物对细胞无害，所以前体只能抑制表达 ALP 和下调 CES 的细胞。

在上面提到的研究中，虽然 D 型肽在体内外对内源性蛋白酶都具有相对较好的耐受性和持久的稳定性，但细胞对 D 型肽的摄取低于 L 型肽。为了解决这一问题，他们选择能显著促进细胞摄取的非蛋白原必需氨基酸——牛磺酸作为辅助基团[74]。实验结果表明，牛磺酸与 D 型肽衍生物的结合显著提高了细胞对 D 型肽衍生物的吸收，达到了大于 10 倍的增长。酯酶酶解去除牛磺酸基团后，D 型肽衍生物自组装，进一步增强了 D 型肽衍生物

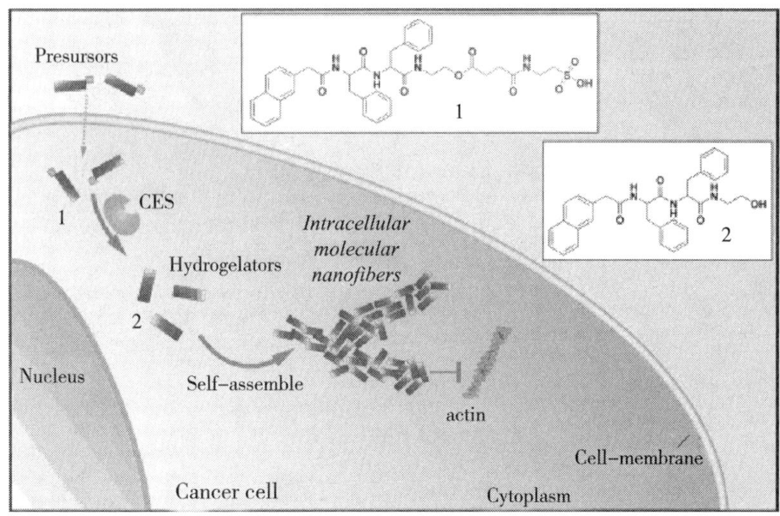

图 18　多肽前体对映体在羧酸酯酶（CES）的催化下形成自组装分子，在水中形成纳米纤维

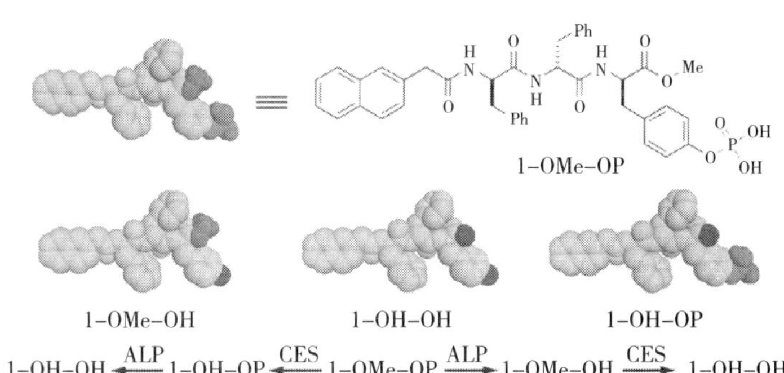

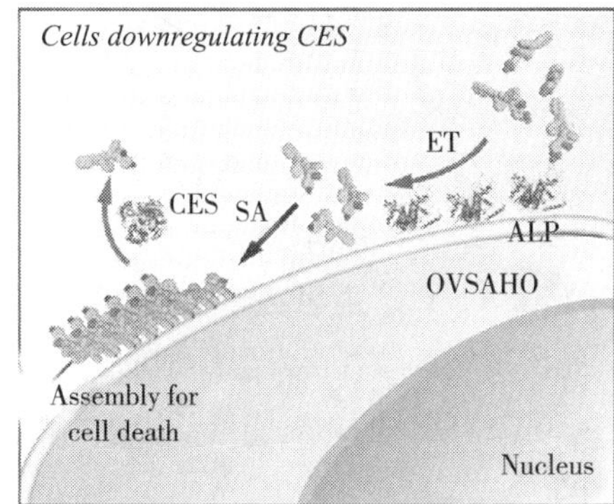

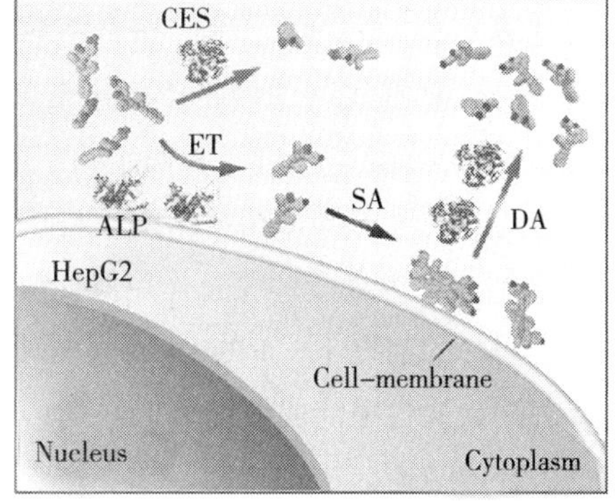

ET=Enzymatic Transformation；SA=Self-Assembly；DA=Disassembly

图 19　EISA 前体包含一个羧酸酯酶（CES）裂解位点（即羧基甲酯）和一个碱性磷酸酶（ALP）裂解位点（即磷酸酪氨酸）。在 ALP 的作用下，前体转化为组装体，可在 CES 的作用下发生裂解。由于组装物具有细胞毒性，未组装的产物对细胞无害，所以前体只能抑制表达 ALP 和下调 CES 的细胞

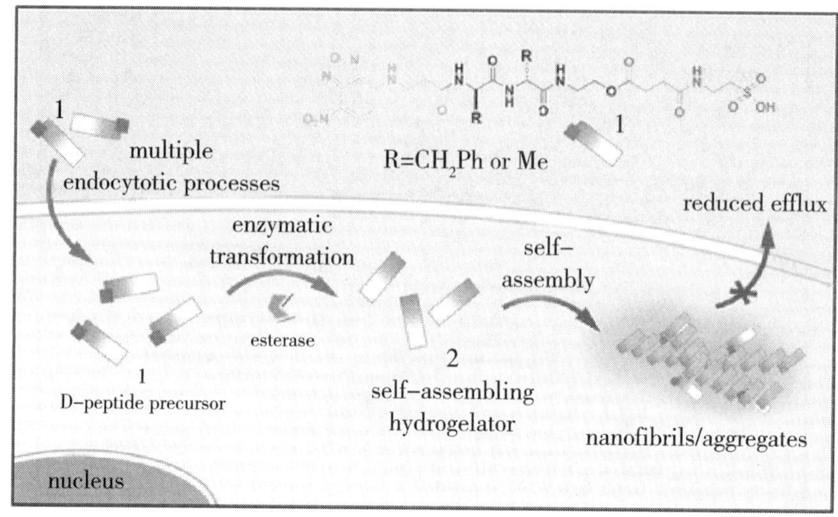

图 20　牛磺酸与 D 型肽衍生物的结合显著提高了细胞对 D 型肽衍生物的摄取，酯酶酶解去除牛磺酸基团后，D 型肽衍生物自组装，增强 D 型肽衍生物在细胞内的积累

在细胞内的积累。对 D 型肽衍生物摄取机制的初步研究表明，D 型肽衍生物的摄取既依赖于动力依赖性内吞作用，也依赖于巨胞饮作用，但几乎不依赖于牛磺酸转运体。作为牛磺酸（一种在动物组织中广泛分布的氨基磺酸）促进细胞吸收的第一个例子，这项工作阐明了一种将 D 型肽传递到活细胞的全新策略。

在生物系统中，分子自组装过程的一个基本特征是酶反应和配体 – 受体相互作用同时发生，导致对蛋白质相互作用的控制很复杂。为了了解复杂的分子系统在经历多个并行过程时的复杂行为，徐兵课题组选择既是酶底物，又是配体 – 受体相互作用参与者的小分子作为研究对象[75]。首先合成在水溶液中可自组装成纳米纤维或纳米片的七肽 Nap-FFYGGaa（1），磷酸化的 1（即 1P，其酪氨酸残基磷酸化）是碱性磷酸酶（ALP）的底物和万古霉素（2）的受体。研究表明 1 的组装体表现出组装分子的突现特性，明显影响组装体和配体间的配体 – 受体相互作用，实际上切断了 1 和 2 间的配体 – 受体相互作用。另外，2 和 1P 间的配体 – 受体相互作用倾向于 1 的 EISA，以产生包含短纳米纤维的组装体。另外，在存在 2 的前提下，1 的 EISA 过程中，先出现短纤维，再发生纤维的聚集和破坏，从而生成沉淀。从自由能曲线图可以看到，通过调节中间体的相对能量，能影响最终形成的酶促自组装体结构。

随后，为了探究酶促自组装体的结构、细胞的酶表达量等与 EISA 的生物活性间的关系，徐兵等人设计了一系列酪氨酸磷酸化的底物及其相应的酶去磷酸化产物的结构类似物[76]。研究表明：①磷酸酪氨酸数量的增加虽然提高了前驱体的水溶性，但对 EISA 的抑制活性几乎没有改善。这一结果表明，快速生成自组装分子是抑制癌细胞生长的关键。

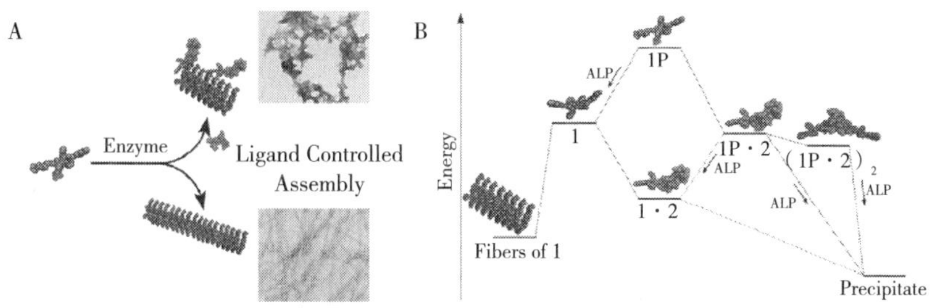

图 21　通过调节中间体相对能量，能影响最终形成的酶促自组装体结构

②在肽链的同侧存在苯丙氨酸残基，其自组装效率明显提高。③ EISA 引起细胞死亡的方式取决于细胞类型，这意味着它可能取决于 ALPs 的同工酶。然而，具体的细胞死亡机制仍有待阐明。④通过改变多肽上酶作用位点的数量，可以控制自组装过程来调节对不同癌细胞的细胞毒性。在另一项工作中，他们发现前体的去磷酸化程度在很大程度上取决于酶的浓度[77]。此外，快速去磷酸化会导致组装体的快速堆积，阻碍分子中其他共价键的水解，这种动力学控制可能有利于选择性地靶向癌细胞，减少组装体的脱靶效应。

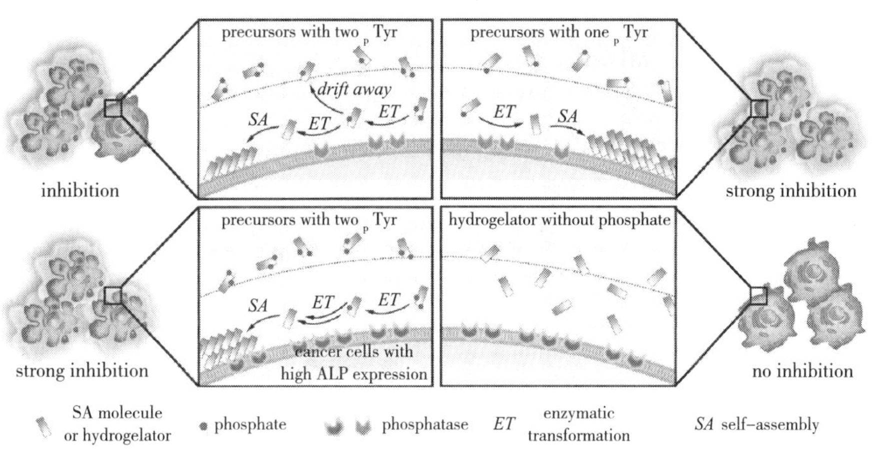

图 22　磷酸酪氨酸数量的增加虽然提高了前驱体的水溶性，但对 EISA 的抑制活性几乎没有改善；而改变多肽上酶作用位点的数量，可以控制自组装过程来调节对不同癌细胞的细胞毒性

（2）外源刺激响应的纳米载体

第一，光响应型纳米载体。

苏州大学刘庄教授课题组开发了一种生物可降解的空心二氧化锰纳米药物输送载体，该体系可以实现肿瘤微环境响应的成像以及光照下药物的特异性释放，能够改善肿瘤的乏氧环境以提高癌症治疗的效果，最后载体在小鼠体内迅速分解并排泄出体外，具有很好的生物相容性[78]。基于这一纳米载体，可以有效地提高活体的光动力治疗和化学疗法的协

同治疗效果，并且可以引起一系列的抗肿瘤的免疫反应。将该纳米治疗载体与免疫检查点阻断的疗法（checkpoint-blockade）结合，不仅能够进一步杀伤原始肿瘤，而且能够通过肿瘤微环境调控和抗肿瘤免疫反应有效地抑制远端肿瘤的生长。该研究结果通过对肿瘤微环境的调节有效地实现光动力治疗、化学疗法以及免疫治疗的联合治疗，对治疗肿瘤转移的研究具有重要的参考价值和潜在的临床转化价值。

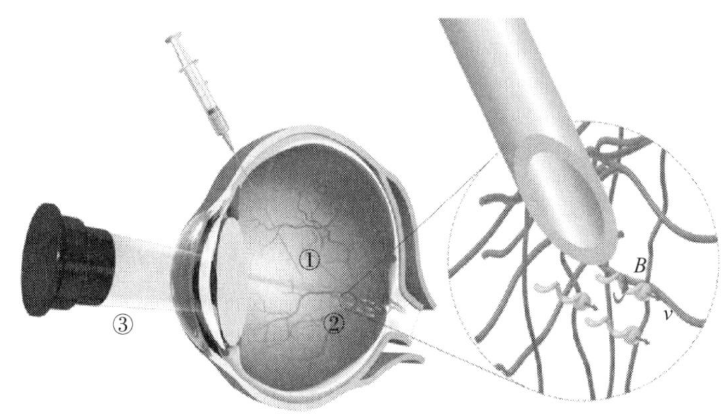

图 23　表面涂覆纳米液态润滑层的螺旋形磁性纳米机器人的示意

第二，磁响应型纳米载体。

利用磁场作为纳米材料的响应刺激，磁响应纳米载体通过磁共振成像介导肿瘤的治疗，使诊断和治疗集成到单个体系中实现诊疗一体化。哈尔滨工业大学吴志光教授提出了一种表面涂覆纳米液态润滑层的螺旋形磁性纳米机器人，可实现纳米机器人在眼睛玻璃体中可控、高效地集群运动[79]。这些表面润滑的螺旋形纳米机器人能够在外源磁场的引导下有效地克服生物分子的黏附，完成从眼睛玻璃体中心位置到视网膜的长距离可控集群运动，到达眼内玻璃体中的指定位点。这些表面润滑的磁性螺旋形纳米机器人可用于装载药物，通过自主运动的方式到达病灶部位，执行药物主动靶向递送任务，实现疾病的微创精准治疗。

第三，热响应型纳米载体。

温度响应型纳米载体一般会采用临界溶解温度较低的热敏脂质体或聚合物作为温度响应的组分。中国科学院深圳先进技术研究院蔡林涛课题组利用二棕榈酰磷脂酰胆碱（DPPC）在 41℃ 时由“凝胶”态转变到“液晶”态结构的性质。采用二棕榈酰磷脂酰胆碱（DPPC）和二肉豆蔻酰磷酸胆碱（DMPC）与脂质体杂交，同时包载化疗药物阿霉素和光敏剂吲哚菁绿[80]。该体系显著提高了药物的稳定性和肿瘤部位的富集。在荧光成像的引导下，近红外激光激发光敏剂，使局部温度升高（43 ℃）而引发温敏脂质体发生相变，释放出所包载的阿霉素，实现了癌症可视化精准治疗。北京科技大学党智敏课题组利用温度响应型高分子聚 N- 异丙基丙烯酰胺（PNIPAM）作为药物载体，在温度上升至最低临界溶解温度（LCST，32℃）时，其构象由亲水的膨胀态急剧转变为疏水的收缩态，释放出包载的药物，增强了肿瘤治疗效果[81]。

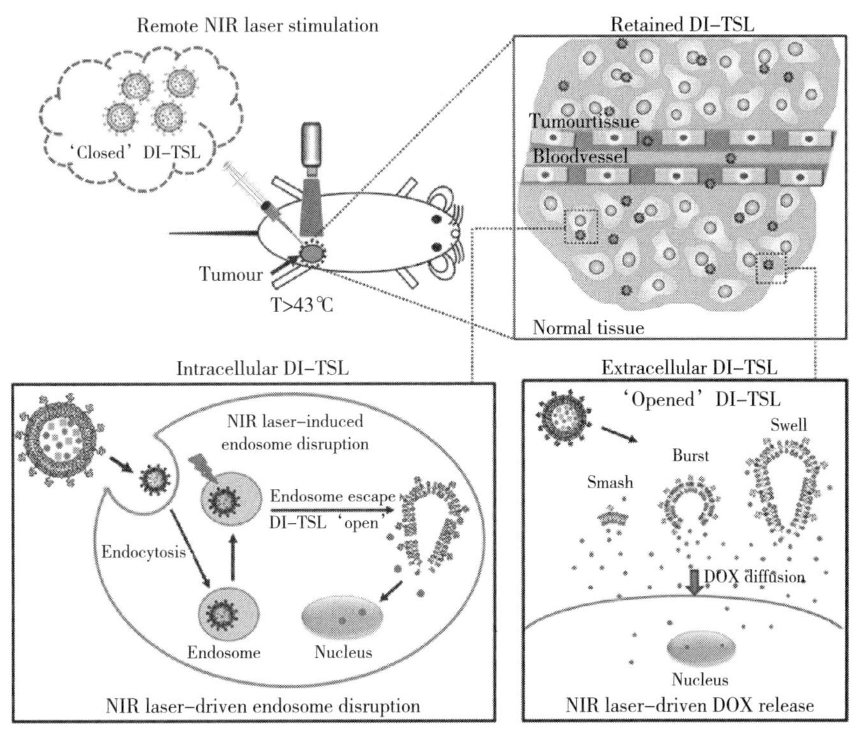

图 24 近红外激光触发的 DOX 释放机制和抗肿瘤治疗研究

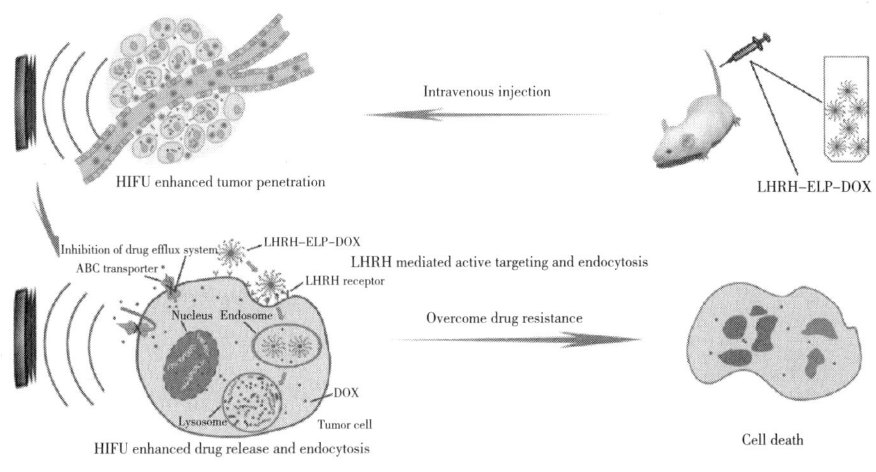

图 25 高强度聚焦超声（HIFU）增强纳米颗粒对耐药肿瘤的化疗效果

第四，超声响应型纳米载体。

清华大学高卫平课题组通过基因工程技术设计合成具有肿瘤靶向性和酸敏性的类弹性蛋白多肽－药物偶联物 HRH-ELP-DOX 纳米颗粒[82]，不仅能通过高通透性和滞留（EPR）效应在肿瘤中优先聚积，而且能通过配体与受体之间特异性相互作用选择性地被肿瘤细胞内吞，并在胞内酸响应释放出药物杀死肿瘤细胞，从而克服耐药性，延长药物循环半衰期，提高肿瘤治疗功效，并降低副作用。同时首次提出超声响应化学，通过高强度聚焦超声的空化效应引发纳米颗粒酸敏性腙键断裂，从而大大促进化学药物 DOX 释放，并有效提高肿瘤组织通透性，加速纳米颗粒进入肿瘤细胞并逃逸细胞耐药机制，进一步提高了肿瘤治疗效果。

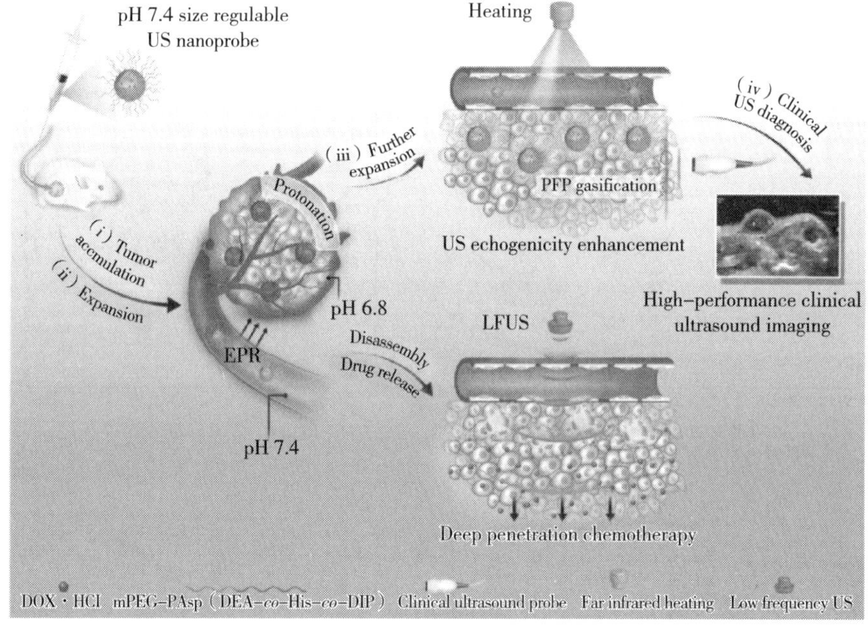

图 26　基于聚合物的全氟化碳封装的超声纳米探针示意

中山大学帅心涛教授等人开发一种基于聚合物的全氟化碳封装的超声纳米探针[83]，具有较长的血液循环时间并富集在肿瘤组织，在酸性肿瘤微环境中其粒径增大，降低了全氟化碳的蒸发阈值，有效地将纳米颗粒转化为超声显像的超声纳米微气泡，并利用低频率超声引起，最终从热纳米探针中释放出用于深层组织化学治疗的 DOX，达到治疗肿瘤的目的。

第五，X-ray 响应型纳米载体。

苏州大学刘庄教授制备了 PEG 改性的 Bi_2Se_3 空心纳米颗粒，然后加载 PFC（进入 Bi_2Se_3 空心结构的空腔），获得了 PEG-Bi_2Se_3@PFC 并作为新型放射性敏化[84]。通过 PFC 负载，PEG-Bi_2Se_3@PFC 能够作用氧气储存并逐渐释放氧气，在体内外水平提供改善地放

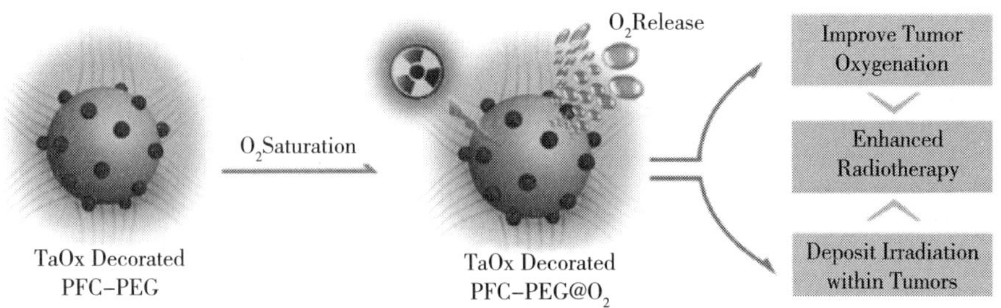

图 27　Bi_2Se_3 空心纳米颗粒携载全氟化碳（PFC）协同增强 RT 的示意

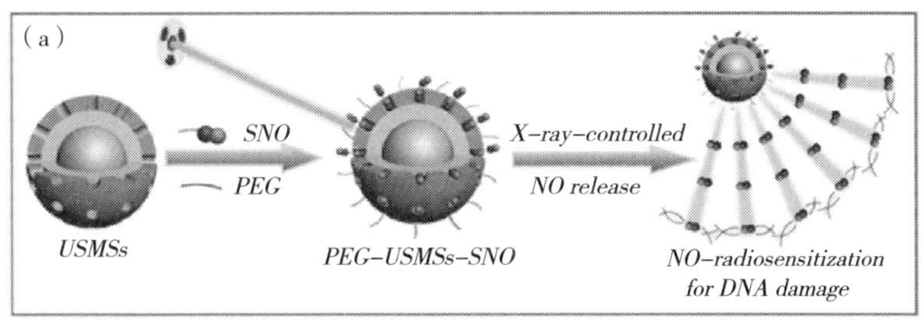

图 28　构建 PEG-USMSs-SNO 用于 X 射线控制的 NO 释放示意

射增敏作用，这种负载氧的纳米颗粒可以通过铋的放射敏化、光热效应和增强的肿瘤氧合来显著协同增强放射治疗[9]。

中国科学院上海硅酸盐研究所施剑林课题组开发了基于闪烁体/半导体核-壳纳米结构的氧独立策略实现肿瘤组织治疗性气体一氧化氮（NO）可控释放[85]。在其设计中，CeIII 掺杂的 LiYF4 纳米颗粒可以在电离辐射下转换为紫外荧光，这可以进一步诱导半导体 ZnO 纳米颗粒中电子-空穴对的产生，从而产生生物毒性羟基自由基，以增强放射治疗和光动力疗法。值得注意的是，该策略将独立于肿瘤氧水平，并且即使在缺氧性肿瘤环境中也能增加抗肿瘤治疗功效。

三、国内外研究进展比较

与国外相关领域研究相比有如下几方面的特点：

第一，在论文产出的数量方面遥遥领先。以 nano* 和 drug delivery 为主题词，检索到的论文中，中国发表的论文数量是美国的 1.8 倍，位居世界第一。

第二，在论文质量方面不断提升、逐年提高。

第三，在纳米药物的转化方面严重滞后。目前绝大多数临床使用的纳米药物是国外药物公司的研发成果。

第四，研究的原创性水平尚待提高，跟风的研究太多，有自己鲜明特色的研究较少。

第五，从事纳米载体与递送的研究人员材料学背景的居多，与生命科学、医学等领域的深入交叉不够，可能会出现闭门造车的问题。

四、未来发展趋势和展望

自 2018 年 11 月以来，生物材料已被美国列入出口管制框架体系，在未来无论是基础研究还是产业转化中，中美两国对纳米药物方向将势必会直接竞争。针对这些美国管制以及面临的问题，纳米药物载体的发展需要和国家战略需求相结合，我们一方面要克服现有不足，在纳米药物临床转化等薄弱方向迎头赶上；另一方面要布局未来，在前沿基础研究上抢占先机。

总体而言，纳米载体研发的周期长，成效慢，面临多领域的交叉融合，研发难度大，需要政策和经费的持续支持。鉴于当前国内外生物材料的发展趋势，建议如下：

基础研究方面：深入了解研究疾病及药物治疗的机理，进一步拓展与加强与生物、医学、药学等学科交叉融合，设计、研究更多原创性高、转化潜力突出的新型纳米载体及药物，并注重材料体内降解、体内代谢、长期毒性等生物相容性相关研究；加大成果转化力度，探索出从实验室到临床转化的道路。

应用转化方面：通过政策引导、产业资金扶持等多种手段。一方面，引导从事纳米材料研究企业仿制出高端纳米药物载体，深入理解其机理，完成技术储备和追赶，掌握纳米其规模化制备技术，掌握纳米载体的应用转化对其性能要求；另一方面，加大产学研合作力度，使更多的性能优越、产业化潜力大的材料进入临床试验申报程序。

此外，未来纳米药物载体研究除了以往的药物输送载体、纳米影像及分子探针等传统方向外，部分前沿研究应转向材料基因组、智能控释系统、类器官与纳米载体、纳米免疫工程、软机器人等新领域。在纳米载体及药物未来发展应注重以下前沿方向：

第一，生物材料基因组学。“材料基因工程”是新材料研发的国际前沿，为大大缩短生物材料的研发周期提供新的思路。生物材料基因组显著特点在于建立生物材料与生体相互作用的高通量实验平台与相应的数据库，有望为包括纳米药物载体等在内的生物材料研究提供新机遇。

第二，软机器人和智能医学材料。纳米或微米机器人是目前生物材料领域研究的热点。2016 年，哈佛大学自主研发的外表酷似章鱼的机器人发表于 *Nature*，引发广泛关注。目前已有美国加州理工学院在 *Science Robotics* 上报道了微米尺度的机器人，借助光声断层成像技术，实时控制机器人，让它们准确抵达人体病灶部位实现药物递送。纳米或微米尺度的机器人实现药物递送将是未来药物递送的前沿方向之一。

第三，类器官与纳米载体。随着“类器官（organoids）”技术的发展，已有多个不同类型的肿瘤类器官库相继建立。2018 年 *Science* 杂志报道了科学家们利用出源自人类肿瘤的类器官，测试癌症药物，从而预测患者对药物的反应。目前类器官与纳米载体的结合尚未报道，但这可能是未来纳米药物研究的前沿方向之一。

第四，纳米免疫工程。免疫工程是将免疫原理和工程技术与基于分子、细胞和生物材料的方法结合，用于精确地调节免疫反应。结合免疫治疗将为纳米载体发展提供新方向，一方面纳米载体可以通过非病毒策略构建 CAT-T、CAR-NK 细胞等，这是目前免疫细胞疗法努力方向；另一方面，纳米载体可以通过多种途径增强免疫检查点等药物的疗效、提高响应率。未来设计和开发不同性能的新型纳米免疫系统将是研究重点之一，包括自身具有免疫调节功能的纳米材料、纳米载体携载药物调节免疫功能的智能生物材料、能够探测体内免疫信号强弱的纳米材料等。

参考文献

［1］ U Lachelt，E Wagner. Nucleic acid therapeutics using polyplexes：a journey of 50 years（and beyond）. Chem Rev，2015，115：11043-11078.

［2］ E Mastrobattista，W E Hennink. Polymers for gene delivery charged for success. Nat Mater，2012，11：10-12.

［3］ J P Yang，Q Zhang，H Chang，et al. Surface-engineered dendrimers in gene delivery. Chem Rev，2015，115：5274-5300.

［4］ M M Wang，H M Liu，L Li，et al. A fluorinated dendrimer achieves excellent gene transfection efficacy at extremely low nitrogen to phosphorus ratios. Nat Commun，2014，5：3053.

［5］ M M Wang，Y Y Cheng. Structure-activity relationships of fluorinated dendrimers in DNA and siRNA delivery. Acta Biomater，2016，46：204-210.

［6］ B W He，Y T Wang，N M Shao，et al. Polymers modified with double-tailed fluorous compounds for efficient DNA and siRNA delivery. Acta Biomater，2015，22：111-119.

［7］ W W Shen，H Wang，Y Ling-Hu，et al. Screening of efficient polymers for siRNA delivery in a library of hydrophobically modified polyethyleneimines. J Mater Chem B，2016，4：6468-6474.

［8］ H M Liu，Y Wang，M M Wang，et al. Fluorinated poly（propylenimine）dendrimers as gene vectors. Biomaterials，2014，35：5407-5413.

［9］ H Chang，H Wang，N M Shao，et al. Surface-engineered dendrimers with a diaminododecane core achieve efficient gene transfection and low cytotoxicity. Bioconjugate chem，2014，25：342-350.

［10］ L Li，L J Song，X W Liu，et al. Artificial virus delivers CRISPR-Cas9 system for genome editing of cells in mice. ACS Nano，2017，11：95-111.

［11］ Y L Luo，C F Xu，H J Li，et al. Macrophage-specific in vivo gene editing using cationic lipid-assisted polymeric nanoparticles，ACS Nano，2018，12：994-1005.

［12］ C F Xu，Z D Lu，Y L Luo，et al. Targeting of NLRP3 inflammasome with gene editing for the amelioration of inflammatory diseases. Nat Commun，2018，9：4092.

［13］ M Li，Y N Fan，Z Y Chen，et al. Optimized nanoparticle-mediated delivery of CRISPR-Cas9 system for B cell intervention. Nano Res，2018，11：6270-6282.

[14] Y Liu, Z T Cao, C F Xu, et al. Optimization of lipid-assisted nanoparticle for disturbing neutrophils-related inflammation. Biomaterials, 2018, 172: 92-104.

[15] C F Xu, H B Zhang, C Y Sun, et al. Tumor acidity-sensitive linkage-bridged block copolymer for therapeutic siRNA delivery, Biomaterials, 2016, 88: 48-59.

[16] C F Xu, D D Li, Z T Cao, et al. Facile hydrophobization of siRNA with anticancer drug for non-cationic nanocarrier-mediated systemic delivery. Nano Lett, 2019, 19: 2688-2693.

[17] J Liu, L Song, S Liu, et al. A tailored DNA nanoplatform for synergistic RNAi-/chemotherapy of multidrug-resistant tumors. Angew Chem Int Ed, 2018, 57: 15486-15490.

[18] M Y Li, C L Wang, Z H Di, et al. Engineering multifunctional DNA hybrid nanospheres through coordination-driven self-assembly. Angew Chem Int Ed, 2019, 58: 1350-1354.

[19] F Ding, Q B Mou, Y Ma, et al. A crosslinked nucleic acid nanogel for effective siRNA delivery and antitumor therapy. Angew Chem Int Ed, 2018, 57: 3064-3068.

[20] C Qiu, H H Han, J Sun, et al. Regulating intracellular fate of siRNA by endoplasmic reticulum membrane-decorated hybrid nanoplexes. Nat Commun, 2019, 10: 2702.

[21] C Xu, Y Z Z Zhang, K Xu, et al. Multifunctional cationic nanosystems for nucleic acid therapy of thoracic aortic dissection. Nature Communications, 2019, 10: 3184.

[22] V Postupalenko, D Desplancq, I Orlov, et al. Protein delivery system containing a nickel-immobilized polymer for multimerization of affinity-purified his-tagged proteins enhances cytosolic transfer. Angew Chem Int Ed, 2015, 54: 10583-10586.

[23] J Lv, Q Fan, H Wang, et al. Polymers for cytosolic protein delivery. Biomaterials, 2019, 218: 119358.

[24] A Fu, R Tang, J Hardie, et al. Promises and pitfalls of intracellular delivery of proteins Bioconjugate Chem, 2014, 25: 1602-1608.

[25] H Chang, J Lv, X Gao, et al. Rational design of a polymer with robust efficacy for intracellular protein and peptide delivery. Nano Lett, 2017, 17: 1678-1684.

[26] X Yang, Q Tang, Y Jiang, et al. Nanoscale ATP-responsive zeolitic imidazole framework-90 as a general platform for cytosolic protein delivery and genome editing. J Am Chem Soc, 2019, 141: 3782-3786.

[27] L Tang, Y Zheng, M B Melo, et al. Enhancing T cell therapy through TCR-signaling-responsive nanoparticle drug delivery. Nat biotechnol, 2018, 36: 707-716.

[28] M A Postow, M K Callahan, J D Wolchok. Immune checkpoint blockade in cancer therapy. J clin Oncol, 2015, 33: 1974-1982.

[29] G Abril-Rodriguez, A Ribas. SnapShot: immune checkpoint inhibitors, Cancer Cell, 2017, 31: 848-848 e1.

[30] J E Rosenberg, J Hoffman-Censits, T Powles, et al. Atezolizumab in patients with locally advanced and metastatic urothelial carcinoma who have progressed following treatment with platinum-based chemotherapy: a single-arm, multicentre, phase 2 trial. Lancet, 2016, 387: 1909-1920.

[31] J Larkin, F S Hodi, J D Wolchok. Combined nivolumab and ipilimumab or monotherapy in untreated melanoma. N Engl J Med, 2015, 373: 1270-1271.

[32] P Sharma, J P Allison. The future of immune checkpoint therapy. Science, 2015, 348: 56-61.

[33] D Wang, T Wang, H Yu, et al. Engineering nanoparticles to locally activate T cells in the tumor microenvironment. Science immunology, 2019, 4: 6584.

[34] Q Chen, G Chen, J Chen, et al. Bioresponsive protein complex of aPD1 and aCD47 antibodies for enhanced immunotherapy. 2019, 19: 4879-4889.

[35] H Ruan, Q Hu, D Wen, et al. A dual-bioresponsive drug-delivery depot for combination of epigenetic modulation and immune checkpoint blockade. Adv Mater, 2019, 31: 1806957.

[36] C S Chiang, Y J Lin, R Lee, et al. Combination of fucoidan-based magnetic nanoparticles and immunomodulators enhances tumour-localized immunotherapy. Nat Nanotechnol, 2018, 13: 746–754.

[37] W Nie, W Wei, L Zuo, et al.Magnetic nanoclusters armed with responsive PD–1 antibody synergistically improved adoptive T-cell therapy for solid tumors. ACS Nano, 2019, 13: 1469–1478.

[38] C Wang, Y Ye, G M Hochu, et al. Enhanced cancer immunotherapy by microneedle patch-assisted delivery of anti-PD1 antibody. Nano Lett, 2016, 16: 2334–2340.

[39] C Wang, J Wang, X Zhang, et al. Enhanced cancer immunotherapy by microneedle patch-assisted delivery of anti-PD1 antibody. Sci Transl Med, 2018, 10: 2334–2340.

[40] D Liu, F Yang, F Xiong, et al. The smart drug delivery system and its clinical potential. Theranostics, 2016, 6: 1306–1323.

[41] D Neri, C T Supuran. Interfering with pH regulation in tumours as a therapeutic strategy. Nat Rev Drug Discov, 2011, 10: 767–777.

[42] Z Deng, Z Zhen, X Hu, et al. Hollow chitosan-silica nanospheres as pH-sensitive targeted delivery carriers in breast cancer therapy, Biomaterials, 2011, 32: 4976–86.

[43] T Zhao, G Huang, Y Li, et al. A transistor-like pH nanoprobe for tumour detection and image-guided surgery. Nat Biomed Eng, 2017, 1: 0006.

[44] T Zhao, G Huang, Y Li, et al. A Transistor-like pH nanoprobe for tumour detection and image-guided surgery. Nat Biomed Eng, 2017, 1: 0006.

[45] M Luo, H Wang, Z Wang, et al. A STING-activating nanovaccine for cancer immunotherapy, Nat. Nanotechnol., 2017, 12: 648–654.

[46] C Aroh, Z Wang, N Dobbs, et al. Innate immune activation by cGMP-AMP nanoparticles leads to potent and long-acting antiretroviral response against HIV-1. J Immunol, 2017, 199: 3840–3848.

[47] S Wilhelm, A J Tavares, Q Dai, et al. Analysis of nanoparticle delivery to tumours. Nat Rev Mater, 2016, 1: 16014.

[48] H J Li, J Z Du, X J Du, et al. Stimuli-responsive clustered nanoparticles for improved tumor penetration and therapeutic efficacy. Proc Natl Acad Sci USA, 2016, 113: 4164–4169.

[49] H J Li, J Z Du, J Liu, et al. Smart superstructures with ultrahigh pH-sensitivity for targeting acidic tumor microenvironment: instantaneous size switching and improved tumor penetration. ACS Nano, 2016, 10: 6753–6761.

[50] C Y Sun, Y Liu, J Z Du, et al. Facile generation of tumor-ph-labile linkage-bridged block copolymers for chemotherapeutic delivery. Angew Chem Int Ed Engl, 2016, 55: 1010–1014.

[51] Q Liu, X Chen, J Jia, et al. PH-responsive poly (d, l-lactic-co-glycolic acid) nanoparticles with rapid antigen release behavior promote immune response, ACS Nano, 2015, 9: 4925–4938.

[52] Y Chen, S R Bathula, J Li, et al. Multifunctional nanoparticles delivering small interfering RNA and doxorubicin overcome drug resistance in cancer. J Biol Chem, 2010, 285: 22639–22650.

[53] Y Cai, J Lu, Z Miao, et al. Reactive oxygen species contribute to cell killing and p-glycoprotein downregulation by salvicine in multidrug resistant K562/A02 cells. Cancer Biol Ther, 2007, 6: 1794–1799.

[54] M Ye, Y Han, J Tang, et al. A tumor-specific cascade amplification drug release nanoparticle for overcoming multidrug resistance in cancers. Adv Mater, 2017, 29: 1702342.

[55] W Shen, W Liu, H Yang, et al. A glutathione-responsive sulfur dioxide polymer prodrug as a nanocarrier for combating drug-resistance in cancer chemotherapy. Biomaterials, 2018, 178: 706–719.

[56] D Chen, G Zhang, R Li, et al. Biodegradable, hydrogen peroxide, and glutathione dual responsive nanoparticles for potential programmable paclitaxel release. J Am Chem Soc, 2018, 140: 7373–7376.

［57］ J Tan，Z Deng，G Liu，et al. Anti–inflammatory polymersomes of redox–responsive polyprodrug amphiphiles with inflammation–triggered indomethacin release characteristics. Biomaterials，2018，178：608–619.

［58］ R Mo，T Jiang，R DiSanto，et al. ATP–triggered anticancer drug delivery. Nat Commun，2014，5：3364.

［59］ R Mo，T Jiang，Z Gu. Enhanced anticancer efficacy by ATP–mediated liposomal drug delivery. Angew Chem Int Ed Engl，2014，53：5815–5820.

［60］ J Yu，Y Zhang，Y Ye，et al. Microneedle–array patches loaded with hypoxia–sensitive vesicles provide fast glucose–responsive insulin delivery. Proc Natl Acad Sci USA，2015，112：8260–8265.

［61］ Y Ye，J Yu，C Wang，et al. Microneedles integrated with pancreatic cells and synthetic glucose–signal amplifiers for smart insulin delivery. Adv Mater，2016，28：3115–3121.

［62］ J Wang，Y Ye，J Yu，et al. Core–shell microneedle gel for self–regulated insulin delivery. ACS Nano，2018，12：2466–2473.

［63］ J Yu，C Qian，Y Zhang，et al. Hypoxia and H_2O_2 dual–sensitive vesicles for enhanced glucose–responsive insulin delivery. Nano Lett，2017，17：733–739.

［64］ S Mura，J Nicolas，P Couvreur. Stimuli–responsive nanocarriers for drug delivery. Nat Mater，2013，12：991–1003.

［65］ J Hu，G Zhang，S Liu. Enzyme–responsive polymeric assemblies，nanoparticles and hydrogels. Chem Soc Rev，2012，41：5933–5949.

［66］ R de la Rica，D Aili，M M Stevens. Enzyme–responsive nanoparticles for drug release and diagnostics. Adv Drug Deliv Rev，2012，64：967–78.

［67］ M Shahriari，M Zahiri，K Abnous，et al. Enzyme responsive drug delivery systems in cancer treatment. J Control release，2019，308：172–189.

［68］ Q Zhou，S Shao，J Wang，et al. Enzyme–activatable polymer–drug conjugate augments tumour penetration and treatment efficacy. Nat Nanotechnol，2019，14：799–809.

［69］ J Pan，P J Li，Y Wang，et al. Active targeted drug delivery of MMP–2 sensitive polymeric nanoparticles. Chem Commun（Camb），2018，54：11092–11095.

［70］ D B Cheng，D Wang，Y J Gao，et al. Autocatalytic morphology transformation platform for targeted drug accumulation. J Am Chem Soc，2019，141：4406–4411.

［71］ G B Qi，D Zhang，F H Liu，et al. An "on–site transformation" strategy for treatment of bacterial infection. Adv Mater，2017，29：1703461.

［72］ J Li，Y Kuang，J Shi，J Zhou，et al. Enzyme–instructed intracellular molecular self–assembly to boost activity of cisplatin against drug–resistant ovarian cancer cells. Angew Chem Int Ed Engl，2015，54：13307–13311.

［73］ Z. Feng，H. Wang，R. Zhou，J. Li，B. Xu，Enzyme–instructed assembly and disassembly processes for targeting downregulation in cancer cells，J Am Chem Soc，2017，139：3950–3953.

［74］ J Zhou，X Du，J Li，et al. Taurine boosts cellular uptake of small D–peptides for enzyme–instructed intracellular molecular self–assembly. J Am Chem Soc，2015，137：10040–10043.

［75］ R Haburcak，J Shi，X Du，et al. Ligand–receptor interaction modulates the energy landscape of enzyme–instructed self–assembly of small molecules. J Am Chem Soc，2016，138：15397–15404.

［76］ J Zhou，X Du，N Yamagata，et al. Enzyme–instructed self–assembly of small d–peptides as a multiple–step process for selectively killing cancer cells. J Am Chem Soc，2016，138：3813–3823.

［77］ Z Feng，H Wang，X Chen，et al. Self–assembling ability determines the activity of enzyme–instructed self–assembly for inhibiting cancer cells. J Am Chem Soc，2017，139：15377–15384.

［78］ G B Yang，L G Xu，Y Chao，et al. Hollow MnO_2 as a tumor–microenvironment–responsive biodegradable nano–platform for combination therapy favoring antitumor immune responses. Nat Commun，2017，8：902.

[79] Z G Wu, J Troll, H H Jeong, et al. A swarm of slippery micropropellers penetrates the vitreous body of the eye. Sci Adv, 2018, 4: 4388.

[80] P F Zhao, M B Zheng, Z Y Luo, et al.NIR–driven smart theranostic nanomedicine for on–demand drug release and synergistic antitumour therapy. Sci Rep Uk, 2015, 5: 14258.

[81] S Chen, F J Jiang, Z Q Cao, et al. Photo, pH, and thermo triple–responsive spiropyran–based copolymer nanoparticles for controlled release. Chem Commun, 2015, 51: 12633–12636.

[82] Z R Wang, Q He, W G Zhao, et al. Tumor–homing, pH– and ultrasound–responsive polypeptide–doxorubicin nanoconjugates overcome doxorubicin resistance in cancer therapy. J Control Release, 2017, 264: 66–75.

[83] L Zhang, T H Yin, B Li, et al. Size–modulable nanoprobe for high–performance ultrasound imaging and drug delivery against cancer. ACS Nano, 2018, 12: 3449–3460.

[84] G S Song, C H Ji, C Liang, et al. TaO_x decorated perfluorocarbon nanodroplets as oxygen reservoirs to overcome tumor hypoxia and enhance cancer radiotherapy. Biomaterials, 2017, 112: 257–263.

[85] W P Fan, W B Bu, Z Zhang, et al. X–ray radiation–controlled NO–release for on–demand depth–independent hypoxic radiosensitization. Angew Chem Int Edit, 2015, 54: 14026–14030.

撰稿人：沈　松　王　均

纳米影像技术研究现状与展望

一、引言

纳米影像技术是传统影像技术与纳米科学相结合形成的一门新兴学科，主要指利用纳米影像探针在分子、细胞或活体水平定性并定量分析生命体生物学过程的技术。生物医学影像的起源可以追溯到1895年德国科学家伦琴发现X射线，之后X射线成像被广泛应用于人体中组织结构的成像。而随着物理学和计算机科学的飞速发展，开发出了一系列以组织解剖结构和形态学为基础的医学影像技术，其中应用最为广泛的有磁共振成像（MRI），X射线断层成像（CT）和超声成像（US）技术。之后，随着基因组学和生物化学等的快速发展，医学影像也开始从结构影像向功能影像发展，用于监测生命体的功能、代谢和基因表达等生物学过程，由此开发了一系列基于光学、磁共振和放射线核素成像等的功能影像技术。这些功能影像技术的发展，使得人们能够从微观层面深入了解生命有机体的结构和功能，并在基础生命科学研究以及临床精准医疗领域显示出巨大的应用前景。如绿色荧光蛋白（GFP）的发现，使得人们可以利用基因工程技术将报告基因整合到基因组而稳定遗传给子代，并可以使用不同启动子控制表达报告基因来反映生物体的各种生物学过程。目前绿色荧光蛋白技术已经广泛应用于生命科学研究的各个领域，极大地促进了人们对生命现象的认识，因此也获得了2008年的诺贝尔奖。除了基础生命科学的研究，功能影像技术也在疾病诊断、治疗方案制订、疗效评估和疾病预后判断等方面具有广泛的应用，如功能核磁共振影像技术和放射线核素成像等，可以对多种疾病的病理特征提供精确的功能影像信息，大大提高了疾病诊断和预后评估的准确性，目前已经成为临床疾病诊断不可或缺的影像技术。

20世纪末以来，随着纳米技术的发展，医学影像学也开启了全新的发展阶段。首先，利用纳米材料独特的量子限域等效应和纳米－生物界面特殊的作用机理，开发了一系列具有特殊光、磁等性能和生物功能响应特性的纳米影像探针，大大扩展了影像技术的生物医学的应用。如在过去的几十年间，一系列具有优异性能的纳米影像探针被开发应用于生物医学影像研究，其中最具代表性的纳米影像探针包括：荧光量子点探针、碳纳米管、金纳米颗粒、上转换纳米荧光探针、氧化铁纳米探针、氧化硅纳米探针等。利用不同的分子影像探针进行影像学的研究也衍生出多种纳米影像技术，包括光学纳米影像技术、磁共振纳米影像技术、超声纳米影像技术、核素纳米影像技术等（图 1）。此外，纳米材料独特的制备工艺可以融合不同的影像分子以获得具有多种成像性能的纳米探针，这也大大促进了能够融合多种成像模式优势的多模态影像技术的发展，也使得解剖结构影像可以与代谢以及基因表达等功能影像相融合实现更精准的医学影像研究。因此，纳米影像技术已经在生物医学领域发挥着越来越重要作用，并在细胞生物学、分子生物学、疾病诊疗、药物开发、干细胞再生医学等前沿科学得到广泛应用，并正在逐渐从基础研究向临床应用领域转化。

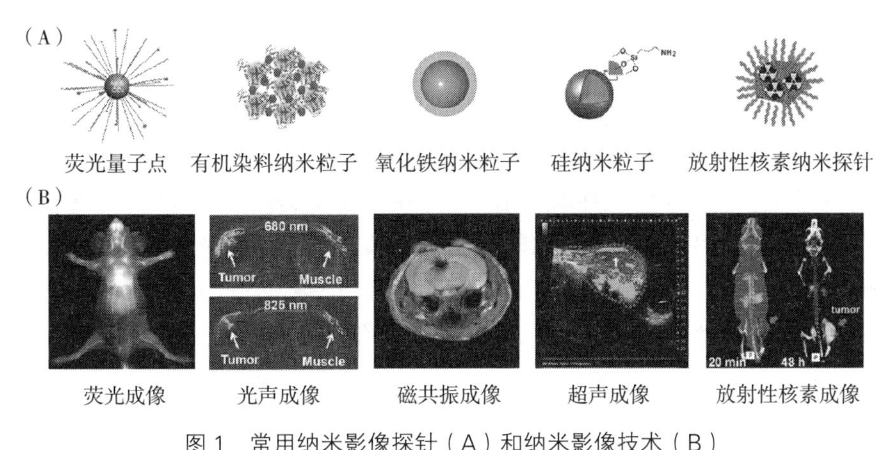

图 1　常用纳米影像探针（A）和纳米影像技术（B）

二、国内研究进展

（一）光学纳米影像

由于具有高时空分辨、安全无损、方便快捷等诸多优点，光学成像已经成为生物医学研究中最为重要的影像技术之一。目前常用的光学影像技术包括荧光成像、生物发光成像、切伦科夫发光成像等。随着纳米技术的发展和应用，近几年出现了一大批具有新型光学性质的纳米探针，如荧光量子点、上转换发光纳米材料和聚集态发光纳米探针等，从而极大地促进了光学纳米影像技术的发展和应用。

荧光量子点是目前光学纳米影像应用中最为重要的一类纳米探针。如以南开大学庞代文课题组和浙江大学彭笑刚课题组等为代表的研究团队开发了一系列高量子产率的 CdSe、CdTe、CdS 等荧光量子点，由于其独特的荧光特性、强荧光稳定性、高量子效率和表面易功能化等特点，使得它们在分子间相互作用研究、疾病检测诊断等方面都得到了非常广泛的应用，并且已经由生物医学领域扩展到 LED 显示等光电器件领域。[1, 2] 如 2017 年庞代文课题组利用荧光量子点标记单病毒，建立了三维实时动态病毒示踪方法，并实现了单个病毒水平上病毒侵染宿主细胞动态过程的实时跟踪，从而诠释了禽流感病毒侵染细胞机制。[2] 此外，针对传统活体荧光成像技术面临的低组织穿透深度（小于 3 毫米）和低空间分辨率（毫米级）、高自发荧光背景等瓶颈，纳米分子影像技术的发展为这些技术瓶颈的解决提供了有效手段。如中科院苏州纳米所王强斌课题组在国际上率先提出了一种 Ag_2S 近红外二区（NIR-II，900 ~ 1700 nm）荧光探针体系，建立和发展了 NIR-II 荧光活体影像技术平台，实现了高组织穿透深度（大于 1.5 cm）、高时间分辨率（30 ms）和高空间分辨率（25 μm）的活体荧光成像。该技术在肿瘤早期检测、肿瘤发展、转移和治疗过程、药物筛选、靶向药物和靶向治疗、干细胞活体示踪及其再生医学研究等领域都得到了广泛应用[3-6]。如 2018 年，该团队利用 Ag_2S 量子点和 Ag_2Se 量子点建立了多通道近红外二区荧光成像指导的化疗 - 免疫治疗联合给药技术，实现了乳腺癌的高效治疗[5]。2019 年，该团队结合近红外二区荧光成像和特异启动子控制的生物发光成像实现了对移植干细胞分布、存活和分化等多重细胞事件的原位示踪，揭示了干细胞参与颅骨再生的过程和机制[4]。

稀土发光纳米探针也是目前应用最为广泛的一类荧光探针，根据其发光原理可分为上转换发光纳米探针和下转换发光纳米探针。上转换发光纳米材料可以通过吸收低能量的长波辐射，发射出高能量的短波辐射的荧光材料。由于这种优异的光学性质，使得上转换发光成像具有组织穿透深度高、无背景信号以及灵敏度高等优点，从而在生物成像中具有重要应用前景。兰州大学严纯华院士团队，中国科学院上海硅酸盐研究所施剑林课题组，复旦大学李富友课题组和苏州大学刘庄课题组等对上转换发光纳米材料开展了系列研究，开发了一系列不同特性的上转换纳米探针并成功应用于肿瘤诊疗和干细胞再生医学等研究[7-9]。如刘庄课题组开发的一种多功能上转换纳米探针可以实现小鼠中十个移植干细胞的高灵敏检测，并兼具引导干细胞往损伤部位迁移的功能[7]。此外，近年来稀土掺杂的下转换发光材料也受到广泛关注，此类探针往往能够被近红外波段激光所激发，并能发射出近红外二区波段荧光（1000 ~ 1700 nm），因此能够为活体成像提供更深的组织穿透深度和空间分辨率。如复旦大学张凡课题组开发了一系列稀土掺杂的下转换发光材料，在活体成像和疾病的检测诊断等方面表现出巨大的应用前景[10]。除以上的两种发光性质以外，2019 年复旦大学李富友团队和金大勇团队合作，发现了纳米尺度下稀土离子的“零 Stokes 位移”发光现象，由此开发出了激发与发射波长相同、发光寿命长的荧光纳米探针，并利用时间域荧光成像方法将其成功应用于活体成像[11]。

聚集态诱导发光（aggregation-induced emission，AIE）也是当前最为重要的光学成像方法之一。这类荧光材料在聚集状态时由于分子内运动受限等原理，荧光会大大增强，因此可以作为对 pH、温度、活性氧、生化化学分子等特异性响应和传感的智能材料，在生物医学成像领域具有巨大的应用前景[12]。聚集态诱导发光由香港科技大学唐本忠院士课题组在2001年首次发现，目前已开发出具有各种不同光学特性和环境响应特性的聚集态诱导发光材料，并成功应用于生物体系中的病毒或细菌检测、细胞器成像、血管成像、疾病诊疗等各个领域。如2018年唐本忠团队发展了一系列具有强双光子吸收和近红外发射（665～765 nm）的AIEgens，其固体荧光的量子产率可达30%，并成功应用于细胞线粒体成像和肿瘤光动力治疗[13]。2019年唐本忠院士团队和中国农业大学的沈建忠院士团队合作，开发了"点亮型"（Turn-On）聚集诱导发光（AIE）探针TPE-HPro，实现了食品中违禁药物残留的高灵敏检测[14]。鉴于其诸多优点和广泛应用，*Nature*科学新闻文章"The nanolight revolution is coming"评价AIE纳米材料为支撑即将来临的纳米光学革命的四大纳米材料体系之一。

光声成像（photoacoustic imaging，PAI）是近年来出现的结合光学成像和超声成像的一种新兴的成像技术，其原理是利用脉冲激光照射生物组织，生物组织吸收光能量后受热快速膨胀形成瞬时压力，从而产生宽带超声波，即光声信号。采集的光声信号可转化成电信号，经算法重建得到组织光吸收图像。由于光声成像既具有光学成像的高对比度又具有超声成像的高分辨率和高组织穿透深度优点，已经成为目前生物医学成像领域的研究热点。具有良好光吸收特性的纳米探针可以作为光声成像的造影剂应用于生物医学成像。目前已经开发出多种可以用于光声成像纳米影像探针，如金纳米颗粒、碳纳米管、氧化石墨烯和聚合物纳米颗粒等。通过对纳米探针的理性设计，光声成像已经被应用于体内离子、pH、活性氧、温度、氧、酶活以及肿瘤转移等的分子成像。如2015年苏州大学刘庄课题组合成了一种pH敏感的白蛋白纳米探针C-HSA-BPOx-IR825，用于基于光声成像体内pH值定量检测。该方法具有安全性好、操作简单、可实现深层肿瘤组织的pH值定量实时成像，在肿瘤精准诊疗和预后评估中具有重要应用前景[15]。2016年苏州纳米所王强斌课题组开发了一种ICG@PEG-Ag_2S纳米探针，并成功应用于粥状动脉硬化的光声成像检测[16]。2019年中国科学院深圳先进技术研究院郑海荣研究员与澳门大学张宣军教授团队合作，开发了一系列小分子探针能高选择性地结合二价铜离子形成自由基并产生强的近红外光声信号。同时，这类小分子探针能够高效跨血脑屏障实现对阿尔茨海默病（AD）小鼠脑部二价铜离子的高灵敏光声成像检测，从而能够报告AD的相关病理信息[17]。

（二）磁共振纳米影像

磁共振成像是目前基础研究和临床诊断中最为常用的影像方法之一，其原理是利用生物体内固有的原子核，在外加磁场作用下产生共振现象，吸收能量并释放MR信号，将其采集并作为成像源，经计算机处理，形成MR图像。而具有优异磁学性质的磁共振纳米影像探针的开发，大大促进了磁共振影像技术的应用。目前常用的磁共振纳米探针有基于超顺磁氧化铁纳米粒子（SPION）的T2型造影剂和基于Gd的T1型造影剂等。超顺磁氧化铁纳米粒子的发明和应用，极大地提高了磁共振成像信号强度及其特异性，使得磁共振成像能够在肿瘤诊断和细胞示踪等领域的基础研究和临床应用中得到广泛应用。如中科院苏州纳米所邓宗武团队合成了一种耐降解的 Fe_3O_4@SiO_2 超顺磁纳米探针，可以实现体外单细胞和活体脑部移植 100 个干细胞的高灵敏检测[18]。2018 年苏州大学潘越教授课题组开发了一种多功能的 Fe_3O_4 多孔纳米材料，既可作为磁共振成像的造影剂实现对肿瘤的高灵敏检测，也可作为化疗 / 光热联合治疗的热敏剂用于肿瘤治疗[19]。2019 年东南大学顾宁团队开发了一种双配体的 Fe_3O_4@RGD@GLU 磁纳米探针，这种双配体的磁性纳米探针可穿透深层肿瘤组织，从而实现有效的肿瘤磁共振成像检测和热疗[20]。除了氧化铁纳米探针，近几年我国在基于 Gd 的 T1 型造影剂的研究也获得了一系列进展。如华东师范大学步文博教授与中科院上海硅酸盐研究所施剑林团队合作，创新性地将“缺陷调控技术”应用于钆基无机纳米造影剂磁共振性能调控，通过调控钆掺杂乌青铜纳米颗粒（$NaXGdWO_{3-x}$）的氧空位缺陷，成功实现了造影剂磁共振性能的调控和优化。在 3T 下，弛豫率高达 32 $mM^{-1}\cdot S^{-1}$ 是临床钆剂的 8 倍[21]。苏州纳米所裴仁军课题组利用可生物降解的多聚物结合钆螯合物开发了一系列大分子磁共振造影剂，相较于临床上使用造影剂，所制备的钆具有更高的成像对比度及更长的成像时间窗口。如其团队制备了一种超分子聚赖氨酸，将钆螯合物连接在超支化聚赖氨酸末端氨基上，能够明显增加分子的刚性，同时还能够使钆离子充分与外界水交换，从而提高弛豫效率，在微小肿瘤早期诊断领域具有巨大的应用前景[22, 23]。

响应型磁共振成像技术也是近几年的研究热点。2019 年中国科学院化学研究所的高明远研究员团队开发了一种肿瘤微酸环境激活型磁共振成像探针，该探针利用没食子酸（Gallic Acid）和 Fe^{3+} 的不饱和配位，在配合物体系中引入 Fe–O–Fe 结构。该结构会因反铁磁耦合而大大减弱 Fe^{3+} 的磁共振成像能力，而环境 pH 值的降低可打破 Fe–O–Fe 反铁磁耦合，释放 Fe^{3+}，激活该探针的 MR 成像能力，从而实现对肿瘤微酸环境响应成像[24]。2015 年中科院武汉物理与数学研究所的周欣课题组还发展了一种基于化学交换饱和转移的磁共振成像技术，可以对生理温度范围内微小温度差异进行检测。该方法利用热敏型胶束作为载体，这种直径小于 100 纳米的胶束粒子会随着温度的变化而发生结构和形态的变化，从而使得其化学交换饱和转移效应发生改变，实现对温度的响应。而且这种探针的响应温度范围接近人体生理温度，因此具有巨大的临床应用潜力[25]。此外，2017 年该团队还开发了一种超极化 129Xe 磁共振技术，构建了一种硫醇响应的 ^{129}Xe 磁共振 / 荧光双模态超灵敏分子探针，该探针以二硫键为响应位点，实现了硫醇皮摩尔量级的磁共振检测灵敏度，比相同条件下传统磁共振的灵敏度增强 50000 倍以上[26]。北京化工大学汪乐余课题组通过在无机纳米颗粒表面配体封装全氟冠醚开发了高氟原子负载的 ^{19}F MRI 纳米探针。该探针在 pH 大于 7.4 的溶液中保持稳定，因此具有较短的横向弛豫时间（T_2），而表现出无 ^{19}F NMR 信号。当在酸性环境中时纳米颗粒分解，逐渐解除氟原子在纳米颗粒中活动限制，使得 ^{19}F NMR 信号逐渐增强。这种酸性微环境响应的探针能够很好地响应肿瘤微环境，实现对肿瘤的高灵敏 ^{19}F 磁共振成像。这一系列不同类型和不同原理的响应型磁共振纳米探针的开发，大大丰富了磁共振成像的应用领域，尤其极大地促进了磁共振影像技术在精准医疗领域的应用[27]。

（三）超声纳米影像

超声（ultrasound，US）成像是临床上广泛使用的一种成像技术，其成像原理是向生物体发射一组超声波，然后按一定的方向进行扫描，根据回声的延迟时间、强弱就可以判断脏器的距离及性质。超声信号经过电子电路和计算机的处理，就可以形成超声图像。

新型超声纳米探针的成功开发，也给超声纳米分子影像技术带来了全新的发展。目前应用于超声成像的纳米探针有氧化硅纳米探针、有机纳米颗粒等。通过合理的设计也发展出了多种新型有机超声造影剂，如可以经由超声、近红外、磁、无线电波或微波辐射引起的加热时液滴发生相变，产生超声信号的造影剂。含有反应性官能团可以在目标位置特异产生气体以产生超声信号的影像探针等。此外，通过超声分子影像探针进一步表面功能化，使得这些纳米超声造影剂被应用于肿瘤等疾病的诊疗研究，如上海师范大学团队制备了基于空心二氧化硅纳米微球的 HSNSs@（DTPA-Gd）-RGD 探针，这种探针具有良好的生物相容性，并可实现对 Hela 肿瘤靶向超声成像检测[28]。第四军医大学团队采用薄膜水化法制备了均匀的纳米气泡，用于高灵敏超声成像。并且通过将纳米气泡与亲和分子结合可实现对人表皮生长因子受体 2（HER2）过表达的肿瘤靶向，从而实现对肿瘤的靶向超声成像检测[29]。除此之外，超声成像与其他成像方式的联合也是当前超声成像研究的热点领域，如北京大学戴志飞课题组开发了一种掺杂荧光染料的纳米泡造影剂，实现对炎症的超声和生物发光成像检测。该造影剂将两种荧光染料 DiI 和 DiD 同时掺杂进入纳米泡的脂质单，纳米泡可用于超声造影成像，而炎症部位巨噬细胞分泌髓过氧化物酶（MPO）可以和鲁米诺反应产生蓝光，之后通过生物发光能量共振转移（bioluminescence resonance energy transfer）及荧光能量共振转移（fluorescence resonance energy transfer），将蓝光转换为近红外光，从而可以实现对深部组织炎症的成像检测[30]。

而在超声成像的方法和设备等方面，我国也取得了一系列进展。如中国科学院深圳先进技术研究院郑海荣课题组和邱维宝课题组在超声电子系统、高频超声换能器和成像方法等方面开展了一系列研究工作，开发了新的高分辨率超声成像。这种成像技术主要利用大于 15MHz 的超声频率进行成像，可获得几十微米级的成像分辨率。以肠道组织成像为例，通过结合内窥成像技术，获得了小于 60 微米的肠道组织成像分辨率，这种高分辨的超声成像技术主要可应用于浅表、眼科和内窥等方面的疾病检测诊断，具有重要的临床应用价值[31]。

此外，近期浙江大学郑音飞副教授课题组开发了一种基于超声超材料和平面波造影相结合的新型脑成像技术，这一技术使得人类颅脑超声成像成为可能，为人类颅脑成像研究提供了一种新方法。

（四）核医学纳米影像

核医学成像是最早用于分子影像研究的成像方法。核医学纳米分子影像技术主要包括正电子发射断层成像术（PET）和单光子发射计算机断层成像术（SPECT），由于它们都是对从生物体内发射的 γ 射线成像，故统称发射型计算机断层成像术（emission computed tomography，ECT）。纳米技术的应用，尤其放射性核素纳米影像探针的研发，也为核医学分子成像带来了新发展方向。目前用于核医学成像的常用放射性核素有 ^{18}F、^{44}Sc、^{64}Cu、^{69}Ge、^{89}Zr、^{68}Ga 等，通过在纳米载体表面连接放射性核素、进行放射性元素替换、放射性元素掺杂等方法制备出一系列不同特性的放射性核素纳米影像探针，并在生物医学成像中得到了一系列应用[32]。如厦门大学郑南峰和张现忠课题组通过将 ^{131}I 和 ^{125}I 特异性吸附在钯（Pd）表面，开发了一种高效放射性碘同位素标记（大于 98%）的 Pd 纳米片。利用该放射性同位素探针实现了对皮下 4T1 肿瘤、肝脏原位 LM3 肿瘤以及 Mst1/2 双敲除原发性肝癌的零背景成像检测。此外，这种探针在酸性环境下具有良好的稳定性，而在中性和碱性环境下不稳定，因此可以作为一种 pH 敏感的探针用于癌症诊疗研究[33]。浙江大学张宏课题组在放射性核素成像领域开展了系列系统研究工作，近期其团队成功研制国内首套具有自主知识产权的 PET 分子影像探针微流控模块化集成合成系统。要观察特定的生物学过程往往需要特定的分子探针，该微流控芯片反应器可以满足不同探针的合成需求，并通过主机控制系统，实现了全自动远程控制，因此只需要在电脑上选择配置方案，便可一键合成所需分子影像探针。这个系统的成功研制将有利于解决解决我国 PET 分子影像探针长期依靠国外进口以及一台设备基本只能生产一种探针的局面，大大推动我国 PET 影像技术的发展和应用。

（五）多模式纳米影像

通过结合多种成像方法优势的多模态影像技术，可以为疾病的诊疗等研究提供多角度和多尺度的成像信息，从而可以大大提高疾病诊断的精确性和可靠性。近年来基于多功能纳米影像探针的多模态纳米影像技术也得到了极大的发展，建立了 CT-MRI、MRI-NIR、NIR-CLI、PET-MRI、MRI-PET-NIR 等一系列多模态纳米影像技术，并在以疾病的精准诊疗为代表的研究领域得到广泛应用。

CT 和 MRI 成像能够进行精确的融合，是目前基础研究和临床检测中常用的多模态影像技术。如中国纳米科学研究中心赵宇亮课题组利用结晶方法合成出多钨酸钆纳米团簇，可以作为 MRI 和 CT 成像造影剂。由于纳米团簇的尺寸非常小（~3.5 nm），能够通过肾代谢排出体外，从而大大降低纳米药物在体内累积带来的潜在毒性。此外，多钨酸钆纳米团簇还可以作为热疗 / 放疗增敏剂，实现对肿瘤的诊疗一体化[34]。东华大学史向阳课题组利用树状大分子可以修饰大量叶酸和吸附金离子的特性，合成一系列叶酸靶向 Fe_3O_4/Au-FA 纳米复合材料，其中 Au 可以作为 CT 造影剂，Fe_3O_4 作为磁共振造影剂，从而可以实现 CT/MR 双模态成像。该探针结合叶酸对肿瘤的靶向性，可用于动物体内肿瘤的靶向 CT/MR 双模态成像诊断[35]。

磁共振成像与荧光成像和光声成像联合也是目前常用的多模态成像方式。如苏州纳米所王强斌课题组通过在近红外二区荧光 Ag_2S 量子点表面交联 Gd 分子，开发了一种双模 Ag_2S-Gd 纳米探针，其中 Ag_2S 量子点可用于近红外二区荧光成像，Gd 可作为 T1 造影剂进行核磁共振成像。此外，此探针可以靶向脑胶质瘤，利用磁共振成像技术可以对脑肿瘤进行术前原位诊断，利用近红外二区荧光成像可以进行术中精准光学影像导航[36]。中科院武汉物理与数学研究所的周欣和陈世桢课题组通过将氮杂硼烷二吡咯（aza-BODIPY）氟化获得了一种多模态 BDPF 造影剂，该探针不仅具有良好的近红外吸收和近红外荧光发射特性、在 734 nm 处具备强烈的光声吸收，同时又有 ^{19}F NMR 信号峰，可以实现近红外荧光 / 光声 /19F 磁共振三模态成像。该探针具有低细胞毒性，且通过三种成像模式的融合获得更丰富的病理学信息，成功应用于肺癌细胞及活体肿瘤多模态成像和检测[37]。

基于核素成像的多模式成像方式由于其巨大的临床应用潜能也成为目前的研究热点。如厦门大学聂立铭课题组开发了一种放射性核素 ^{18}F 标记的近红外荧光探针，这种探针可以特异靶向脑部淀粉斑块（Aβ），同时又能进行正电子发射成像，高灵敏的近红外荧光成像和光声成像，从而可以实现对淀粉样斑块的精确早期检测和定位，在阿尔茨海默诊断与治疗领域具有重要的应用前景[38]。浙江大学周民课题组、中科院自动化所田捷课题组和浙江大学医学院附属第二医院田梅、张宏课题组合作开发了一种精准影像引导的高效抗肿瘤药物递送系统。该系统利用 100 nm 的介孔硅为载体（约 100 nm），并在内部负载抗肿瘤药物，外部包裹 6 nm 的 CuS 纳米点形成一个复合多级的纳米递送系统。利用 ^{64}Cu 等的正电子发射计算机断层扫描成像和光声成像，可以精准分析药物在肿瘤及其他主要组织器官中的动态分布，以及肿瘤的内部结构信息[39]。北京师范大学崔孟超课题组开发了一种含氟化合物 FDANIR 4c，可实现对脑内 Aβ 斑块的成像检测。该化合物的激发和发射波长分别为 589 nm 和 771 nm，与 Aβ 结合后荧光增强 560 倍，因此可以进行 Aβ 近红外荧光成像检测。同时，利用化合物中 ^{18}F 放射性核素还可以进行不需要激发光的切伦科夫成像。利用该探针对 Aβ 聚集体高灵敏响应探测实现了对活体小鼠脑部以及 AD 病人脑切片上的 Aβ 斑块的检测[40]。

这一系列通过组合不同成像模式优势的多模态成像方法，能够为疾病的诊断提供更为精准的信息，将在精准医疗领域发挥越来越重要的作用。目前，多模态影像纳米探针也已经开始被用于临床研究。如 2014 年 ^{124}I-cRGDY-PEG-C dot（超小氧化硅纳米颗粒）被批准进入临床研究，可用于活体多模态荧光和 PET 成像[41]。

三、国内外研究进展比较

分子影像学研究由于其在生命科学基础研究和临床诊断等应用领域的巨大应用前景，一直是国际上最热门的研究领域之一。我国在分子影像学领域的研究起步较晚，目前仍然落后于欧美等传统强国。而得益于我国在纳米技术领域的飞速发展，我国在纳米影像学领域，已做出了出色的工作，在新型纳米探针和影像技术的开发方面获得了一些重要原创性成果。然而在纳米影像技术的临床转化方面还远落后于欧美等国家。

首先在基础领域，欧美国家在纳米影像领域的研究要早于我国。以荧光纳米探针为例，2005 年 Michalet 等在 *Science* 上发表的论文"Quantum dots for live cells，in vivo imaging，and diagnostics"[42] 和 Medintz 在 *Nature Materials* 上发表论文"Quantum dot bioconjugates for imaging，labelling and sensing"[43]，目前已分别被引用 5837 和 4188 次。2004 年聂书明课题组将量子点运用于活体肿瘤的定位和成像，获得动物体内肿瘤大小和定位的信息，从而大大推动了量子点在活体荧光成像领域的应用[44]。此外，斯坦福大学的戴宏杰院士课题组，程震教授课题组，美国卫生院的陈小元教授课题组目前都是纳米影像研究的代表性团队，这些都表明美国在荧光纳米影像研究领域的领先地位。而我国在纳米影像方面也有许多代表性原创工作，如王强斌课题组在国际上率先提出了一种 Ag_2S 近红外二区荧光量子点探针体系，建立和发展了高组织穿透深度和高时空分辨的近红外二区荧光活体影像技术平台[3]。同时我国在稀土发光材料领域的研究，在以严纯华院士课题组、施剑林课题组、李富友课题组等为代表的研究团队的带领下开发了一系列不同光学性质的稀土发光材料，一直处于国际领先地位。除此之外，我国的多个研究团队也在积极推进不同纳米影像探针和影像设备的产业化，如以庞代文课题组为代表的研究团队积极开展了量子点探针的产业化生产和生物医学应用，以顾宁教授课题组和高明远研究员课题组为代表的研究团队在积极推进磁共振造影剂的产业化生产和应用。此外，在大型影像设备方面，田捷课题组以及王强斌课题组等自主开发了系列自主知识产权的活体影像设备。这一系列影像探针和设备的产业化大大推动了我国纳米影像的研究和应用。

相对于纳米影像的基础研究，我国在纳米影像探针的临床应用上还远落后于欧美等国家。目前在国际上，正在进行临床实验或已经在临床上使用的纳米影像探针主要有磁共振成像造影剂、放射性核素探针以及荧光探针等。其中鉴于磁共振纳米探针的优异磁学性质和良好的生物相容性，目前已有多个磁共振纳米探针被美国 FDA 批准用于临床诊断检测。如 1996 年美国 FDA 批准超顺磁性氧化铁纳米粒子 – 菲力磁（Feridex），作为肝脏磁共振成像造影剂。2009 年 FDA 批准 ferumoxytol 用于治疗贫血。2013 年欧洲批准了磁性氧化铁纳米颗粒作为热疗制剂（nanothermo）。此外，2017 年荷兰 Radboud 大学研究人员利用超微体的三氧化二铁超顺磁性纳米颗粒（Ferumoxtran-10）的 MRI 成像和 ^{68}Ga-

PSMA 的 PET/CT 成像开展了前列腺癌淋巴结成像的临床研究（NCT03223064）。放射性核素分子影像探针在临床上的应用十分广泛，1978 年 FDA 就批准了 ^{99m}Tc 用于临床。此外，临床上常用的放射性核素探针还有 ^{18}F-FDG 和 ^{68}Ga-DOTA 等。2014 年 ^{124}I-cRGDY-PEG-C dot（超小氧化硅纳米颗粒）被批准进入临床研究，可用于活体多模态荧光和 PET 成像[41]。2018 年法国开展了 ^{99m}Tc-Fucoidan 用于 SPECT 成像时生物分布和剂量学临床一期研究（NCT03422055）。在荧光成像方面，2014 年美国开展了 cRGDY-PEG-Cy5.5-C dots 用于淋巴转移结节的术中成像研究（NCT02106598）。2019 年美国 Al-Azhar 大学研究人员主导开展了荧光量子点结合生长激素抑制剂纳米药物用于乳腺癌的影像和治疗临床研究（NCT04138342）。在超声成像方面，部分纳米超声造影剂也已经开始被应用于临床研究，如超声造影剂 BR55 已被应用于肺癌和卵巢癌的临床检测。然而，由我国主导的纳米影像的临床实验或获批准的临床用纳米影像探针还鲜有报道。而纳米影像探针的临床转化也是我国纳米影像研究未来需要进一步推进的重要方向。

四、未来发展趋势和展望

得益于纳米技术的发展和应用，近十年纳米影像学在纳米影像探针、新影像方法、新影像设备的开发以及临床应用等方面都取得了长足发展，发展出了磁共振纳米影像技术、光学纳米影像技术、超声纳米影像技术、核素纳米影像技术以及融合多种成像模式的多模态影像技术等多种新型的影像技术，并在肿瘤等重大疾病的精准诊疗等领域得到了广泛应用。

近十年来，我国在纳米影像学的研究走在了世界前列，但在传统的影像研究领域与欧美等国还有一定的差距，同时纳米影像学也尚有一些关键性问题亟待解决。①虽然目前已经开发出各种性能优异的纳米影像探针，并在动物模型研究中得到了广泛应用，然而只有极少量的纳米影像探针进入临床研究。因此，如何研制性能更加优异的纳米影像探针进一步提高成像的信噪比和灵敏度，如何进一步提高探针对特定组织器官的靶向性和特异性，如何开发高生物相容性的影像探针并探明其代谢机制以进一步提高探针活体应用的安全性，如何建立完善的纳米影像探针的临床前安全评估体系，这些都需要进一步解决以推动纳米影像探针的临床应用。②可以融合多源影像信息的多模态影像技术，可以大大提高疾病诊断的精确性和可靠性，是未来纳米分子影像技术需要重点发展的方向之一。因此，开发具有多种影像学特性的多模式纳米影像探针，研制性能更加优异的多模式成像设备以及建立多源影像数据精准融合和分析的图像数据处理方法以满足不同生物医学研究和应用需求也将是未来纳米影像学需要解决的关键问题。③目前先进的影像技术已经可以帮忙人们获取大量的影像学信息，同时随着我国以及全世界范围内海量的病理样本数据的累积，如何对海量的影像学数据进行准确快速比较分析并从中获取有效的信息是未来分子影像技术能否帮助人们实现精准医疗需要解决的关键问题。近年来随着人工智能技术的高速发展，人工智能已经开始帮忙人们对海量的影像学数据进行精准的分析，未来人工智能与纳米影像技术的结合和发展，必将对疾病的预测、精准诊断、疗效评估和预后等产生深远的影响。通过融合了纳米技术、生命科学、化学、光学、物理学、图像数据处理以及信息科学等学科及技术，纳米分子影像学已经发展成为一个高度交叉的学科领域，也正是吸收和结合了不同学科的优势，相信不久的将来，纳米分子影像学将在人类重大疾病的精准医疗领域发挥越来越重要的作用。

参考文献

[1] Lai RC, Pu CD, Peng XG. On-surface reactions in the growth of high-quality cdse nanocrystals in nonpolar solutions. J Am Chem Soc, 2018, 140: 9174-9183.

[2] Sun EZ, Liu AA, Zhang ZL, et al. Real-time dissection of distinct dynamin-dependent endocytic routes of influenza a virus by quantum dot-based single-virus tracking. ACS Nano, 2017, 11: 4395-4406.

[3] Li CY, Wang QB. Challenges and opportunities for intravital near-infrared fluorescence imaging technology in the second transparency window. ACS Nano, 2018, 12: 9654-9659.

[4] Huang D, Lin S, Wang Q, et al. An NIR-Ⅱ fluorescence/dual bioluminescence multiplexed imaging for in vivo visualizing the location, survival, and differentiation of transplanted stem cells. Adv Funct Mater, 2019, 29: 1806546.

[5] Hao XX, Li CY, Zhang YJ, et al. Programmable chemotherapy and immunotherapy against breast cancer guided by multiplexed fluorescence imaging in the second near-infrared window. Adv Mater, 2018, 30: 1804437.

[6] Zhang Y, Hong G, Zhang Y, et al. Ag_2S quantum dot: A bright and biocompatible fluorescent nanoprobe in the second near-infrared window. ACS Nano, 2012, 6: 3695-3702.

[7] Cheng L, Wang C, Ma XX, et al. Multifunctional upconversion nanoparticles for dual-modal imaging-guided stem cell therapy under remote magnetic control. Adv Funct Mater, 2013, 23: 272-280.

[8] Xu J, Xu LG, Wang CY, et al. Near-infrared-triggered photodynamic therapy with multitasking upconversion nanoparticles in combination with checkpoint blockade for immunotherapy of colorectal cancer. ACS Nano, 2017, 11: 4463-4474.

[9] Liu Q, Feng W, Yang TS, et al. Upconversion luminescence imaging of cells and small animals. Nat Protoc, 2013, 8: 2033-2044.

[10] Fan Y, Zhang F. A new generation of NIR-Ⅱ probes: Lanthanide-based nanocrystals for bioimaging and biosensing. Adv Opt Mater, 2019, 7: 1801417.

[11] Gu YY, Guo ZY, Yuan W, et al. High-sensitivity imaging of time-domain near-infrared light transducer. Nat Photonics, 2019, 13: 580-580.

[12] Chen YC, Lam JWY, Kwok RTK, et al. Aggregation-induced emission: Fundamental understanding and future developments. Mater Horiz, 2019, 6: 428-433.

[13] Zheng Z, Zhang TF, Liu HX, et al. Bright near-infrared aggregation-induced emission luminogens with strong two-photon absorption, excellent organelle specificity, and efficient photodynamic therapy potential. ACS Nano, 2018, 12: 8145-8159.

[14] Yu WB, Li Y, Xie B, et al. An aggregation-induced emission-based indirect competitive immunoassay for fluorescence "turn-on" detection of drug residues in foodstuffs. Front Chem, 2019, 7: 228.

[15] Chen Q, Liu XD, Chen JW, et al. A self-assembled albumin-based nanoprobe for in vivo ratiometric photoacoustic pH imaging. Adv Mater, 2015, 27: 6820-6827.

[16] Wu C, Zhang Y, Li Z, et al. A novel photoacoustic nanoprobe of ICG@PEG-Ag_2S for atherosclerosis targeting and imaging in vivo. Nanoscale, 2016, 8: 12531-12539.

[17] Wang SC, Sheng ZH, Yang ZG, et al. Activatable small-molecule photoacoustic probes that cross the blood-brain barrier for visualization of copper (Ⅱ) in mice with alzheimer's disease. Angew Chem Int Ed Engl, 2019, 58: 12415-12419.

[18] Yi P, Chen G, Zhang H, et al. Magnetic resonance imaging of Fe_3O_4@SiO_2-labeled human mesenchymal stem cells in mice at 11.7 t. Biomaterials, 2013, 34: 3010-3019.

[19] Hu YY, Hu H, Yan J, et al. Multifunctional porous iron oxide nanoagents for mri and photothermal/chemo synergistic therapy. Bioconjugate Chem, 2018, 29: 1283-1290.

[20] Chen L, Wu Y, Wu HA, et al. Magnetic targeting combined with active targeting of dual-ligand iron oxide nanoprobes to promote the penetration depth in tumors for effective magnetic resonance imaging and hyperthermia. Acta Biomater, 2019, 96: 491-504.

[21] Ni DL, Zhang JW, Wang J, et al. Oxygen vacancy enables markedly enhanced magnetic resonance imaging-guided photothermal therapy of a Gd^{3+}-doped contrast agent. ACS Nano, 2017, 11: 4256-4264.

[22] Dong J, Liu M, Zhang K, et al. Biocleavable oligolysine-grafted poly (disulfide amine) s as magnetic resonance imaging probes. Bioconjug Chem, 2016, 27: 151-158.

[23] Zu G, Liu M, Zhang K, et al. Functional hyperbranched polylysine as potential contrast agent probes for magnetic resonance imaging. Biomacromolecules, 2016, 17: 2302-2308.

[24] Zhang P, Hou Y, Zeng J, et al. Coordinatively unsaturated Fe^{3+} based activatable probes for enhanced MRI and therapy of tumors. Angew Chem Int Ed Engl, 2019, 58: 11088-11096.

[25] Zhu X, Chen S, Luo Q, et al. Body temperature sensitive micelles for mri enhancement. Chem Commun, 2015, 51: 9085-9088.

[26] Zeng Q, Guo Q, Yuan Y, et al. Mitochondria targeted and intracellular biothiol triggered hyperpolarized (129) xe magnetofluorescent biosensor. Anal Chem, 2017, 89: 2288-2295.

[27] Guo C, Xu SY, Arshad A, et al. A pH-responsive nanoprobe for turn-on f-19-magnetic resonance imaging. Chem Commun, 2018, 54: 9853-9856.

[28] An L, Hu H, Du J, et al. Paramagnetic hollow silica nanospheres for in vivo targeted ultrasound and magnetic resonance imaging. Biomaterials, 2014, 35: 5381-5392.

[29] Yang H, Cai W, Xu L, et al. Nanobubble-affibody: Novel ultrasound contrast agents for targeted molecular ultrasound imaging of tumor. Biomaterials, 2015, 37: 279-288.

[30] Liu R, Tang J, Xu Y, et al. Bioluminescence imaging of inflammation in vivo based on bioluminescence and fluorescence resonance energy transfer using nanobubble ultrasound contrast agent. ACS Nano, 2019, 13: 5124-5132.

[31] Qiu W, Xia J, Shi Y, et al. A delayed-excitation data acquisition method for high-frequency ultrasound imaging. IEEE Trans Biomed Eng, 2018, 65: 15-20.

[32] Goel S, England CG, Chen F, et al. Positron emission tomography and nanotechnology: A dynamic duo for cancer theranostics. Adv Drug Deliver Rev, 2017, 113: 157-176.

[33] Chen M, Guo ZD, Chen QH, et al. Pd nanosheets with their surface coordinated by radioactive iodide as a high-performance theranostic nanoagent for orthotopic hepatocellular carcinoma imaging and cancer therapy. Chem Sci,

2018，9：4268-4274.

[34] Yong Y，Zhou LJ，Zhang SS，et al. Gadolinium polytungstate nanoclusters：A new theranostic with ultrasmall size and versatile properties for dual-modal MR/CT imaging and photothermal therapy/radiotherapy of cancer. Npg Asia Mater，2016，8：e273.

[35] Cai HD，Li KG，Li JC，et al. Dendrimer-assisted formation of Fe_3O_4/Au nanocomposite particles for targeted dual mode ct/mr imaging of tumors. Small，2015，11：4584-4593.

[36] Li C，Cao L，Zhang Y，et al. Preoperative detection and intraoperative visualization of brain tumors for more precise surgery：A new dual-modality MRI and NIR nanoprobe. Small，2015，11：4517-4525.

[37] Liu LH，Yuan YP，Yang YQ，et al. A fluorinated aza-bodipy derivative for NIR fluorescence/PA/F-19 MR tri-modality in vivo imaging. Chem Commun，2019，55：5851-5854.

[38] Liu YJ，Yang YP，Sun MJ，et al. Highly specific noninvasive photoacoustic and positron emission tomography of brain plaque with functionalized croconium dye labeled by a radiotracer. Chem Sci，2017，8：2710-2716.

[39] Wei QL，Chen Y，Ma XB，et al. High-efficient clearable nanoparticles for multi-modal imaging and image-guided cancer therapy. Adv Funct Mater，2018，28：1704634.

[40] Fu HL，Peng C，Liang ZG，et al. In vivo near-infrared and cerenkov luminescence imaging of amyloid-beta deposits in the brain：A fluorinated small molecule used for dual-modality imaging. Chem Commun，2016，52：12745-12748.

[41] Phillips E，Penate-Medina O，Zanzonico PB，et al. Clinical translation of an ultrasmall inorganic optical-pet imaging nanoparticle probe. Sci Transl Med，2014，6：260ra149.

[42] Michalet X，Pinaud FF，Bentolila LA，et al. Quantum dots for live cells，in vivo imaging，and diagnostics. Science，2005，307：538-544.

[43] Medintz IL，Uyeda HT，Goldman ER，et al. Quantum dot bioconjugates for imaging，labelling and sensing. Nat Mater，2005，4：435-446.

[44] Gao XH，Cui YY，Levenson RM，et al. In vivo cancer targeting and imaging with semiconductor quantum dots. Nat Biotechnol，2004，22：969-976.

撰稿人：陈光村　王强斌

纳米生物催化研究现状与展望

一、引言

纳米生物催化（nanobiocatalysis）是指基于纳米技术应用纳米材料来改善或提高生物催化剂的效率，或者直接利用纳米材料技术实现生物催化功能，最终拓展生物催化的体内外应用。生物催化（特别是酶催化）具有催化效率高、选择性高等特点，不仅在生命活动和机体代谢中发挥着至关重要的作用，而且在工业生产、生物医药等领域也得到了广泛应用。然而，作为生物催化剂的酶、核酸等其催化活性依赖于精巧、复杂的三维结构，因而具有稳定性较差、环境依赖性较高及生产成本较昂贵等局限性。譬如环境变化（如温度、pH、离子强度）或复杂环境（如血液、污水等）均会导致酶的蛋白质结构破坏、甚至降解从而失去活性。因此需要开发能够提高生物酶稳定性的方法，或者开发模拟酶直接取代生物酶。

纳米生物催化正好可以解决上述问题，其研究内容主要包括纳米载体固定化酶和纳米酶。前者能够有效提高生物酶的稳定性，后者能够模拟酶的活性而且具有极高的稳定性。酶分子尺寸介于几个纳米到数十纳米之间，正好属于纳米尺度空间；更为重要的是，酶分子在有机体内（细胞或细菌内）工作的微环境同样是纳米尺度空间。酶分子所处的微环境包含有多种纳米尺度的分子如信号蛋白、DNA、RNA 等，酶分子之间或与其他蛋白质协同组装成分子机器，协同完成多种生化反应。这些生物催化不仅表明起催化作用的酶分子本身就具有纳米尺度特征，而且其催化功能还受到纳米尺度因素的影响。而纳米技术和纳米材料着眼于从纳米尺度设计、改造以及提升材料的性能和功能，所以纳米技术与生物催化具有很好的交叉空间，二者交叉产生的纳米生物催化是纳米生物学里面一个重要的研究领域。

近年来纳米生物催化研究受到越来越多的关注。早期的纳米生物催化研究更多地集中在固定化酶方面，将生物酶组装固定到纳米材料表面，或者将其包裹于纳米材料内，主要目的是提高酶的稳定性。这些固定化酶应用主要集中在体外，包括疾病诊断、制药、去污等。在模拟酶研究方面，2007 年，阎锡蕴团队在国际上报道了首例基于四氧化三铁纳米颗粒（Fe_3O_4 NPs）的纳米材料本身具有内在类似过氧化物酶（peroxidase）的催化活性，并且首次从酶学角度系统地研究了无机纳米材料的酶学特性（包括催化的分子机制和效率，以及酶促反应动力学），建立了一套表征纳米酶催化活性的标准方法，并将其作为酶的替代品应用于疾病的诊断[1]。这一原创性的发现改变了人们对于纳米材料生物惰性的传统认知。随后，国内外许多实验室也陆续报道了其他纳米材料的酶学特性［ref］。2013 年，汪尔康团队以纳米酶为题发表长篇综述文章[2]。从此，纳米酶作为新一代模拟酶，引起了学术界广泛关注（图 1），形成了纳米生物催化新领域[3]。

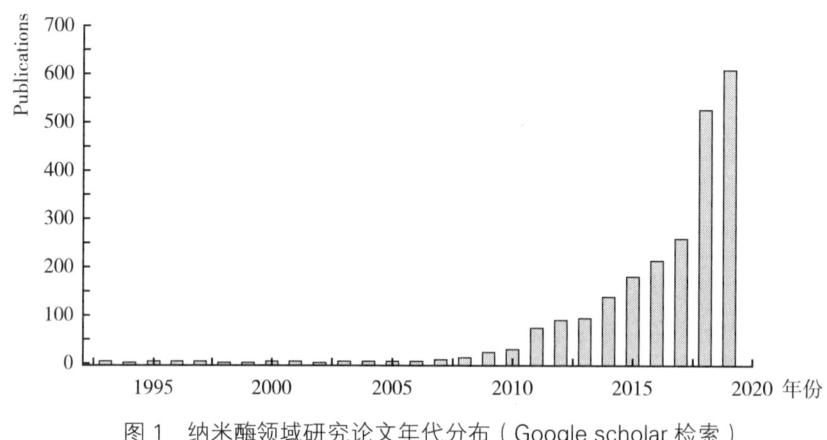

图 1 纳米酶领域研究论文年代分布（Google scholar 检索）

鉴于纳米材料固定化酶研究已日趋成熟，而纳米酶作为纳米生物催化的新型研究领域，其展现了蓬勃强劲的发展势头，本文将以纳米酶为主阐述纳米生物催化在近年来的进展。

二、国内研究进展

（一）纳米材料固定化酶

为解决天然酶价格昂贵、稳定性差且难以与底物分离、回收和再利用等缺陷，早在二十世纪五十年代，研究者就提出了固定化酶的概念[4]。固定化酶是指通过化学或物理的手段，将酶束缚在一定区域内，限制酶分子在此区域内的发挥催化作用。迄今为止，包括纳米材料在内的各种材料被用于固定化酶，并已在实际应用中展示了良好的前景，如能使生产工艺易于实现自动化、连续化，提高酶的利用效率，且更加节约能源等。

我国研究者在纳米材料固定化酶研究领域进行了深入广泛的研究，取得了长足进展。其中，广泛应用于生化分析检测的化学修饰电极是这个领域的一个代表性例子。如

1999 年陈洪渊研究团队在纳米金胶上成功固定化了 HRP，这一体系能够有效还原过氧化氢，且随着纳米金胶的尺寸越小，反应活性越高。传感器响应过氧化氢的浓度范围为 0.39 μM ~ 0.33 mM，检测限为 0.15 μM[5]。在 2002 年，董绍俊研究团队通过金纳米颗粒自组装在 3D 的 MPTMS 溶胶 – 凝胶网络中制作成电极，将 HRP 固定在电极上，可以用作生物传感器，用于过氧化氢的灵敏检测，检测范围为 5.0 ~ 10 μM，检测限为 2.0 μM[6]。这些相关研究也曾获国家科学奖励，如“功能化电极界面的研究——从化学修饰到自组装”（主要完成人：董绍俊）曾获 2007 年国家自然科学奖二等奖、“功能界面修饰与电化学分析方法研究”（主要完成人：陈洪渊，徐静娟）曾获 2007 年国家自然科学奖二等奖。

（二）纳米酶

纳米酶是指具有酶学特性的纳米材料，它能够在生理条件下催化酶底物的反应，具有如同天然酶一样的催化效率和酶促反应动力性质。

1. 纳米酶的发现和特点

2007 年，中国科学家打破传统学科界限，通过生物、化学、材料、物理、医学等领域研究人员的多年精诚合作，首次从酶学角度系统地研究了纳米材料的酶学特性（包括催化的分子机制和效率，以及酶促反应动力学），建立了一套测量纳米酶催化活性的标准方法，并将其作为酶的替代品应用于疾病的诊断（图 2）[1]。从此，纳米酶研究引起了全球研究者的广泛关注，纳米酶这一概念也逐渐被认可和接受。据不完全统计，全球至少已有包括中、美、英、加、以、俄、意、澳、韩、丹等二十余个国家三百多个研究组从事纳米

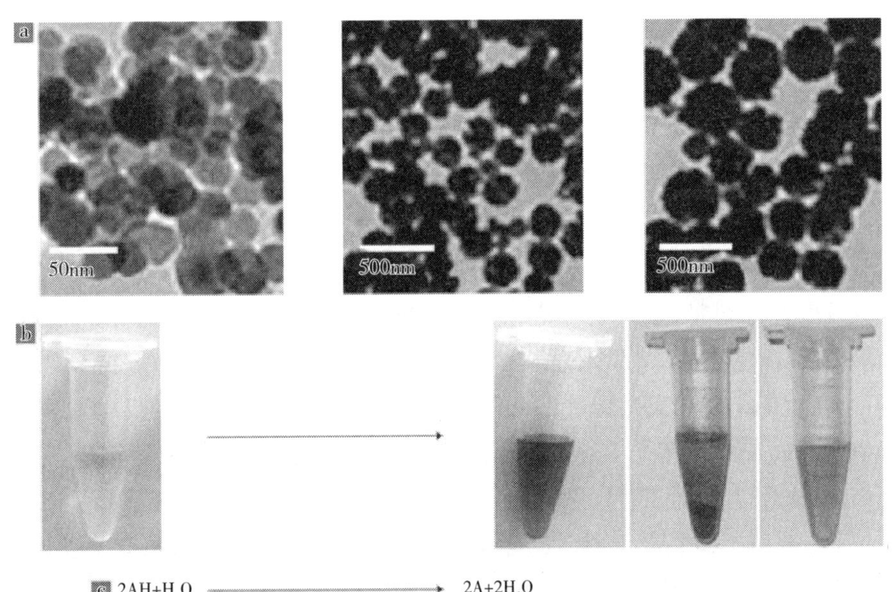

图 2　具有类过氧化物酶活性的四氧化三铁纳米颗粒及其催化过氧化物酶底物的反应[1]

酶研究；纳米酶的应用研究也已经拓展到了生物、农业、医学、环境治理和国防安全等多个领域，逐渐形成了纳米酶研究新领域（图 3）。[2, 3, 7-13]

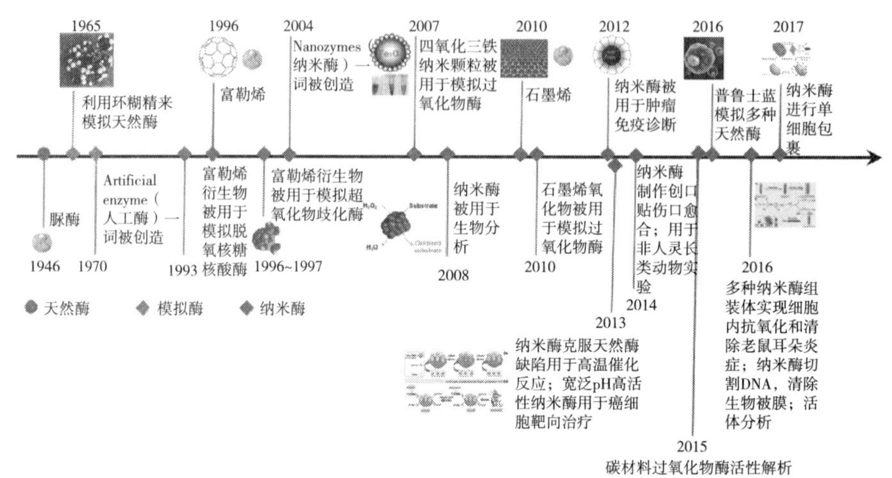

图 3　纳米酶简要发展历程（作为参考，同时标注了天然酶及其他模拟酶重要发展历程）

纳米酶兼具传统模拟酶和纳米材料各自的独特优点。一方面，纳米酶具有稳定性高、经济性好、易循环利用、易量产等特点；另一方面，纳米酶具有纳米材料的独特理化性质，如具有丰富的表面化学、多能性及结构和催化活性可调等特性。

2. 纳米酶的开发与设计

目前，已有碳、金属、金属氧化物、金属硫化物、金属氢氧化物、有机金属骨架化学物、各类纳米复合材料等用于模拟氧化物酶、过氧化物酶、过氧化氢酶、超氧化物歧化酶、水解酶等。

（1）纳米酶的开发

纳米酶发展早期，研究者探索研究各类纳米材料的类酶活性，取得了极大的成功。为讨论方便，这里按酶催化的种类进行讨论。值得一提的是，许多纳米酶材料具有多酶的特性。

（a）类氧化物酶

氧化物酶催化氧气氧化小分子底物，如葡萄糖氧化酶可以催化氧气氧化葡萄糖产生葡萄糖酸和双氧水。如 Rossi 发现金纳米颗粒具有类葡萄糖氧化物的催化活性[14]。樊春海等人利用金纳米颗粒模拟葡萄糖氧化酶的活性，发展了自催化、受限的反应体系，并将其应用于 DNA、microRNA 等光学检测及单纳米酶颗粒催化活性的成像研究[15-17]。夏云生等利用环糊精修饰具有类葡萄糖氧化酶活性的金纳米颗粒，实现了荧光传感、可控组装及串联催化的“三合一”功能[18]。林英武等人研究发现氧化亚铜纳米颗粒具有模拟细胞色素 c 氧化酶的活性[19]。吴晓春等人研究发现金棒 / 铂颗粒的复合纳米结构具有类亚铁氧化酶的活性[20]。

（b）类过氧化物酶

类过氧化物酶的纳米酶是目前研究最多的一类纳米酶。过氧化物酶（如辣根过氧化物酶，horseradish peroxidase，HRP）催化双氧水氧化诸如 TMB 等底物分子，产生有颜色或荧光信号的氧化产物。因而类过氧化物酶的纳米酶被广泛应用于生物分析检测、成像等研究。此外，其催化过程也可能会产生羟自由基等，因而也可用于抗菌、抗肿瘤等研究。自四氧化三铁纳米颗粒被发现能模拟过氧化物酶活性以来，诸如金属、金属氧化物、碳、金属有机骨架化合物等各类纳米材料被用来模拟过氧化物酶。如曲晓刚等人报道石墨烯氧化物具有类过氧化物酶的催化活性[21]。之后研究发现，其他碳纳米材料（如碳纳米管等）也具有类过氧化物酶的催化活性[22-25]。朱俊杰等人研究了不同形貌对于四氧化三铁纳米酶催化活性的影响[26]。黄玉明等人发现金属掺杂的铁氧化物（如 $CoFe_2O_4$）具有类过氧化物酶的催化活性[27]。鞠熀先等人研究发现 FeS 具有类过氧化物酶的催化活性[28]。顾宁等人报道了 Fe_3O_4 和 $\gamma-Fe_2O_3$ 均具有双酶活性（即类过氧化物酶和类过氧化氢酶），其在中性条件下主要表现为类过氧化氢酶的催化活性，而在酸性条件下主要表现为类过氧化物酶的催化活性[29]。他们研究还发现普鲁士蓝纳米颗粒也具有包含类过氧化物酶等多酶催化活性[30]。高兴发等研究发现金、银、铂、钯等也具有包括类过氧化物酶、类氧化物酶、类过氧化氢酶、类超氧化物歧化酶等多酶催化活性[31, 32]。夏兴华等人研究发现热电子可以有效增强金纳米颗粒的类过氧化物酶催化活性[33]。陈伟等人研究表明 Ce^{3+} 可以增强金纳米颗粒的类过氧化物酶催化活性，并将其用于 Ce^{3+} 的检测[34]。汪莉等人研究了由金属有机骨架化合物衍生的金属铜 / 碳复合纳米材料，发现其还有类过氧化酶的活性，可用于抗坏血酸的检测[35]。

谷胱甘肽过氧化物酶（glutathione peroxidase，GPx）则催化双氧水氧化谷胱甘肽。因此过程中消耗了双氧水，因而会对生物体系起到保护作用。类谷胱甘肽过氧化物酶的纳米酶被广泛用于抗氧化等研究。如曲晓刚等人利用五氧化二钒纳米线的类谷胱甘肽过氧化物酶活性，并结合二氧化锰的类过氧化氢酶和类超氧化物歧化酶活性，构建多酶体系，实现了细胞的抗氧化保护[36]。匡华等人研究发现氧化铜纳米颗粒组装成簇，同时具有类谷胱甘肽过氧化物酶、类过氧化氢酶和类超氧化物歧化酶的催化活性，可用于帕金森症的抗氧化治疗[37]。

卤代过氧化物酶（haloperoxidase）则催化双氧水氧化卤素离子（如氯、溴）产生次氯酸、次溴酸等。因其产物的强氧化性，类卤代过氧化物酶的纳米酶可用于抗菌、抗生物污染等研究。如德国的 Tremel 等人发现五氧化二钒纳米线具有类卤代过氧化物酶的催化活性，可以产生次溴酸等。他们进而将其应用于船舶抗生物污染研究等[38 39]。而国内在类卤代过氧化物酶的纳米酶方面研究还比较少[40]。

（c）类过氧化氢酶

过氧化氢酶催化双氧水分解产生水和氧气。类过氧化氢酶的纳米酶，一方面可以消除过氧化氢，起到抗氧化的作用；另一方面，其产生的氧气，可用于消除肿瘤细胞等的乏氧，或者氧气自身可以用作基于气体体积的生物传感检测等。Pt 等贵金属纳米材料多用于模拟过氧化氢酶。如聂广军等人研究发现转铁蛋白包裹的 Pt 纳米颗粒具有类过氧化氢酶和类过氧化物酶的活性[41]。郑南峰等人发现铂钯纳米盘具有类过氧化氢酶的催化活性，可消除肿瘤乏氧，增强光动力学治疗[42]。杨朝勇等人利用金铂纳米颗粒模拟过氧化氢酶催化产生氧气的性质，构建了基于气体体积测量的床边检测装置[43]。

（d）类超氧化物歧化酶

超氧化物歧化酶催化超氧自由基分解产生双氧水和氧气。具有类超氧化物歧化酶的纳米酶具有很好的抗氧化能力，可用于多种抗氧化治疗研究。Self 等人研究发现纳米二氧化铈具有类超氧化物歧化酶的催化活性[44]。张智勇等人发现大于 5 nm 的二氧化铈颗粒几乎没有类超氧化物歧化酶的催化活性。更为有趣的是，他们发现可以通过电子转移的策略回复其催化活性[45]。曲晓刚等人结合二氧化铈能模拟超氧化物歧化酶和杂多酸能模拟水解酶的功能，构筑双纳米酶催化体系，用于治疗 β－淀粉样多肽引起的生物毒性[46]。张晓东等人发现铂钯铑三元金属颗粒具有多酶活性，可以消除多种氧活性物种，从而实验脑损伤的治疗[47]。魏辉等人发现四氧化三锰具有比二氧化铈更好的类超氧化物歧化酶的催化活性，并将其用于炎症的治疗[48]。

（e）类水解酶

水解酶催化水解化学键（如磷脂键、多肽键等）。Scrimin 等人提出在金纳米颗粒表面修饰可以结合锌离子的巯基化功能基团，可以模拟磷脂水解酶的催化活性[49]。基于此策略，研究者陆续发展了可用于其他底物水解的各类纳米酶[50]。金属有机骨架化合物也被广泛用来模拟水解酶的催化活性[51]。如王家强等人发现铜基金属有机骨架化合物具有类蛋白质水解酶的催化活性[52]。此外，研究者也利用其他各种纳米材料来模拟水解酶的活性。如二氧化铈纳米颗粒也具有模拟水解酶的功能[53]。匡华等发现，手性量子点在光诱导下可以实现 DNA 的序列选择性剪切[54]。刘继锋等人发现石墨烯氧化物与多肽组成的纳米纤维结构具有多糖水解酶的催化活性[55]。

（f）其他纳米酶体系

通过巧妙设计，可以通过多酶串联反应实现更为复杂的一些功能和应用。如曲晓刚等制备了二氧化锰－铂钴的纳米酶体系，二者分别模拟过氧化氢酶和氧化酶，通过串联反应产生活性氧物种，用于乏氧肿瘤的治疗[56]。李峻柏等人通过将纳米酶与天然 ATP 合酶相结合构筑串联微反应器，从而以葡萄糖为能量来源，在体外实现了氧化磷酸化[57]。董绍俊等制备了基于金属有机化合物的集成化纳米酶，并将其用于生物分析检测[58]。魏辉等人发展了集成化的纳米酶，并将其用于活体分析[59]。

（2）纳米酶的设计

早期研究中，纳米酶通常是通过大量实验，经过多次尝试获得。随着纳米酶相关理论等的发展，研究者有意识采用理性设计（rational design）的策略，进行设计和制备各种纳米酶。

（a）活性位点的模拟

天然酶催化源于其活性位点，因此研究者采用类似的策略设计纳米酶。如高利增、范克龙等人通过在四氧化三铁纳米酶表面引入组氨酸，来模拟天然酶的血红素中心，有效提高了其类过氧化物酶的催化活性[60]。董绍俊等人在利用锌基金属有机化合物来模拟Ⅱ型人碳酸酐酶[61]。纳米酶的活性位点，并不总与天然酶相同（或者相似）。对于此类纳米酶，可以通过理论分析等，探究清楚其催化位点，进而可以有意引入相关的官能团来调控其催化活性。曲晓刚等人研究了碳基纳米酶的活性位点，进而通过进一步引入响应的羧基、羰基等来增强其催化活性[62-64]。

（b）单原子策略

近来，多个研究组几乎同期提出利用单原子策略模拟天然酶活性中心，以构建高效纳米酶。其优点在于能在原子级精度设计、合成纳米酶，进而模拟天然酶的活性中心[65-68]。如董绍俊等人设计合成了具有轴向五氮配位铁活性中心（FeN_5）的单原子纳米酶，发现其具有高效率的类氧化酶活性[65]。毛兰群等人设计了具有 FeN_4 中心的单原子纳米酶，发现其具有类过氧化氢酶和类超氧化物歧化酶的催化活性[66]。吴宇恩等人设计的含 FeN_4 中心的单原子纳米酶具有类氧化物酶、类过氧化物酶和类过氧化氢酶的催化活性[68]。刘惠玉、阎锡蕴、范克龙等人则设计了具有 ZnN_4 中心的单原子纳米酶，发现其具有类过氧化物酶的催化活性[67]。

（c）Sabatier 规则

受 Sabatier 规则启发，魏辉、高兴发等人通过实验与理论相结合，发现了具有正八面体配位构型的金属氧化物 e_g 电子个数与其类过氧化物酶催化活性之间的火山型关系，进而提出可以用 e_g 电子个数作为描述符，设计和指导合成具有高活性的纳米酶[69]。

（三）纳米酶的理论研究

我国研究者在纳米酶的理论研究方面也取得了重要原创性研究成果，受到国外学者的广泛关注。这方面研究主要是按不同材料的类别开展理论研究，下面将据此进行讨论。

1. 金属纳米酶

目前，对于金属材料的纳米酶活性的分子机制研究较为深入，以金（111）面所具有的氧化酶、过氧化物酶、过氧化氢酶和过氧化物歧化酶活性为例，其催化反应机制如图 4 所示，其中 RDS 指反应决速步[31, 32, 70]。值得欣喜的是，上述四种模拟酶活性分子机制虽然是从研究 H_2O_2、O_2 和 $O_2^{\cdot-}$ 在 Au（111）面的吸附、分解反应获得，同时也适用于 Au（110）和（211）面，也适用于 Ag、Pt 和 Pd 的（111）面，以及不同比例的贵金属合金的（111）面，如 Au_3Ag、Au_2Ag_2、$AuAg_3$、Au_3Pd、Au_2Pd_2、$AuPd_3$、Au_3Pt、Au_2Pt_2、$AuPt_3$ 等。对于不同金属相同表面的同一种模拟酶活性，不仅催化分子机制相同，决速步也相同。因

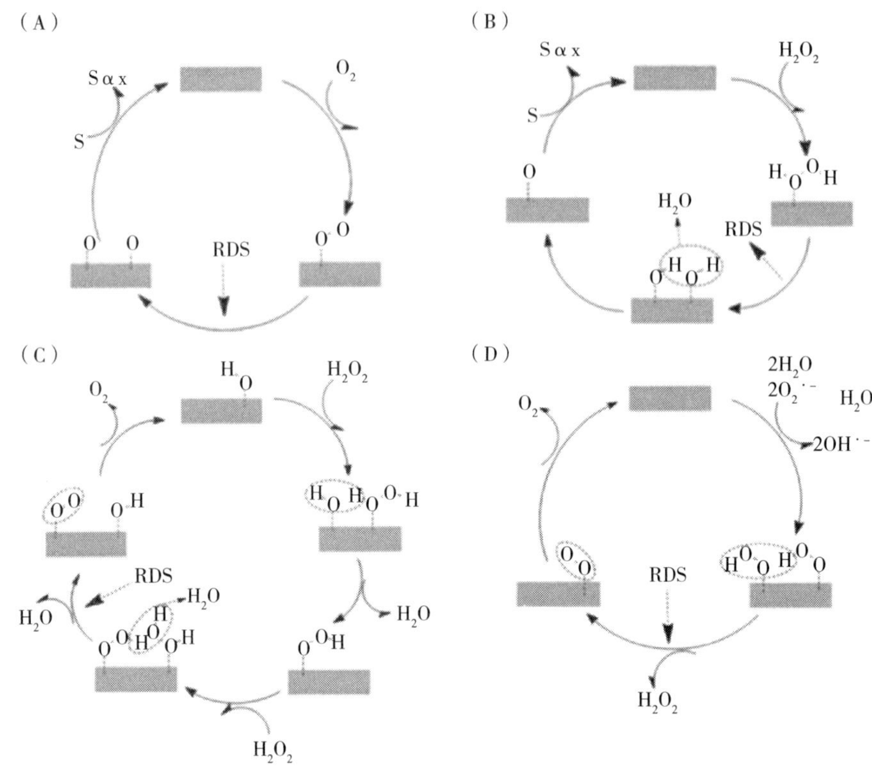

图 4　已报道的贵金属的类氧化酶（A），过氧化物酶（B），过氧化氢酶（C）和超氧化物歧化酶（D）催化反应机制，其中 RDS 指反应决速步骤[70]

此可以用决速步能垒 E_{act} 预测不同金属表面模拟酶活性的相对大小[70]。

2. 金属氧化物纳米酶

阎锡蕴研究表明，氧化铁纳米酶的催化遵循米氏方程，其催化为乒乓机制[1]。进一步的实验研究表明氧化铁纳米颗粒模拟过氧化物酶的催化反应，涉及羟基自由基等[71]。

3. 碳纳米酶

曲晓刚等人通过选择性地将石墨烯氧化物中特定的含氧官能团失活，系统研究了不同含氧官能团在类酶催化过程中发挥的作用。他们发现，石墨烯氧化物中的羧基是和底物 ABTS 的结合位点，羰基是催化位点，而羟基可抑制酶活性[62]。高兴发等人利用第一性原理方法计算研究了碳纳米材料中羧基催化 H_2O_2 分解产生羟基自由基，进一步氧化 TMB 使溶液发生颜色变化的可能分子机制。该催化循环过程主要分为两部分：H_2O_2 在羧基的作用下分解产生羟基自由基；TMB 被第一步产生的羟基自由基氧化[72]。

4. 其他纳米酶

顾宁等人较为系统地研究了普鲁士蓝的多酶活性，发现其催化活性与氧化还原电位密切相关[30]。魏辉等发现，基于卟啉结构的 MOF，其模拟过氧化物酶的催化活性主要来自金属化的卟啉而非连接的金属原子。[73]

（四）纳米酶的应用研究

纳米酶已经被广泛应用于生物分析检测、生物成像、肿瘤等疾病诊疗、抗氧化、抗菌、环境处理等多个重要领域（图 5）。

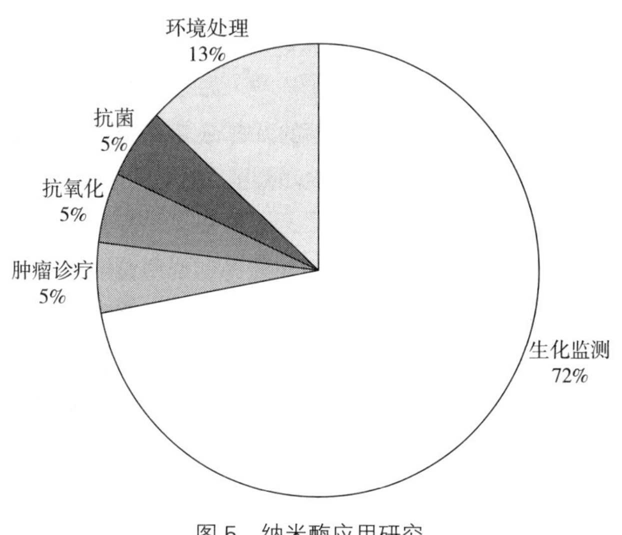

图 5　纳米酶应用研究

1. 生物分析与检测

（1）过氧化氢检测

汪尔康等人在 2008 年利用四氧化三铁纳米酶，以 ABTS 作为显色底物，检测双氧水最低浓度达 3 μM，线性检测范围为 5 ~ 100 μM[74]。阎锡蕴等人利用纳米酶实现了酸雨中双氧水含量检测，检测范围为 0 ~ 70 μM，检测下限为 0.175 μM[75]。鞠熀先等人利用硫化铁纳米酶构建安培计传感器，检测双氧水范围为 0.5 ~ 150 μM[28]。此后多种具有过氧化物酶活性的纳米酶均可用于双氧水检测，成为纳米酶领域的一个基本应用。

（2）生化检测

目前纳米酶已被成功应用于多种生物活性分子（如葡萄糖、尿酸、胆固醇、酒精、肝素、维生素等）的检测。汪尔康等人在 2008 年首次检测葡萄糖，浓度范围为 50 μM ~ 1 mM[74]。曲晓刚等人报道了一种由两种纳米材料组合成的复合物，在无须天然酶的情况下，即可完成级联反应用于葡萄糖检测[76]。陈兴国等人研究表明，基于 $ZnFe_2O_4$ 纳米酶对葡萄糖的检测结果与医院使用的 GOD-PAP 法一致，指明了纳米酶检测在临床应用上具有可行性[77]。阎锡蕴等人发展了基于纳米酶检测神经毒素的方法[78]。魏辉等人则将纳米酶用于体内实时监测等研究[59]。

（3）酶联免疫检测

阎锡蕴等人早期提出了利用四氧化三铁纳米酶建立酶联免疫分析的概念，建立了检测 IgG、乙肝表面抗原、TnI 等抗原的方法[1]。利用氧化铁纳米酶与磁性富集功能相结合检测肿瘤标志物 CEA，最低检测限达到 1 ng/mL[79]。阎锡蕴等人进而构建了新型纳米酶试纸条，通过四氧化三铁纳米酶的磁性富集待检测抗原，然后在试纸条上催化颜色底物产生信号，快速检测病原体。这种纳米酶试纸条可以快速检测埃博拉病毒，灵敏度比目前常用的胶体金试纸条高一百倍，检测效率和准确度与常规的酶联免疫吸附测定法相当但是所用时间更短，所需条件更为简单[80]。也可以将功能化核酸（如核酸适配体）与纳米酶结合构建相应的检测体系。如邢达等人利用识别李斯特菌的万古霉素和适配体构建了纳米酶检测系统，可以快速检测食品中产单核细胞李斯特菌，检测范围在 5.4 ×（10^3 ~ 10^8）CFU/mL[81, 82]。

（4）肿瘤诊断

纳米酶可以在生物标志物、基因、细胞、组织等多个层面用于肿瘤的检测与诊断[83]。何农跃等人利用纳米酶设计了一种简单、无标签的 DNA 检测方法，用于乳腺癌基因 BRCA1 的检测，其检测灵敏度可达 3 nmol/L[84]。高学云等人利用金纳米颗粒的过氧化物酶活性并结合其双光子发光特性，构建了一种偶联分子肽的金纳米探针，同时实现了对整合素蛋白 GP Ⅱ b/ Ⅲ a 的准确定量和定位，将为相关疾病的诊断和早期治疗提供有力的证据[85]。杨占军等人利用纳米酶实现了对血清癌胚抗原的高效检测，线性范围为 0.1 ~ 60 μg/L，最低检测极限为 0.05 μg/L[86]。陈伟等人利用叶酸修饰的纳米酶作为探针，实现了对叶酸受体高表达肿瘤细胞的检测。其裸眼检测极限是 125 个细胞；借助酶标仪，其检测极限可到达 30 个细胞[87]。阎锡蕴等人发展了一种基于纳米酶的肿瘤免疫组织化学检测新技术[88]。其研究结果表明，该方法与常规免疫组织化学检测方法相比，具有灵敏度高、特异性强、操作简单、重复性好、速度快、新方法成本低等优点。

2. 肿瘤治疗

除了肿瘤诊断外，纳米酶也已经被广泛用于肿瘤治疗。顾宁等人研究发现，氧化铁纳米酶进入溶酶体环境偏酸，激活纳米粒子的过氧化物酶活性，加速自由基的生成，从而有效杀死癌细胞[29]。施剑林、陈雨等人发展了纳米酶催化治疗策略[89]。研究发现负载有超小四氧化三铁纳米粒子和葡萄糖氧化酶的枝状介孔二氧化硅纳米粒子，能有效利用肿瘤细胞内旺盛的葡萄糖原料和微酸性代谢环境，进行连锁高效的催化反应，所产生高毒性羟基自由基可以诱导肿瘤细胞的凋亡，并且不会对正常的组织和器官造成损伤。高利增、阎锡蕴等合作发现氮掺杂多孔纳米碳材料具有四种类酶催化活性，可以用于肿瘤治疗[90]。该体系主要借助纳米酶自身的催化活性，无须天然酶的参与，同时具有良好的肿瘤靶向性和定位输送能力，因此在肿瘤催化治疗中具有较好的应用前景。

3. 抗氧化应用

纳米酶具有促氧化和抗氧化活性，其抗氧化活性在许多重大疾病，比如心血管、中风、阿尔茨海默和衰老等领域有较好的应用前景，因为这些疾病都与自由基相关，具有氧化还原能力的纳米催化体系，比如过氧化氢酶和超氧化物歧化酶活性具有清除自由基调节 ROS 水平的能力，因此在心血管抗氧化、抗炎、神经保护、细胞保种等方面具有重要作用[91]。

（1）细胞保护作用

曲晓刚等人在细胞保护方面开展了一系列研究工作[92-94]。如他们以氧化石墨烯（GO）为模板，抗坏血酸作为还原剂，原位生长硒纳米粒子（SeNPs），制备得到的 GO-Se 纳米复合物具有很好的谷胱甘肽过氧化物酶活性，能够有效地保护细胞组分抵抗 ROS 引起的氧化损伤[93]。许华平等人以硒半胱氨酸为原料，通过水热法，制备得到硒掺杂的碳量子点同样具有很强的自由基清除能力，可以有效清除细胞内过表达的活性氧自由基，可用于细胞的保护[95]。我国台湾 Huang Dong-Ming 等研究发现氧化铁纳米颗粒被干细胞内吞后与细胞内双氧水反应，影响细胞周期进程，最终促进了干细胞的生长[96]。

（2）心血管保护

顾宁等人发现氧化铁纳米酶对心脏缺血性损伤具有保护作用，与目前临床使用的丹参提取物和维拉帕米药物效果相当甚至更好[97]。他们发现氧化铁纳米粒子可提高缺血再灌注后的细胞活力、降低细胞氧化应激水平，保护心肌。

（3）神经保护

曲晓刚等人设计制备了二氧化铈 - 杂多酸纳米酶，其兼具二氧化铈的抗氧化活性和杂多酸的蛋白水解酶活性，能够有效地抑制 Aβ 的聚集，同时可以降低细胞内 ROS 的含量，进而对神经胶质细胞起到保护作用[46]。凌代舜等设计了可以靶向 Tau 蛋白纳米酶组装体，通过二氧化铈和亚甲基蓝协同作用，能抑制 Tau 蛋白聚集和神经元凋亡，保持神经元活性，可有效改善阿尔茨海默模型鼠的认知能力[98]。樊春海等人利用四氧化三铁纳米颗粒类过氧化氢酶的催化活性，有效降低了细胞内过表达的活性氧自由基水平，保护细胞免受氧化损伤，从而保护神经细胞。对于果蝇模型，可延缓其衰老和延长寿命，并能缓解患有阿尔茨海默症果蝇的神经退化[99]。

（4）抗炎

曲晓刚等利用多巴胺组装五氧化二钒纳米线和二氧化锰，构建了一个具有多种抗氧化酶功能的体系，将其应用于佛波醇诱导的老鼠耳朵炎症模型，缓解炎症对于老鼠造成的不良影响[36]。顾宁等人则利用普鲁士蓝纳米酶的多酶催化活性，有效抑制或者缓解了炎症反应[30]。

4. 抗菌应用

细菌耐药性和抗生素滥用是一个世界性难题，需要开发新型抗菌剂，既能够高效杀菌，又能避免耐药性问题并具有较好的生物和环境相容性。以纳米酶为核心的纳米生物催化系统具有调控 ROS 自由基的能力，可以高效杀死多种革兰氏阳性和阴性致病菌以及顽固性生物膜；同时纳米酶具有较好的稳定性、生物相容性、可回收再利用等优点，在促进伤口愈合、龋齿防治和环境防污方面具有重要的应用前景[100]。

（1）抗耐药菌

王浩等人发现在低浓度过氧化氢存在时，微量的氧化铁纳米酶即可杀灭100%大肠杆菌[101]。曲晓刚等人研究表明石墨烯量子点催化双氧水可以有效杀灭革兰氏阴性的大肠杆菌和革兰氏阳性的金黄色葡萄球菌，这种杀菌能力可以用于预防伤口感染，促进伤口愈合[102]。赵宇亮等人发现二硫化钼纳米花通过类过氧化物酶活性催化低浓度的双氧水产生羟基自由基可以有效杀灭耐药菌，通过与该材料的光热效应相结合，在近红外光照射下可以高效杀死氨苄抗性的大肠杆菌（革兰氏阴性）和炭疽芽孢杆菌（革兰氏阳性），促进伤口的愈合[103]。葛翠翠、陈春英等人具有氧化酶和过氧化物酶活性钯八面体易进入细菌的细胞膜，能有效杀死革兰氏阳性菌（金黄色葡萄球菌）和革兰氏阴性菌（大肠杆菌）[104]。

（2）生物膜清除

高利增等人发现四氧化三铁纳米酶在酸性条件下可以催化双氧水高效降解DNA、蛋白质和多糖等生物分子，在铜绿假单胞菌（*Pseudomonas aeruginosa*）生物膜的测试结果表明四氧化三铁纳米酶催化双氧水可以破坏生物膜基质，杀菌效果与单独使用双氧水相比提高10倍以上[105]。后续研究中，他们发现了纳米硫化物及铜/碳纳米酶的抗菌新机制[106，107]。曲晓刚等人设计了一种模拟DNA酶的多功能纳米酶，其可以通过降解金黄色葡萄球菌生物膜基质中的胞外DNA，有效预防90%以上的细菌黏附和抑制[108]。

5. 环境处理

（1）环境监测

阎锡蕴等人利用纳米酶建立了检测酸雨过氧化氢含量的方法，并在这一基础上发展了纳米酶与天然酶复合体系用于检测有机磷农药甲基对氧磷及神经毒剂沙林[82]，灵敏度都在纳摩尔级别，优于目前常用的方法，体现了纳米酶检测体系的实用性和灵敏性[78]。陈伟等人利用汞离子对于铂纳米酶催化活性的调控作用，实现了汞离子的特异、灵敏检测[109]。

（2）污染物降解

纳米酶用于环境污染物降解，具有效率高、温和可控、催化剂可回收重复利用等优点。阎锡蕴等人发现氧化铁纳米酶可用于水中有机污染物的消除，催化降解85%的废水中的苯酚。

三、国内外研究进展比较

我国针对纳米生物催化的研究走在世界前列，尤其是针对纳米酶，无论是概念、机理、设计和应用均处于领先地位，对纳米酶这一概念的清晰定位，相关生物和化学机理分析与模型，以及标志性的生物医学应用均由我国科学家率先提出和完成。

阎锡蕴等人首次报道四氧化三铁纳米酶的研究论文，迄今被SCI引用1900余次（Google scholar引用2200余次）[1]。曲晓刚等人有关石墨烯氧化物模拟过氧化物酶的研究论文，迄今被SCI引用1100余次（Google scholar引用1200余次）[21]。汪尔康等人有关纳米酶用于生物分析检测的研究论文，迄今被SCI引用800余次（Google scholar引用900余次）[74]；汪尔康等人有关纳米酶的综述论文，迄今被SCI引用1000余次（Google scholar引用1000余次）[2]。这些数据客观反映了我国研究者在纳米酶领域的学术地位。

为深入推动纳米酶研究，我国科学家还成立了中国生物物理学会纳米酶分会；并积极组织相关的学术会议（如组织以纳米酶为主题的香山科学会议；在中国暨国际生物物理大会及美国化学会年会等组织纳米酶专题相关分会）。

然而，需要指出的是，纳米酶研究依然处于蓬勃发展的早期，其国际影响还需要进一步扩大。比如全球三百多家从事纳米酶研究的课题组，有近一半位于国内，在欧美日等科技发达的国家，从事纳米酶研究的课题组还比较有限。此外，与酶催化、纳米催化等领域相比较，纳米酶研究领域有待进一步拓展。为此，我们应该加强这一领域的研究，不仅确保我们的研究始终处于纳米酶领域的领先地位，开创和发展多种原创性的概念、学说、方法和技术，还要与我国社会发展需求结合，充分借助交叉领域的优势和特色，培育和建立具有突破性和变革性的新技术，为我国人民的生活和健康服务。

四、未来发展趋势和展望

如前所述，纳米生物催化（特别是纳米酶）领域已经取得了需要突破性的进展，然而其发展依然处于早期，还存在许多的机遇和挑战[2, 11]。

（一）传统纳米生物催化

为推动纳米生物催化技术或产品真正广泛应用于临床或市场，需要解决以下几方面的挑战：

第一，无法精准控制纳米生物催化的活性或效率。利用天然酶固定或包埋到纳米材料体系中，但是天然酶容易变性失活，而且固定或包埋后往往严重降低其活性。以纳米酶为主的模拟酶虽然稳定性有了巨大改善，但是其在体内的催化效率和选择性不易控制。需要开发能够精准控制体内纳米生物催化行为的新技术和新方法。

第二，纳米生物催化体系的生物安全性。无论是纳米包装的天然酶还是纳米酶等模拟酶到达体内后的代谢行为和免疫原性都尚未获得充分研究，尤其是动物实验。目前很多类似催化体系仅在老鼠动物实验测试，更高级动物模型甚至临床测试需要进一步开展。

第三，目前尚没有纳米生物催化应用的工业标准。对于材料性质，尤其是催化性能的要求尚缺少明确的标准，比如催化效率需要达到多少可以用于体内治疗。因此需要进一步明确和制定相关标准化指标以指导纳米生物催化在不同领域的应用。

（二）纳米酶

第一，纳米酶理性设计。目前大多数纳米酶依然是通过试错的方法得到。为进一步推动纳米酶领域的发展，需要进一步深入研究纳米酶催化理论和机制，进而提出相应的指导规则，以期实现纳米酶的理性设计。具体而言，可以从如下几个方面展开：利用单原子等策略，更精准模拟天然酶的催化活性位点，同时考虑周围微环境等对催化活性的调控作用；利用 Sabatier 规则，针对同一类纳米材料，寻求合适的描述符；通过机器学习或者其他人工智能等技术来寻找和设计纳米酶。

第二，拓展纳米酶催化种类。目前，绝大多数纳米酶模拟的氧化还原性催化反应，少数设计水解酶。考虑到天然酶有六大类，将来需要探索研究其他几类酶的催化反应。另外，目前还多局限于单个纳米酶（或者几个纳米酶）的催化反应。将来研究还应探索纳米酶在亚细胞器、细胞等更复杂和高级的组装结构中的应用。

第三，纳米酶标准化。纳米酶的催化活性受到诸多因素的影响，如尺寸、形貌、表面电荷、晶型等。这就需要相关的标准测量方法，以有效、客观地评价不同纳米酶的催化活性。但目前还缺乏同行公认的纳米酶研究标准。如将来应用于工业生产等，还需要制定其相关行业标准等。

第四，专一性纳米酶与多酶活性纳米酶。酶催化具有转一性好的特点。然而绝大多数纳米酶没有很好的专一性，相反多具有多酶活性。但这种多酶的活性并不具有可设计性和可控性。因而，需要寻求新的策略，设计制备专一性纳米酶；可以在此基础上通过叠加等效应，制备所需的多酶活性的纳米酶。

第五，纳米酶除自身的催化活性外，一般具有独特的理化性质（如光、电、磁、热等）。如何巧妙利用其多功能的特性，是将来研究值得关注的一个方面。

第六，纳米酶的应用。纳米酶已经在多个重要领域开展了探索应用，但具体真正走向实际应用还有很大的距离。需要借鉴纳米医学等相关领域的发展经验，选好纳米酶应用的关键突破口，以推动其应用。

参考文献

[1] Gao L，et al. Intrinsic peroxidase-like activity of ferromagnetic nanoparticles. Nature Nanotechnology，2：577-583，doi：10.1038/nnano.2007.260（2007）.

[2] Wei H，Wang E. Nanomaterials with enzyme-like characteristics（nanozymes）：next-generation artificial enzymes. Chemical Society Reviews，42：6060-6093，doi：10.1039/c3cs35486e（2013）.

[3] Yan X Y. Nanozyme：a New Type of Artificial Enzyme. Progress in Biochemistry and Biophysics，45：101-104，

doi: 10.16476/j.pibb.2018.0041 (2018) .

[4] Grubhofer N, Schleith L. MODIFIZIERTE IONENAUSTAUSCHER ALS SPEZIFISCHE ADSORBENTIEN. Naturwissenschaften, 40: 508–508, doi: 10.1007/bf00629061 (1953) .

[5] Xiao Y, Ju H X, Chen H Y. Hydrogen peroxide sensor based on horseradish peroxidase–labeled Au colloids immobilized on gold electrode surface by cysteamine monolayer. Analytica Chimica Acta, 391: 73–82, doi: 10.1016/S0003-2670 (99) 00196–8 (1999) .

[6] Jia J, et al. A Method to Construct a Third–Generation Horseradish Peroxidase Biosensor: Self–Assembling Gold Nanoparticles to Three–Dimensional Sol–Gel Network. Analytical Chemistry, 74: 2217–2223, doi: 10.1021/ac011116w (2002) .

[7] Lin Y, Ren J, Qu X. Nano–Gold as Artificial Enzymes: Hidden Talents. Advanced Materials, 26: 4200–4217, doi: 10.1002/adma.201400238 (2014) .

[8] Wang H, Wan K, Shi X. Recent Advances in Nanozyme Research. Advanced materials, (Deerfield Beach, Fla.): e1805368–e1805368, doi: 10.1002/adma.201805368 (2018) .

[9] Jiang D, et al. Nanozyme: new horizons for responsive biomedical applications. Chemical Society Reviews, 48, 3683–3704, doi: 10.1039/c8cs00718g (2019) .

[10] Huang Y, Ren J, Qu X. Nanozymes: Classification, Catalytic Mechanisms, Activity Regulation, and Applications. Chemical Reviews, 119: 4357–4412, doi: 10.1021/acs.chemrev.8b00672 (2019) .

[11] Wu J, et al. Nanomaterials with enzyme–like characteristics (nanozymes) : next–generation artificial enzymes (II) . Chemical Society Reviews, 48: 1004–1076, doi: 10.1039/c8cs00457a (2019) .

[12] Liang M, Yan X. Nanozymes: From New Concepts, Mechanisms, and Standards to Applications. Accounts of Chemical Research, 52: 2190–2200, doi: 10.1021/acs.accounts.9b00140 (2019) .

[13] Dong H, Fan Y, Zhang W, ea al. Catalytic Mechanisms of Nanozymes and Their Applications in Biomedicine. Bioconjugate Chemistry, 30: 1273–1296, doi: 10.1021/acs.bioconjchem.9b00171 (2019) .

[14] Biella S, Prati L, Rossi M. Selective oxidation of D–glucose on gold catalyst. Journal of Catalysis, 206: 242–247, doi: 10.1006/jcat.2001.3497 (2002) .

[15] Luo W J, et al. Self–Catalyzed, Self–Limiting Growth of Glucose Oxidase–Mimicking Gold Nanoparticles. Acs Nano, 4: 7451–7458, doi: 10.1021/nn102592h (2010) .

[16] Zheng, X, et al. Catalytic Gold Nanoparticles for Nanoplasmonic Detection of DNA Hybridization. Angewandte Chemie–International Edition 50, 11994–11998, doi: 10.1002/anie.201105121 (2011) .

[17] Li K, et al. DNA–Directed Assembly of Gold Nanohalo for Quantitative Plasmonic Imaging of Single–Particle Catalysis. Journal of the American Chemical Society, 137: 4292–4295, doi: 10.1021/jacs.5b00324 (2015) .

[18] Zhao Y, Huang Y, Zhu H, et al. Three–in–One: Sensing, Self–Assembly, and Cascade Catalysis of Cyclodextrin Modified Gold Nanoparticles. Journal of the American Chemical Society, 138: 16645–16654, doi: 10.1021/jacs.6b07590 (2016) .

[19] Chen M, et al. Mimicking a Natural Enzyme System: Cytochrome c Oxidase–Like Activity of Cu2O Nanoparticles by Receiving Electrons from Cytochrome c. Inorganic Chemistry, 56: 9400–9403, doi: 10.1021/acs.inorgchem.7b01393 (2017) .

[20] Liu J, et al. Ferroxidase–like activity of Au nanorod/Pt nanodot structures and implications for cellular oxidative stress. Nano Research, 8: 4024–4037, doi: 10.1007/s12274–015–0904–x (2015) .

[21] Song Y, Qu K, Zhao C, et al. Graphene Oxide: Intrinsic Peroxidase Catalytic Activity and Its Application to Glucose Detection. Advanced Materials, 22: 2206–2210, doi: 10.1002/adma.200903783 (2010) .

[22] Song Y, et al. Label–Free Colorimetric Detection of Single Nucleotide Polymorphism by Using Single–Walled Carbon Nanotube Intrinsic Peroxidase–Like Activity. Chemistry–a European Journal, 16: 3617–3621, doi:

10.1002/chem.200902643（2010）.

［23］ Guo Y，et al. Hemin-Graphene Hybrid Nanosheets with Intrinsic Peroxidase-like Activity for Label-free Colorimetric Detection of Single-Nucleotide Polymorphism. Acs Nano，5：1282–1290，doi：10.1021/nn1029586（2011）.

［24］ Tao Y，Lin Y，Huang Z，et al. Incorporating Graphene Oxide and Gold Nanoclusters：A Synergistic Catalyst with Surprisingly High Peroxidase-Like Activity Over a Broad pH Range and its Application for Cancer Cell Detection. Advanced Materials，25：2594–2599，doi：10.1002/adma.201204419（2013）.

［25］ Hu Y，et al. Nitrogen-Doped Carbon Nanomaterials as Highly Active and Specific Peroxidase Mimics. Chemistry of Materials，30：6431–6439，doi：10.1021/acs.chemmater.8b02726（2018）.

［26］ Liu S，Lu F，Xing R，Zhu J J. Structural Effects of Fe_3O_4 Nanocrystals on Peroxidase-Like Activity. Chemistry-a European Journal，17：620–625，doi：10.1002/chem.201001789（2011）.

［27］ Fan Y，Huang Y. The effective peroxidase-like activity of chitosan-functionalized $CoFe_2O_4$ nanoparticles for chemiluminescence sensing of hydrogen peroxide and glucose. Analyst，137：1225–1231，doi：10.1039/c2an16105b（2012）.

［28］ Dai Z，Liu S，Bao J，et al. Nanostructured FeS as a Mimic Peroxidase for Biocatalysis and Biosensing. Chemistry-a European Journal，15：4321–4326，doi：10.1002/chem.200802158（2009）.

［29］ Chen Z，et al. Dual Enzyme-like Activities of Iron Oxide Nanoparticles and Their Implication for Diminishing Cytotoxicity. Acs Nano，6：4001–4012，doi：10.1021/nn300291r（2012）.

［30］ Zhang W，et al. Prussian Blue Nanoparticles as Multienzyme Mimetics and Reactive Oxygen Species Scavengers. Journal of the American Chemical Society，138：5860–5865，doi：10.1021/jacs.5b12070（2016）.

［31］ Li J，Liu W，Wu X，et al. Mechanism of pH-switchable peroxidase and catalase-like activities of gold，silver，platinum and palladium. Biomaterials，48：37–44，doi：10.1016/j.biomaterials.2015.01.012（2015）.

［32］ Shen X，et al. Mechanisms of Oxidase and Superoxide Dismutation-like Activities of Gold，Silver，Platinum，and Palladium，and Their Alloys：A General Way to the Activation of Molecular Oxygen. Journal of the American Chemical Society，137：15882–15891，doi：10.1021/jacs.5b10346（2015）.

［33］ Wang C，et al. Enhanced Peroxidase-Like Performance of Gold Nanoparticles by Hot Electrons. Chemistry-a European Journal，23：6717-+，doi：10.1002/chem.201605380（2017）.

［34］ Deng H H，et al. Redox Recycling-Triggered Peroxidase-Like Activity Enhancement of Bare Gold Nanoparticles for Ultrasensitive Colorimetric Detection of Rare-Earth Ce^{3+} Ion. Analytical Chemistry，91：4039–4046，doi：10.1021/acs.analchem.8b05552（2019）.

［35］ Tan H，et al. Metal-Organic Framework-Derived Copper Nanoparticle@Carbon Nanocomposites as Peroxidase Mimics for Colorimetric Sensing of Ascorbic Acid. Chemistry-a European Journal，20：16377–16383，doi：10.1002/chem.201404960（2014）.

［36］ Huang Y，et al. Self-Assembly of Multi-nanozymes to Mimic an Intracellular Antioxidant Defense System. Angewandte Chemie-International Edition，55：6646–6650，doi：10.1002/anie.201600868（2016）.

［37］ Hao C，et al. Chiral Molecule-mediated Porous Cu_xO Nanoparticle Clusters with Antioxidation Activity for Ameliorating Parkinson's Disease. Journal of the American Chemical Society，141：1091–1099，doi：10.1021/jacs.8b11856（2019）.

［38］ Andre R，et al. V_2O_5 Nanowires with an Intrinsic Peroxidase-Like Activity. Advanced Functional Materials，21：501–509，doi：10.1002/adfm.201001302（2011）.

［39］ Natalio F，et al. Vanadium pentoxide nanoparticles mimic vanadium haloperoxidases and thwart biofilm formation. Nature Nanotechnology，7：530–535，doi：10.1038/nnano.2012.91（2012）.

［40］ Wang L，et al. CuO nanoparticles as haloperoxidase-mimics：Chloride-accelerated heterogeneous Cu-Fenton chemistry for H_2O_2 and glucose sensing. Sensors and Actuators B-Chemical, 287: 180–184, doi: 10.1016/j.snb.2019.02.030（2019）.

[41] Fan J, et al. Direct evidence for catalase and peroxidase activities of ferritin–platinum nanoparticles. Biomaterials, 32: 1611–1618, doi: 10.1016/j.biomaterials.2010.11.004（2011）.

[42] Wei J, et al. A Novel Theranostic Nanoplatform Based on Pd@Pt–PEG–Ce6 for Enhanced Photodynamic Therapy by Modulating Tumor Hypoxia Microenvironment. Advanced Functional Materials, 28, doi: 10.1002/adfm.201706310（2018）.

[43] Zhu Z, et al. Au@Pt Nanoparticle Encapsulated Target–Responsive Hydrogel with Volumetric Bar–Chart Chip Readout for Quantitative Point–of–Care Testing. Angewandte Chemie–International Edition, 53: 12503–12507, doi: 10.1002/anie.201405995（2014）.

[44] Korsvik C, Patil S, Seal S, et al. Superoxide dismutase mimetic properties exhibited by vacancy engineered ceria nanoparticles. Chemical Communications, 1056–1058: doi: 10.1039/b615134e（2007）.

[45] Li Y, et al. Acquired Superoxide–Scavenging Ability of Ceria Nanoparticles. Angewandte Chemie–International Edition, 54: 1832–1835, doi: 10.1002/anie.201410398（2015）.

[46] Guan Y, et al. Ceria/POMs hybrid nanoparticles as a mimicking metallopeptidase for treatment of neurotoxicity of amyloid–beta peptide. Biomaterials, 98: 92–102, doi: 10.1016/j.biomaterials.2016.05.005（2016）.

[47] Mu X, et al. Redox Trimetallic Nanozyme with Neutral Environment Preference for Brain Injury. Acs Nano, 13: 1870–1884, doi: 10.1021/acsnano.8b08045（2019）.

[48] Yao J, et al. ROS scavenging Mn3O4 nanozymes for in vivo anti–inflammation. Chemical Science, 9: 2927–2933, doi: 10.1039/c7sc05476a（2018）.

[49] Manea F, Houillon F B, Pasquato L, et al. Nanozymes: Gold–nanoparticle–based transphosphorylation catalysts. Angewandte Chemie–International Edition, 43: 6165–6169, doi: 10.1002/anie.200460649（2004）.

[50] Prins L J. Emergence of Complex Chemistry on an Organic Monolayer. Accounts of Chemical Research, 48: 1920–1928, doi: 10.1021/acs.accounts.5b00173（2015）.

[51] Nath I, Chakraborty J, Verpoort F. Metal organic frameworks mimicking natural enzymes: a structural and functional analogy. Chemical Society Reviews, 45: 4127–4170, doi: 10.1039/c6cs00047a（2016）.

[52] Li B, et al. MOFzyme: Intrinsic protease–like activity of Cu–MOF. Scientific Reports, 4: doi: 10.1038/srep06759（2014）.

[53] Xu C, Qu X. Cerium oxide nanoparticle: a remarkably versatile rare earth nanomaterial for biological applications. Npg Asia Materials, 6, doi: 10.1038/am.2013.88（2014）.

[54] Sun M, et al. Site–selective photoinduced cleavage and profiling of DNA by chiral semiconductor nanoparticles. Nature Chemistry, 10: 821–830, doi: 10.1038/s41557–018–0083–y（2018）.

[55] He X, Zhang F, Liu J, et al. Homogenous graphene oxide–peptide nanofiber hybrid hydrogel as biomimetic polysaccharide hydrolase. Nanoscale, 9: 18066–18074, doi: 10.1039/c7nr06525f（2017）.

[56] Wang Z Z, et al. Biomimetic nanoflowers by self–assembly of nanozymes to induce intracellular oxidative damage against hypoxic tumors. Nat Commun, 9: 14, doi: 10.1038/s41467–018–05798–x（2018）.

[57] Xu Y, et al. Nanozyme–Catalyzed Cascade Reactions for Mitochondria–Mimicking Oxidative Phosphorylation. Angewandte Chemie–International Edition, 58: 5572–5576, doi: 10.1002/anie.201813771（2019）.

[58] Wang Q, Zhang X, Huang L, et al. GOx@ZIF–8（NiPd）Nanoflower: An Artificial Enzyme System for Tandem Catalysis. Angewandte Chemie–International Edition, 56: 16082–16085, doi: 10.1002/anie.201710418（2017）.

[59] Cheng H, et al. Integrated Nanozymes with Nanoscale Proximity for in Vivo Neurochemical Monitoring in Living Brains. Analytical Chemistry, 88: 5489–5497, doi: 10.1021/acs.analchem.6b00975（2016）.

[60] Fan K, et al. Optimization of Fe_3O_4 nanozyme activity via single amino acid modification mimicking an enzyme active

site. Chemical Communications, 53: 424–427, doi: 10.1039/c6cc08542c (2017) .

[61] Chen J, et al. Bio-inspired nanozyme: a hydratase mimic in a zeolitic imidazolate framework. Nanoscale, 11: 5960–5966, doi: 10.1039/c9nr01093a (2019) .

[62] Sun H, et al. Deciphering a Nanocarbon-Based Artificial Peroxidase: Chemical Identification of the Catalytically Active and Substrate-Binding Sites on Graphene Quantum Dots. Angewandte Chemie-International Edition, 54: 7176–7180, doi: 10.1002/anie.201500626 (2015) .

[63] Wang H, et al. Unraveling the Enzymatic Activity of Oxygenated Carbon Nanotubes and Their Application in the Treatment of Bacterial Infections. Nano Letters, 18: 3344–3351, doi: 10.1021/acs.nanolett.7b05095 (2018) .

[64] Wang H, Liu C, Liu Z, et al. Specific Oxygenated Groups Enriched Graphene Quantum Dots as Highly Efficient Enzyme Mimics. Small, 14, doi: 10.1002/smll.201703710 (2018) .

[65] Huang L, Chen J, Gan L, et al. Single-atom nanozymes. Science Advances, 5: doi: 10.1126/sciadv.aav5490 (2019).

[66] Ma W J, et al. A single-atom Fe-N-4 catalytic site mimicking bifunctional antioxidative enzymes for oxidative stress cytoprotection. Chemical Communications, 55: 159–162, doi: 10.1039/c8cc08116f (2019) .

[67] Xu B L, et al. A Single-Atom Nanozyme for Wound Disinfection Applications. Angewandte Chemie-International Edition, 58: 4911–4916, doi: 10.1002/anie.201813994 (2019) .

[68] Zhao C, et al. Unraveling the enzyme-like activity of heterogeneous single atom catalyst. Chemical Communications, 55: 2285–2288, doi: 10.1039/c9cc00199a (2019) .

[69] Wang X, et al. E (g) occupancy as an effective descriptor for the catalytic activity of perovskite oxide-based peroxidase mimics. Nat Commun, 10, doi: 10.1038/s41467-019-08657-5 (2019) .

[70] Shen X M, Gao X J, Gao X F. Theoretical Studies on The Mechanisms of The Enzyme-like Activities of Precious-metal and Carbon Nanomaterials. Progress in Biochemistry and Biophysics, 45: 204–217, doi: 10.16476/j.pibb.2017.0461 (2018) .

[71] Wang N, et al. Sono-assisted preparation of highly-efficient peroxidase-like Fe3O4 magnetic nanoparticles for catalytic removal of organic pollutants with H_2O_2. Ultrasonics Sonochemistry, 17: 526–533, doi: 10.1016/j.ultsonch.2009.11.001 (2010) .

[72] Zhao R, Zhao X, Gao X. Molecular-Level Insights into Intrinsic Peroxidase-Like Activity of Nanocarbon Oxides. Chemistry-a European Journal, 21: 960+, doi: 10.1002/chem.201404647 (2015) .

[73] Cheng H, et al. Monitoring of Heparin Activity in Live Rats Using Metal-Organic Framework Nanosheets as Peroxidase Mimics. Analytical Chemistry, 89: 11552–11559, doi: 10.1021/acs.analchem.7b02895 (2017) .

[74] Wei H, Wang E. Fe_3O_4 magnetic nanoparticles as peroxidase mimetics and their applications in H_2O_2 and glucose detection. Analytical Chemistry, 80: 2250–2254, doi: 10.1021/ac702203f (2008) .

[75] Zhuang J, et al. A novel application of iron oxide nanoparticles for detection of hydrogen peroxide in acid rain. Materials Letters, 62: 3972–3974, doi: 10.1016/j.matlet.2008.05.025 (2008) .

[76] Qu K, Shi P, Ren J, et al. Nanocomposite Incorporating V_2O_5 Nanowires and Gold Nanoparticles for Mimicking an Enzyme Cascade Reaction and Its Application in the Detection of Biomolecules. Chemistry-a European Journal, 20: 7501–7506, doi: 10.1002/chem.201400309 (2014) .

[77] Su L, et al. Colorimetric Detection of Urine Glucose Based $ZnFe_2O_4$ Magnetic Nanoparticles. Analytical Chemistry, 84: 5753–5758, doi: 10.1021/ac300939z (2012) .

[78] Liang M, et al. Fe_3O_4 Magnetic Nanoparticle Peroxidase Mimetic-Based Colorimetric Assay for the Rapid Detection of Organophosphorus Pesticide and Nerve Agent. Analytical Chemistry, 85: 308–312, doi: 10.1021/ac302781r (2013) .

[79] Gao L, et al. Magnetite Nanoparticle-Linked Immunosorbent Assay. Journal of Physical Chemistry C, 112: 17357–17361, doi: 10.1021/jp805994h (2008) .

[80] Duan D, et al. Nanozyme-strip for rapid local diagnosis of Ebola. Biosensors & Bioelectronics, 74: 134-141, doi: 10.1016/j.bios.2015.05.025(2015).

[81] Yang X, Zhou X, Zhu M, et al. Sensitive detection of Listeria monocytogenes based on highly efficient enrichment with vancomycin-conjugated brush-like magnetic nano-platforms. Biosensors & Bioelectronics, 91: 238-245, doi: 10.1016/j.bios.2016.11.044(2017).

[82] Meng X Q, Fan K L. Application of Nanozymes in Disease Diagnosis. Progress in Biochemistry and Biophysics, 45: 218-236, doi: 10.16476/j.pibb.2018.0039(2018).

[83] Wang, Z, et al. Label-free detection of DNA by combining gated mesoporous silica and catalytic signal amplification of platinum nanoparticles. Analyst, 139: 6088-6091, doi: 10.1039/c4an01539h(2014).

[84] Gao, L, et al. Peptide-Conjugated Gold Nanoprobe: Intrinsic Nanozyme-Linked Immunsorbant Assay of Integrin Expression Level on Cell Membrane. Acs Nano, 9: 10979-10990, doi: 10.1021/acsnano.5b04261(2015).

[85] Li J, et al. Efficient label-free chemiluminescent immunosensor based on dual functional cupric oxide nanorods as peroxidase mimics. Biosensors & Bioelectronics, 100: 304-311, doi: 10.1016/j.bios.2017.09.011(2018).

[86] Zhang L N, et al. In Situ Growth of Porous Platinum Nanoparticles on Graphene Oxide for Colorimetric Detection of Cancer Cells. Analytical Chemistry, 86: 2711-2718, doi: 10.1021/ac404104j(2014).

[87] Fan, K, et al. Magnetoferritin nanoparticles for targeting and visualizing tumour tissues. Nature Nanotechnology 7, 459-464, doi: 10.1038/nnano.2012.90(2012).

[88] Huo, M, Wang, L, Chen, Y, Shi, J. Tumor-selective catalytic nanomedicine by nanocatalyst delivery. Nat. Commun. 8, doi: 10.1038/s41467-017-00424-8(2017).

[89] Fan K, et al. In vivo guiding nitrogen-doped carbon nanozyme for tumor catalytic therapy. Nat Commun, 9, doi: 10.1038/s41467-018-03903-8(2018).

[90] Huang Y Y, Lin Y H, Pu F, et al. The Current Progress of Nanozymes in Disease Treatments. Progress in Biochemistry and Biophysics, 45: 256-267, doi: 10.16476/j.pibb.2017.0464(2018).

[91] Wang, F, Ju, E, Guan, Y, Ren, J, Qu, X. Light-Mediated Reversible Modulation of ROS Level in Living Cells by Using an Activity-Controllable Nanozyme. Small 13, doi: 10.1002/smll.201603051(2017).

[92] Huang Y, et al. A GO-Se nanocomposite as an antioxidant nanozyme for cytoprotection. Chemical Communications, 53: 3082-3085, doi: 10.1039/c7cc00045f(2017).

[93] Li W, et al. Manganese Dioxide Nanozymes as Responsive Cytoprotective Shells for Individual Living Cell Encapsulation. Angewandte Chemie-International Edition, 56: 13661-13665, doi: 10.1002/anie.201706910(2017).

[94] Li F, et al. Selenium-Doped Carbon Quantum Dots for Free-Radical Scavenging. Angewandte Chemie-International Edition 56, 9910-9914, doi: 10.1002/anie.201705989(2017).

[95] Huang, D.-M, et al. The promotion of human mesenchymal stem cell proliferation by superparamagnetic iron oxide nanoparticles. Biomaterials, 30: 3645-3651, doi: 10.1016/j.biomaterials.2009.03.032(2009).

[96] Xiong F, et al. Cardioprotective activity of iron oxide nanoparticles. Scientific Reports, 5, doi: 10.1038/srep08579(2015).

[97] Chen L, et al. Tau-Targeted Multifunctional Nanocomposite for Combinational Therapy of Alzheimer's Disease. Acs Nano, 12: 1321-1338, doi: 10.1021/acsnano.7b07625(2018).

[98] Zhang Y, et al. Dietary Iron Oxide Nanoparticles Delay Aging and Ameliorate Neurodegeneration in Drosophila. Advanced Materials, 28: 1387-1393, doi: 10.1002/adma.201503893(2016).

[99] Tang Y, Qiu Z Y, Xu Z B, et al. Antibacterial Mechanism and Applications of Nanozymes. Progress in Biochemistry and Biophysics, 45: 118-128, doi: 10.16476/j.pibb.2017.0462(2018).

[100] Zhang D, et al. Anti-bacterial and in vivo tumor treatment by reactive oxygen species generated by magnetic

nanoparticles. Journal of Materials Chemistry B，1：5100–5107，doi：10.1039/c3tb20907e（2013）.

[101] Sun H, Gao, N Dong, K Ren, et al. Graphene Quantum Dots–Band–Aids Used for Wound Disinfection. Acs Nano, 8: 6202–6210，doi：10.1021/nn501640q（2014）.

[102] Yin W，et al. Functionalized Nano–MoS_2 with Peroxidase Catalytic and Near–Infrared Photothermal Activities for Safe and Synergetic Wound Antibacterial Applications. Acs Nano，10：11000–11011，doi：10.1021/acsnano.6b05810（2016）.

[103] Fang G，et al. Differential Pd–nanocrystal facets demonstrate distinct antibacterial activity against Gram–positive and Gram–negative bacteria. Nat Commun，9：doi：10.1038/s41467-017-02502-3（2018）.

[104] Gao L，Giglio K M，Nelson J L，et al. Ferromagnetic nanoparticles with peroxidase–like activity enhance the cleavage of biological macromolecules for biofilm elimination. Nanoscale，6：2588–2593，doi：10.1039/c3nr05422e（2014）.

[105] Xu Z，et al. Converting organosulfur compounds to inorganic polysulfides against resistant bacterial infections. Nat Commun，9，doi：10.1038/s41467-018-06164-7（2018）.

[106] Xi J，et al. Copper/Carbon Hybrid Nanozyme：Tuning Catalytic Activity by the Copper State for Antibacterial Therapy. Nano letters，doi：10.1021/acs.nanolett.9b02242（2019）.

[107] Chen Z，et al. A Multinuclear Metal Complex Based DNase–Mimetic Artificial Enzyme：Matrix Cleavage for Combating Bacterial Biofilms. Angewandte Chemie–International Edition，55：10732–10736，doi：10.1002/anie.201605296（2016）.

[108] Wu G W，et al. Citrate–Capped Platinum Nanoparticle as a Smart Probe for Ultrasensitive Mercury Sensing. Analytical Chemistry，86：10955–10960，doi：10.1021/ac503544w（2014）.

[109] Zhang J，et al. Decomposing phenol by the hidden talent of ferromagnetic nanoparticles. Chemosphere，73：1524–1528，doi：10.1016/j.chemosphere.2008.05.050（2008）.

撰稿人：阎锡蕴　曲晓刚　高利增　魏　辉

ABSTRACTS

Comprehensive Report

Report on the Advances in Nanobiology

Nanobiology, as the emerging interdiscipline of nanotechnology and biology, have exhibited rapid development in the past few decades. Nanomaterials mainly refer to those organic, inorganic and also composite materials with at least one nanoscale dimension (1-100 nm) , which enables them to show unique physical and chemical properties, such as quantum size effect, surface effect and macroscopic quantum tunnel effect. Therefore, the nanobio interaction is quite different when compared with the interaction between larger-scale materials and biosystems. It is undoubted that the appearance and development of nanobiology is initiating revolutionary transform in bioimaging, biomedicine and biocatalysis. Here, the current trends of nanobiology are discussed by statistical analysis of literature and patents. We also carry out comparative study of public policy and financial support in various countries and regions, to further summarize the progress differences of nanobiology. In addition, through analyzing and comparing the 5-year development of nine subdisciplines, we give a sketch of new technologies and concepts, as well as recent accomplishments and challenges in nanobiology.

In the recent few years, the design and application of functionalized nanomaterials have been regarded as the frontier of life science and material chemistry. From the perspective of synthesis, nanomaterials for biomedical uses, are requested to have specific physiochemical properties and high biological compatibility. The quality control and technical processes are needed to be constantly optimized to make it possible for manufacturing production. What is more important is that given to the unique characterizations of nanomaterials, new comprehensive and thoughtful production regulations and standards are the necessary prerequisite for industrialization of biological nanomaterials.

One of the biological application of nanomaterials is early diagnosis in diseases. For example, magnetic nanomaterials, quantum dots, graphene, gold nanoparticles and aptamers have been widely used in the construction of nanoprobes in precise detection in single molecule, single gene and single cell levels. With the advantages of liquid biopsies, flow cytometry, self-coding microbeads, and also artificial intelligence and deep learning, the nanomaterial-based disease diagnosis is likely to achieve multi-index, real-time and long-term monitoring of biological and physiological processes both *in vivo* and *in vitro*. Additionally, when it comes to nanocatalysis, nanozymes, with superb intrinsic biomimetic catalytic activities, have drawn great attention. The discovery of nanozymes dates back to 2007 when the Chinese research team of Xi-Yun Yan firstly reported that without any chemical modifications on the surface, iron oxide nanozymes, themselves, exhibit strong catalytic activity that is similar to horseradish peroxidase. From then on, various nanozymes have been applied in biocatalysis, biomedicine and other precise regulations of biological processes.

Another biological application of nanomaterials is for effective treatment and visualized monitoring of diseases. As for nanobased drug delivery systems, researchers have constructed functionalized smart nanostructures to achieve the co-delivery of therapeutic molecules, peptides, proteins, nucleic acid fragments in cellular and animal levels. Both active and passive targeting strategies can be used to augment therapeutic efficacy and decrease potential toxicity at the same time. The enhanced permeability and retention effect, can enable nanomedicines to preferentially accumulate in solid tumors. Apart from nanopromoted chemotherapy and radiotherapy, a variety of nanobased emerging treatments, including photodynamic therapy, photothermal therapy, chemodynamic therapy, as well as immunotherapy, have the great potential to further improve life quality of clinical patients, and finally help human to set up confidence to combat diseases. It is also noteworthy that many nanobased therapeutic strategies have been successfully approved by drug regulators in different countries around the world. For instance, Doxil®, as the first anticancer nanomedicine, got the approval of U.S. Food and Drug Administration (FDA) in 1995. Only after ten years, Abraxane®, as the first protein-based nanomedicine, was approved for the clinical treatment of breast cancer and pancreatic cancer. Recently, FDA also approved the first small interfering ribonucleic acid (siRNA) nanodrug delivery system in the world, which is termed as Onpattro™. Therefore, functionalized nanomaterials have been highly expected to break up the bottlenecks of traditional molecular medicines, providing new chances for disease treatments with higher therapeutic effects, lower adverse reactions and more flexible applications. As for nanobased disease monitoring, nanoprobes can be used for high-resolution, high-sensitivity and real-time imaging of diseases in initiating, developing and also processing stages. Capable of long-term and multi-model tracking in vivo, nanoprobes could also provide more details about how cells/tissues/animals can response to complex and dynamic changes in environments. Thus, it will benefit us with a deeper understanding of life science. In the recent decades, many nanobased devices have also gained successful approval in biological and medical application. More importantly, after complicated modifications and exquisite assembly processes, varieties of nanobased theranostics manage to accomplish disease monitoring and treating at the same time.

Given to the great potential of nanomaterials in biological applications, researchers gradually put their focus on the safety and biocompatibility of nanomaterials. Firstly, it is still unclear that how nanomaterials could react with the biological systems. From the cellular perspectives, which biochemical processes can be affected by nanomaterials? And how? Is it possible to carry out nanomaterial-based biological regulation in cellular levels? From the *in vivo* perspective, a strong attention should be given to the administration, distribution, metabolism, elimination and toxicity of nanomaterials after they enter into the living body. Apart from drug uptaking, environmental exposure can also increase the encounter possibility between nanomaterials and human beings. As a result, it is of great importance to figure out the inner mechanisms of nanobio interaction and nanotoxicology. To further accelerate the industrialization of nanomaterial-based biological productions, public regulations and standards are also in desperate need.

In conclusion, along with the boosting of nanotechnology, nanobiology has gained worldwide development and will still become a scientific hotspot in the next decades. With the advantages of intriguing electronic, thermal, optical, and magnetic properties, nanomaterials can be applied in biocatalysis, tissue engineering, biomedicine and diagnosis. Through the comparison and analysis of relative literature, patents and public policies, the differences of discipline development between worldwide countries and regions could be roughly figured out. Chances are that the further growth of nanobiology will give us thorough insights into the precise regulation of biological and physiological processes.

Written by Liang Xingjie, Du Peng, Jiao Jian

Reports on Special Topics

Report on the Advances in Nano-biomaterials

Nano-biomaterials, as the frontier of the intersection of life science and materials science, are widely used in the fields of biological regulation, diagnosis and treatment, and biomarkers due to their high biosafety and bioavailability. Achieving the desired functions and applications through design and controlled preparation is a major research focus of nano-biomaterials. Meanwhile, the functionalization and characterization of nano-biomaterials to investigate their physical and chemical properties and the interaction with organisms are also important research contents. This review briefly summarizes the types, rational design, construction and performance of nano-biomaterials in China in recent years, which were compared with foreign research progress. Furthermore, the future perspective and directions of nano-biomaterials are proposed.

Written by Zhao Nana, Chen Beibei, Zhao Xiaoyi, Liu Zhiwen, Xu Fujian

Report on the Advances in Nano Biological Detection Technology

In the past five years, the main progress of nanobiology detection technology in China is reflected in the following four levels such as nucleic acid, volatile small molecules, cell and protein levels. Disease-related markers such as single nucleotide polymorphism sites, tumor-related micro RNA markers, and circulating tumor DNA, were detected with rapid progress and significantly improved sensitivity and specificity. Precise detection techniques at single-site and single molecular level have been developed. Human respiratory gases contain many volatile organic compounds, which are developed for disease rapid diagnosis. The integrated microfluidic chip and system for single-cell sorting and analysis of circulating tumor cells (CTCs) have been successfully developed. Based on nanoparticles-labeled H. pylori genotyping chip and reading device, tumor serum protein markers detection based on microfluidic chip, and based on the smart phones, magnetic nanoparticles-labeled strip chip, the micro liquid biochip detector and simultaneous multi-biomarker detection technology, terahertz detection technology, nano-enzyme based diagnosis technology have made rapid progress. In particular, nanoenzyme-based detection technology, nano-sequencing technology, coding microsphere technology, combined with artificial intelligence and deep learning technology, have become a new development trend. How to realize the precise preparation of nanomaterials and devices and establish a unified international standard are great challenges. According to the development trend of nanobiological detection, China should make a reasonable layout, highlight clinical transformation and application orientation, highlight scientific frontier, patent and standard orientation, introduce enterprises and participate in international competition.

Written by Cui Daxiang

Report on the Advances in Nano-tissue Engineering and Regenerative Medicine

Research in tissue engineering and regenerative medicine seeks to replace or regenerate diseased or damaged tissues, organs, and cells. In recent years, this filed has been significantly impacted by the integration of nanotechnology. The utilization of nanotechnology for biomimetic reconstruction/regulation of organs, tissues or cells is becoming a hot topic, such as regulation of stem cell behaviors, construction of bio-scaffold in a biomimetic manner and controlled release of bio-active factors for tissue regeneration. In this chapter, we mainly summarized the progress of nano-tissue engineering/regenerative medicine contributed by domestic researchers in the past five years, including the repair and regeneration by taking advantage of nanotechnology in bone, vasculature, stem cell, cranial nerves and skin. We also compared domestic and broad progress of nano-tissue engineering/regenerative medicine according to the published papers in the top journals in recent five years. As a highly interdisciplinary filed, nanotechnology has greatly push forward the development of tissue engineering and regenerative medicine for improving or sustaining of tissue function. We believe nano-tissue engineering/regenerative medicine will be a promising field for treatment of diseases in the coming years.

Written by Huang Xinglu, Liu Qiqi, Zhang Xiangyun,
Zhu Mingsheng, Zhang Ran, Kong Deling

Report on the Advances in Biological Self-assembly and Nanotechnology

Molecular self-assembly is ubiquitous in natural systems. It not only plays a vital role in the emergence maintenance and evolution of life, but also provides an excellent source of inspiration for designing functional, dynamic and reversible. Recently, the advanced nanostructures based on self-assembly nanotechnology have great potential in the fields of biomedicine, tissue engineering, renewable energy, environmental science, nanotechnology and material science.

In this prospect, we will discuss domestic research progress made in self-assembly biotechnology, including peptide, DNA/RNA, proteins etc. We highlight current advances in the design strategy, structure control and medical applications. We have profoundly analyzed the difference of the research progress in this fields domestically and overseas. Although China has a short history of studying nanostructures, controlled modulation and biofunctions of biomolecules, we have done excellent work in this field. It has achieved important original results in the assembled architectures of biological macromolecules and received extensive attention from foreign scholars.

We expect that self-assembly nanotechnology will continue to develop rapidly. However, there will be still some challenges to face with: (i) How to dynamically control the assembly or topography transformation process; (ii) How to obtain the direct evidence of in situ formation or transformation of nanostructures; and (iii) Critical issues, such as stability delivery efficiency, metabolic toxicity and biosafety in vivo, need to be solved. With the advancement of technology, we have faith that the development of self-assembly biotechnology will pushing the self-assembly nanomaterials to transferred to clinical trials.

Written by Li Lili, Lu Shizhao, Gao Yuan, Guo Peixuan, Liu Junqiu, Wang Hao

Report on the Advances in Biological Effects and Safety Issues of Nanomaterials

Nanomaterials have lots of unique physical and chemical properties, such as quantum size effect, surface effect and macroscopic quantum tunnel effect. The biological effects of nanomaterials might be different from those of bulk materials larger than microns even if their chemical compositions are same. Therefore, the biological effects and safety evaluation results obtained from the bulk materials might not be suitable for the nanomaterials. Since 2003, governments worldwide have initiated the researches on biological effects and safety issues of nanomaterials with increasing financial support. China is one of the earliest countries in the world to carry out researches on biological effects and safety issues of nanomaterials. And some research fields have entered the forefront of the world. The "CAS Key Laboratory for Biomedical Effects of Nanomaterials and Nanosafety" established jointly by National Center for Nanoscience and Technology (NCNST) and Institute of High Energy Physics of Chinese Academy of Sciences (IHEP of CAS) was the first professional laboratory focusing on the biological effects and safety of nanomaterials in China. Scientists in this laboratory have done many in-depth studies of the relationship between the physical-chemical properties and biological responses of nanomaterials and have established multiple models for hazard recognition and risk assessment. The state-of-the art techniques with high sensitivity and high resolution suitable for safety evaluation have been developed to ensure the sustainable development of nanotechnology.

Written by Liu Ying, Cui Xuejing, Chen Chunying

Report on the Advances in Biological Safety for Nanomaterials

This report summarized investigation on the evaluation of biological safety for engineered nanomaterials in the last five years (2015-2019) in China, focused on the in vivo experimental results. The nanomaterials included silicon nanoparticles, carbon nanoparticles, silver nanoparticles, which were reported to accumulate in different organs and tissues including liver, lung and kidney and induce injuries to certain extents in multiple organ and tissue depending on the physicochemical properties of the nanomaterials, exposure way, dosage and animal model applied. Typical toxic effects induced by the nanoparticles were summarized as well as strategies of surface modification. The mechanisms of the toxicity caused by nanomaterials were demonstrated highly related to the increase of reactive oxygen species (ROS) , inflammatory responses, and release of metal ions, which linked to some signaling pathways including nuclear factor E2-related factor 2 (Nrf2) /antioxidant response element (ARE) , extracellular signal-regulated kinase (ERK) and Wnt signal pathway. The newly developed methodologies for evaluating nanomaterials toxicity were summarized as well including new technologies for the characterization of nanomaterials, toxicogenomic approaches, such as genome, transcriptome analyses, and new in vivo model system such as embryonic zebrafish. In addition, the ecology and environmental toxicology induced by nanomaterials were reviewed, including their toxicity to alga, the environment distribution and fate. The domestic institutions working in the biological effects of nanomaterials were introduce briefly, at the same time, related investigations from European Union and USA were summarized as well as compared with the domestic researches.

Written by Meng Jie, Wen Tao, Xu Haiyan

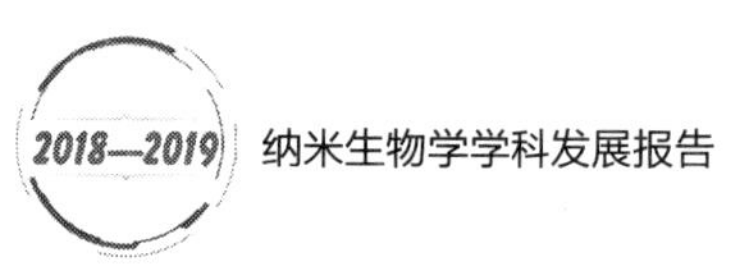

Report on the Advances in Nanocarrier and Delivery System

Nanomedicine and nano delivery systems are a relatively new but rapidly developing science where materials in the nanoscale range are employed to serve to deliver therapeutic agents to specific targeted sites in a controlled manner. On the one hand, nano delivery systems are primarily developed for drugs, which have low aqueous solubility and high toxicity, and these nano-formulations are often capable of reducing the toxicity while increasing the pharmacokinetic properties. There are dozens of nanomedicines on the market, for instance, PEGylated liposomal doxorubicin DOXIL, polymeric micelle formulated paclitaxel Genexol-PM and albumin-bound paclitaxel Abraxane have been approved for the treatment of various malignant tumors, and more than 100 kinds of nanomedicine are in clinical trials. Furthermore, nanocarriers can increase the success rate of drug candidates. Taking siRNA as an example, it is a short double-stranded RNA consisting of about 20 nucleotides, and it is promising for treating major diseases such as cancer, AIDS, viral infection and hereditary diseases, but its own physical and chemical properties (hydrophilic, macromolecular, negative charge) restricts its clinical translation. The first siRNA drug, Patisiran, which was based on the lipid nanocarrier LNP, was successfully launched in 2018. In addition, nanocarriers can integrate diagnostic agents and therapeutic agents into a single formulation to track drugs and monitor disease outcomes, providing an excellent solution for potential personalized treatment. By co-delivering multiple therapeutics, nanomedicine can also achieve synergistic tumor therapy and avoid drug resistance. In recent years, nanocarriers were utilized for the delivery of antigen, adjuvant or immune checkpoint inhibitors, achieving impressing therapeutic efficacy. The current chapter presents an updated summary of recent advances in the field of nanomedicines and nano-based drug delivery systems in china. The opportunities and challenges of nanomedicines in drug delivery from synthetic/natural sources to their clinical applications are also discussed. Additionally, we have included information regarding the trends and perspectives in nanomedicine area.

Written by Shen Song, Wang Jun

Report on the Advances in Nanotechnology for Biomedical Imaging

Nanotechnology-based biomedical imaging is a new research field formed by the combination of nanoscience and traditional molecular imaging. In the past 5 years, numerous nanoprobes have been developed and applied in optical imaging, magnetic resonance imaging, ultrasonic imaging, nuclear medicine imaging and so forth. The nanotechnology-based imaging has greatly promoted the development of precision medicine such as precision tumor theranostics and precision regenerative medicine. Herein, the recent process of biomedical imaging in China, the development status and trends of nanotechnology-based biomedical imaging in the world, and the clinical applications of nanoprobes are summarized. Furthermore, the challenges and prospects of the nanomolecular imaging are also discussed.

Written by Chen Guangcun, Wang Qiangbin

Report on the Advances in Nano Biocatalysis

Nanobiocatalysis is exploring nanotechnology and employing nanomaterials to improve the efficiency of biaocatalysis (such as enzymatic catalysis) . On the other hand, nanobiocatalysis is also developing nanomaterials with intrinsic biomimetic catalytic activities (such as nanozymes). This chapter discusses the development of nanobiocatalysis research in China, particularly focused on nanozymes since it is an emerging research area leading by Chinese scientists. In the first section, a brief introduction of nanobiocatalysis is given. In the second section, it discusses the research progress of nanobiocatalysis in more details. After summarizing the development of nanotechnology facilitated enzyme immobilization, it mainly focuses on nanozymes. It covers the discovery of iron oxide nanozymes, the design and fabrication of various nanozymes by using different strategies, and the broad applications of nanozymes. In each subsection, representative examples are discussed to highlight the progress made in the field of nanozymes. In the third section, the progress of nanobiocatalysis (especially the nanozyme research) is compared with the ones outside China, showing that the Chinese scientists are leading the nanozymes research. In the fourth section, the future of the field is discussed, and several potential directions are predicted.

Written by Yan Xiyun, Qu Xiaogang, Gao Lizeng, Wei Hui

索引